ペット判例集

ペットをめぐる
判例から学ぶ

弁護士
浅野明子
ASANO AKIKO

大成出版社

はじめに

弁護士１年目の夏、椿寿夫先生（民法学者）にファンレターを出したのがきっかけで、ペット法学会に入会させていただきました。以来、ペット法学会を通じて知り合った山口千津子先生（獣医師・英国王立動物虐待防止協会インスペクター）をはじめ、様々な分野でペット問題に取り組む先輩方に触発され、仕事や家事、育犬の合間に、ペット問題を研究してきました。

今回ご紹介した裁判例は、10年以上かけて少しずつ集めてきた資料の集大成です。まとめるにあたり、裁判所の判決の概要はなるべくそのまま原文に近い表現で残すよう心がけました。そのため、古い年代の判決の概要は読みづらい表現があるかもしれません。特に、法律固有の言い回しに慣れていない方には、長文で分かりづらいかもしれませんが、そのような特徴も含めて日本の「裁判」を味わっていただければと思います。

本書の目的は、ペットや動物関係法令に関する裁判例にはいかなる分野と傾向があるのかを整理することにあります。残念ながら、そのような視点でまとめられたペットの裁判例集は皆無といってよい状況です。本書もすべての裁判例を網羅しているとはいえませんが（特に最近のもので同じような傾向のものは省略しています）、本書が、今後のペット・動物法の調査、研究、議論の一端となることができれば幸いです。

願わくば、ペット法あるいは広く動物法が一つの法分野として確立され、それにより、動物との共生、ペットと人にとって住みよい平和な社会とはどのようなものかについて、議論が深まることを祈っています。

本書の出版にあたっては、山積みの資料を見て、出版を勧めてくださった株式会社大成出版社の山本真氏、法律書として整えるために貴重なご助言を頂いた長谷川貞之先生（日本大学法学部教授・弁護士）、裁判資料のまとめ作業を手伝ってくれた髙木國雄法律事務所の金子千絵さん、また、快く資料の提供をしてくださった関係者の方々、さらに、ペットの裁判例に興味を持ってくださった読者の方々に、この場をお借りして感謝申し上げます。ありがとうございました。

2016年春

弁護士　浅野明子

目　次

2．動物の保管中の事故

第３章 交通事故とペット（飼い主が加害者または被害者になった場合）

第7章 刑事裁判例

凡 例 等

最判：最高裁判所判決

高判：高等裁判所判決

高○○支判：高等裁判所○○支部判決

地判：地方裁判所判決

地○○支判：地方裁判所○○支部判決

地決：地方裁判所決定

地○○支決：地方裁判所○○支部決定

簡判：簡易裁判所判決

大判：大審院判決

控判：控訴院判決

民集：最高裁判所民事判例集

刑集：最高裁判所刑事判例集

民録：大審院民事判決録

刑録：大審院刑事判決録

大民集：大審院民事判例集

大刑集：大審院刑事判例集

下民：下級裁判所民事裁判例集

高刑速：高等裁判所刑事判決速報集

刑月：刑事裁判月報

裁判所ウェブ：裁判所ウェブサイト

判時：判例時報

判タ：判例タイムズ

交民：交通事故民事裁判例集

ウエストロー：ウエストロージャパン

動物愛護法：「動物の愛護及び管理に関する法律」

鳥獣保護管理法：「鳥獣の保護及び管理並びに狩猟の適正化に関する法律」

廃棄物処理法：「廃棄物の処理及び清掃に関する法律」

種の保存法：「絶滅のおそれのある野生動植物の種の保存に関する法律」

感染症法：「感染症の予防及び感染症の患者に対する医療に関する法律」

道交法：「道路交通法」

家庭動物基準：「家庭動物等の飼養及び保管に関する基準」

実験動物基準：「実験動物の飼養及び保管並びに苦痛の軽減に関する基準」

東京都環境確保条例：「東京都都民の健康と安全を確保する環境に関する条例」

動物管理法：「動物の保護及び管理に関する法律」＜旧法令（動物愛護法）＞

犬猫基準：「犬及びねこの飼養及び保管に関する基準」＜旧基準（家庭動物基準）＞

（注）　本文中著者が重要と思う箇所に下線を付しています。
　　本文中の犬種名については、判決文記載方法のほか、「最新犬種図鑑」（一社）ジャパンケネルクラブ監修（㈱インターズー発行、2010年）の表記方法を参考にしています。

序　章

第1　本書について

1　動物の法的地位

本書はペットの裁判例集です。最近では、一般家庭でも、エキゾチックアニマルなどの野生動物やミニブタなどの家畜動物をペットにする例がみられます。そのため本書では、犬猫などの一般的なペット動物に限らず、野生動物、家畜動物についての裁判例も可能な範囲で紹介しています。

日本の法制度上、動物は種類別にではなく、用途別に規制されることが多く、動物の財産的価値の評価にあたっても、産業動物などの経済動物か、ペットなどの愛玩動物かによって異なります。

訴える側が当該動物をどのような「物」として権利主張するのか、その主張によって、動物の置かれた立場や損害評価も異なってくるといえます。

同じ動物種の「犬」でも、飼い犬（所有物）であれば所有者には財産権としての価値が認められますが、野良犬にはそのような価値は認められません。また、野良犬でも動物愛護法44条の保護対象である「愛護動物」にはあたるので、正当な理由のない殺傷は、犯罪行為として処罰対象となります。鳥獣保護管理法が問題となる場面では、野良犬が、もはや人から餌をもらうなどして人間社会に依存していない、すなわち野生動物といえるような「ノイヌ」と評価されれば、狩猟対象となります。

また、当該動物の所有者が、「実験動物」として使用していると主張すれば、当該動物は「実験動物」として扱われ、動物愛護法上のもっとも重要な種々の保護規定は適用されません。（家庭動物基準に準じた扱いを求める実験動物基準はあります。が、動物実験の規制が無いに等しい日本においては、「実験している」と主張しさえすれば「実験動物」とされるおそれが高いといえます。）

さらに、犬は「家畜」でもあるので、「家畜動物」という側面もあります。家畜伝染病予防法の適用もあります。

馬についても、産業用（食用、農業用、競馬、スポーツ用）、愛玩用、実験用、展示用など、やはり様々な用途があり、それぞれに所有者である人間の主張次第で適用される法規制が変わってしまいます。

動物法の理想的なあり方としては、動物全般の基本法（現在は動物愛護法と考えられます）の下に、特に人間と関わりの深い犬、猫、馬などについては、それぞれ「犬・猫法」「牛・馬法」、また野生動物については「野生動物法」、「動物園法」、「動物実験法」などの個別法を定め、その中で、用途ごとの考慮が必要な事項をそれぞれ規定した方が、動物福祉の観点からも、また、運用面からも、しっくりいくように思います。

今後の社会、学会などの動きに注目したいところです。

2　本書の構成

本書では、事件の分野ごと、7つの章に分けてあります。判決は事件ごとに異なる、まさにケースバイケースの内容です。判決の概要については、事件ごとの微妙な違いをもとに、裁判官が、その善し悪しを吟味、判断、評価しているニュアンスを感じ取ってもらえるよう、紙面の都合のつく限り、なるべく原文に忠実に記載するよう心がけました。また、事件を身近に感じてもらえるよう、分かる範囲でペットの名前（呼称）も引用しました。

各章ごとに、固有の法律などは冒頭で解説しました。以下では、重複にならない範囲で、各章の構成と、ペット法の課題や展望を説明します。

(1)　第1章　咬傷事故等による不法行為で飼い主（占有者）責任が問われた事例　について

ペットの散歩中、ペットが他人や他人のペットを咬んでケガをさせた、反対に、他人や他人のペットに襲われて自分のペットがケガをした・車にひかれた。近所から騒音・悪臭で苦情を言われた、購入したペットが病気で死んでしまった、トリミングに出した犬がケガをした、などペットに関するトラブルは多種多様な場面にわたります。

第1章では、咬傷事故などで、動物の飼い主等の責任を問う「動物占有者責任」（民法718条1項）を取り上げました。1章の1では移動中（犬なら散歩中）の事故、2では保管中の事故を紹介しました。これらの分野は、古くから訴訟の数が多い、ポピュラーな分野といえます。

飼育動物が原因で事故を起こした場合の占有者の法的責任としては、被害者への損害賠償責任の可能性（民事責任）、被害が甚大、行為態様が悪質などの場合に過失傷害罪や器物損壊罪などに問われる可能性（刑事責任）、また、動物愛護法上の第一種動物取扱業者が業務に際して事故を起こした場合などに考えられる行政上の責任（登録の取消し、更新拒否など）などがあります。

(2)　第2章　ペット公害　について

最近増加傾向にあるペット公害についての訴訟事例を取り上げました。2章の1では、集合住宅でのペット飼育をめぐるトラブルを、2では、それ以外の騒音、悪臭問題などを紹介しました。

集合住宅については、建物の区分所有等に関する法律など、集合住宅特有の論点があるので、特に別立てとしました。

⑶　第３章　交通事故とペット　について

第１章から分化した形で、交通事故とペットとしてまとめました。

近時、交通事故訴訟の中で、ペットが原因で交通事故が起きた場合の飼い主の責任や、ペットが被害を受けた場合の損害の認定など、ペットが関係する事例が相当数あります。移動中のペットや家畜が負傷した場合の損害について詳細な検討が加えられるなど、ペットの損害評価を考える上でもよい材料になると考え、特に別の章立てとしました。

⑷　第４章　獣医療過誤が問題となった事例　について

近時増えている獣医療過誤の存否をめぐる訴訟事例を取り上げました。

獣医療の高度化、医療費の高額化、消費者意識の向上などに伴い、獣医師と飼い主の診療契約をめぐるトラブルは増加傾向にあります。特に、最近ではペットの屋内飼育が一般的になり、フードや医療の充実から寿命が延び、高齢ペットの医療という新たな問題が出てきたといえます。ペットのＱＯＬ（クォリティオブライフ）などペット自身の幸福と、飼い主の自己決定権のバランスをどう取るか、どこまで高度な医療を求めるのか、といった難しい課題に直面しています。

獣医療過誤をめぐる訴訟が比較的多い背景には、獣医師が獣医師法に基づく国家資格者であること、人間の医療過誤同様、事実究明という意味で裁判手続になじみやすいということもいえると思います。多くは、獣医師の診療契約（準委任契約）上の債務不履行責任（民法415条など）（善管注意義務違反）、あるいは、端的に不法行為責任（民法709条など）の追及という形で争われます。

⑸　第５章　ペットをめぐる取引、業務上のトラブル事例　について

獣医療以外のペットをめぐる取引行為、あるいは、ペットに関する業務を行う上での事例を取り上げました。「製造物責任法」（ＰＬ法）、税法や知的財産法の分野など、今後増加が予想される新しい分野といえます。

訴訟事例としてはほとんどありませんが、「愛がん動物用飼料の安全性の確保に関する法律」（「ペットフード法」平成20年成立）、信託法（死後のペットの扱いなど）、身分法（ペットに関する遺言など）などの分野でのトラブルも、実務上は少なからずあります。

ペットフード法は、犬と猫のフード（おやつやスナック、ミネラルウォーターなども含む）について、①製造方法、②表示事項、③成分の安全規格について一定の基準を設け、基準に適合しないフードの製造、輸入、販売を禁

止しています。製造者、輸入者は、営業に際して届出と、フードの譲渡先などを記載した帳簿の作成（及び２年間の保存）が義務付けられています（販売するだけの小売業は除く）。

信託については、弁護士であっても有償で行うことができないなど、業として信託を行える者についての規制があり、飼い主死亡後、相続人等がいない場合、責任を持って動物を守れる制度としては機能しません。

将来的には、広く、ＮＧＯ、ＮＰＯ、自治体などが、飼い主がいなくなった老齢ペットの世話を行う仕組の中心になるのではないかと期待されます。このような仕組作りは、飼育崩壊やアニマルホーダーの問題への対策としても有用なはずです。

ただ、行政の負担増加ということを考えると、緊縮財政の中で、人間ではない、動物のために、どこまで予算を配分できるか（ペット税を徴収して目的税とすることや、寄付金控除の仕組を広げることも考えられます）といった問題があります。税金の使い途となると、結局は国民的同意が得られるかという話になりますから、ペットの法的地位をどう考えるか？といった議論とも無関係ではいられないと思います。人間の福祉などに余裕があってはじめてペットのことを考える、という対応ではおそらく永遠にペットへの配慮はされないままです。動物福祉、バリアフリー社会の実現という観点から、同時並行的な議論が必要であると思います。

なお、私人間の取引については、契約自由原則（私的自治原則）が妥当します。すなわち、私人間の関係は、当事者の自由な意思によって、契約締結の有無、相手方の選択、内容、方式を自由に決められるというものです。ただし、強行法規、強行規定（特に、労働法、消費者法の分野など）、公序良俗に反するものには一定の制約がかかります。

民法改正後の新しい判例の動きにも注意が必要です。この点については、第５章冒頭も参照してください。

⑹　第６章　行政の管理責任が問われた事例　について

ここでは、行政の管理責任を問う事例（国家賠償法）を取り上げました。行政の不法行為責任ということになります。狂犬病予防法令上の知事の不作為、国公立施設の不備による子どもへの被害事例などが主なものです。

国公立施設の民営化が進む現在、行政に対する責任を問う訴訟は減少するのではないかとも思われますが、行政の不作為の違法性を問うという点では、行政国家現象が進む現代において、逆に増加するかもしれない分野です。

⑺　第７章　刑事裁判例　について

第７章では、刑事裁判を取り上げました。刑事事件については、新しい判例などでないと、判例時報などの判例集にはなかなか掲載されないのですが、実際のところ、動物に関する刑事裁判例は多いと考えられます。環境白書によると、平成24年の環境犯罪の受理件数9,155件のうち、法令別に見ると、廃棄物処理法に関するものが7,499件と最も多く、次いで、鳥獣保護（管理）法が531件となっています。動物愛護法も59件、その他、種の保存法などもあります。

特に、野生動物の密輸事例などは同種事案が多々ありますが、本章では、事件数を網羅することよりも、数を絞り、なるべく広い分野のものを取り上げるようにしました。

ペットの法的問題としては、本来、刑事事件を中心に議論すべきかもしれません。刑事事件を考える際は、動物福祉の「５つの自由」（①飢えと渇きからの自由、②不快からの自由、③痛み・傷害・病気からの自由、④恐怖や抑圧からの自由、⑤正常な行動を表現する自由）を念頭に、ペットの虐待をどう捉えるか、また、犯罪行為をどう立件するかなどペット事件に関する基本的な問題が多々あります。

第2　ペット法の総論

1　ペット法

現在、「ペット法」あるいは「動物法」としてひとまとまりに研究対象となっている法分野はありません。ペット自体に人権や法人格が認められていないこと、社会的・経済的に重視して扱わなければならない必要性に乏しいことなどによると思われます。しかし、動物の問題は、生物多様性の確保、生態系保全、生物資源の保護という環境問題として広く捉えられる分野でもあり、昭和45年のいわゆる公害国会の頃まで環境法の分野がなかったことにかんがみれば、そろそろ、これら環境法の一分野ともいえる動物やペットに関する法体系を整える社会的必要性が、出てきたといえるのではないでしょうか。

(1)　日本の法体系における主なペット関連法一覧

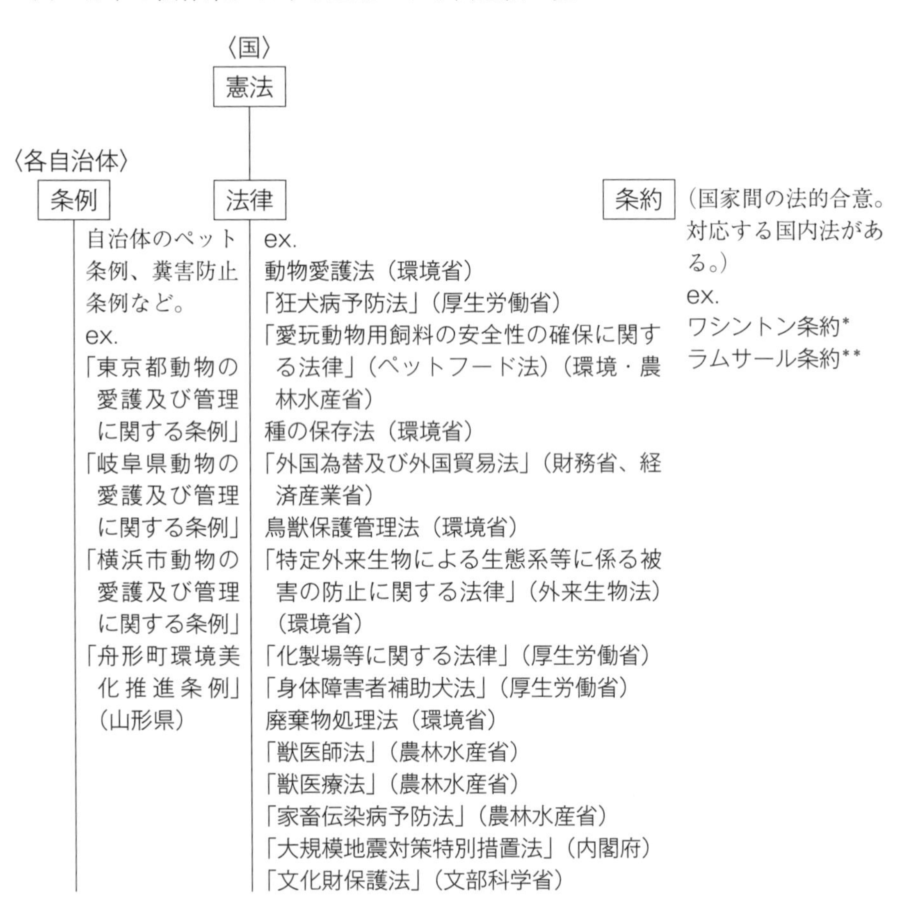

規則

政令 （閣議で全大臣一致によって制定）
動物愛護法施行令など、各法律の施行令

省令・府令 （各省庁の大臣によって制定）
動物愛護法施行規則など、各法律の施行規則

告示（ex. 基準、細目）・公示・通達等
動物愛護法に基づく基準類
ex. 家庭動物基準
「展示動物の飼養及び保管に関する基準」
実験動物基準
「産業動物の飼養及び保管に関する基準」
「第一種動物取扱業者が遵守すべき動物の管理の方法等の細目」
「第二種動物取扱業者が遵守すべき動物の管理の方法等の細目」
「特定飼養施設の構造及び規模に関する基準の細目」
「特定動物の飼養又は保管の方法の細目」
「動物が自己の所有に係るものであることを明らかにするための措置について」
「犬及びねこの引取り並びに負傷動物等の収容に関する措置」
「動物の殺処分方法に関する指針」

*「絶滅のおそれのある野生動植物の種の国際取引に関する条約」
**「特に水鳥の生息地として国際的に重要な湿地に関する条約」

日本のペット関連法は、一応、動物愛護法を中心にしているといえます。同法1条（目的）、2条（基本原則）の「動物」は、同法44条の保護対象である「愛護動物」のように限定されていないことからです。その他、用途ごとに、環境省、農林水産省、厚生労働省などを中心とした所管の法令が種々あります。畜産動物については、民間団体で策定されたものですが、乳用牛、肉用牛、豚、採卵鶏、ブロイラー、馬と種別に、「アニマルウェルフェアの考え方に対応した飼養管理指針」などもあります。

(2) ペットをめぐるトラブルに適用される法律について

具体的なトラブルとなれば、動物愛護法のほか、民事事件であれば民法が、刑事事件であれば刑法が適用されるのが通常です。

迷い犬の場合、遺失物法も適用されます。平成11年に遺失物法（明治32年成立、平成18年全部改正）が改正され、犬と猫の拾得については、拾得者が求めれば動物愛護法35条（動物愛護センター等による引取り）で扱うことが可能となり、これにより警察の負担軽減が図られたため、警察では犬と猫の

扱いを事実上拒絶するような間違った運用がされる事態も起きたようです。しかし、拾得者が拾得物の所有権取得を希望する場合は、遺失物法で処理しておかないと、３か月経過後に所有者が現れなかった場合に所有権を原始取得する権利は生じません（民法240条）。

軽い犯罪について定めた軽犯罪法（昭和23年成立）の適用も考えられます。ただし、被害結果（傷害等）を生じれば、軽犯罪法は重い法律に吸収され、別途科されません。そのため、実際は同法適用の場面はあまりないと考えられます。

軽犯罪法１条により、以下に該当する者は拘留（１日以上30日未満、拘留場に拘置される刑罰）又は科料（1,000円以上１万円未満の刑罰。罰金刑より軽い）に処せられます。

１条12号「人畜に害を加える性癖のあることの明らかな犬その他の鳥獣類を正当な理由がなくて解放し、又はその監守を怠ってこれを逃がした者」
同27号「公共の利益に反してみだりにごみ、鳥獣の死体その他の汚物又は廃物を捨てた者」
同30号「人畜に対して犬その他の動物をけしかけ、又は馬若しくは牛を驚かせて逃げ走らせた者」

ペットの飼育数規制や糞放置の問題など、ペットの問題は、地域性などにかんがみ条例で各自治体によって様々工夫され、自治体の多くは、動物愛護法よりも各自治体のペット条例など条例中心で運用されているのが現状です。条例は、いわば小さな法律であり、しかも、法律よりも民主的基盤が強く、罰則規定も多いので注意が必要といえます。

ペットのふん尿、死体などの処理方法について関連するものに、廃棄物処理法（昭和29年成立の清掃法が昭和45年に全部改正されて法律名変更）があります。同法は、「何人も、みだりに廃棄物を捨ててはならない。」（16条）と規定し、違反は、５年以下の懲役若しくは1,000万円以下の罰金又はこれらの併科にあたります。前述第１、２(7)で紹介した環境白書の検挙件数の多さからも分かるとおり、この法律は警察にとって使いやすい法律といえますので（廃棄物は動かないので、証拠の入手が容易という側面もあります）、注意が必要な法律です。

法律より下位規範の政省令の中で、特に飼い主責任を論じる上で重要となるのは、動物愛護法に基づいて定められた家庭動物基準です。咬傷事故などで、動物占有者責任（民法718条１項）の、免責要件である、「動物の種類及び性質に従い相当の注意をもってその管理をした」かどうかの判断基準の一つとして、家庭動物基準を遵守しているかどうかは重要です。同基準は、飼い主の努力義務として、具体的に、犬の散歩時の注意義務（引き綱の点検義務など）や、猫の飼養上の注意義務（屋内飼養義務、屋外飼養の場合の不妊措置義務など）を定めています。産業動物や展示動物、実験動物についても家庭動物基準は準用されており、いわば、動物の飼育方法の基本ルールといえます。

このほか、当事者間の契約として重要なものに、マンションの管理規約があります。マンションの管理規約等（下位規範の細則等を含む）は、集合的な契約であり、マンション居住者が遵守しなければならないものです。詳しい解説は第２章をご覧ください。

2　日本の法律上、ペットは「物」

ペットなどの動物は、「物」として扱われます。「この法律において『物』とは、有体物をいう。」（民法85条）と定義されており、不動産にあたらない動物は、物のうち、「動産」にあたります。

これは、論理必然的に動物が動産にあたるということではありません。人間も、有体物で、かつ、不動産ではないので、動産として扱われてもいいようなものですが、幸い人間は法律より上位規範である憲法により基本的人権が保障されており、物ではありません。（奴隷貿易が行われていた近世・近代のヨーロッパの法制度の歴史にかんがみればよく分かることと思います。）

法は、自然人ではない法人にも一定の法人格を付与しています。刑罰を与える場合、身体のない法人には、死刑や自由刑である懲役刑などを科すことはできませんが、罰金刑などの財産刑は科すことができます。

これと同じような論理で、一定の条件のもと一定の動物には法人格を与えてもいいのではないかという議論もあります。

動物を保護しなければならない義務を課した憲法を有するドイツでは、民法に「動物は物ではない」と明記されています*。

動物が論理必然的に物であって、我々人間とは違うものだというのは夢想に過ぎません。社会的な必要性と有益性が肯定されれば、動物保護に一定の権利性を認めざるを得ないのではないかと思われます。

とはいえ、将来的にどうなるかはさておき、現状日本の法律では、権利義務の主体となることができるのは人（自然人・法人）だけです。人格のない動物は、契約の当事者になることはできません（遺贈を受けることなどもできません）。

ですから、飼い犬が他人に咬みついてケガを負わせれば、傷害罪、過失傷害罪などで処罰されるのは、人である飼い主であり、動物が刑事責任を負うことはありません。損害賠償責任といった民事責任についても同様です。

* ドイツの動物法の歴史等については、藤井康博「動物保護のドイツ憲法改正（基本法20 a条）前後の裁判例―『個人』『人間』『ヒト』の尊厳への問題提起2―」早法60巻1号437頁（2009年）も参照されたい。

3　課題と展望

日本法における課題の一つとして、所有権に対する制約が難しい点が挙げられます。所有権は、経済的自由権であり、公共の福祉による制約がされてよいのですが、なぜか日本法においては所有権は強力な権利として保護されています。

憲法29条1項「財産権は、これを侵してはならない。」
　　　　　2項「財産権の内容は、公共の福祉に適合するように、法律でこれを定める。」
　　　　　3項「私有財産は、正当な補償の下に、これを公共のために用いることができる。」
民法206条（所有権の内容）「所有者は、法令の制限内において、自由にその所有物の使用、収益及び処分をする権利を有する。」

飼い主による飼育動物の虐待については、仮に、刑事事件として立件できても、所有権剥奪の制度がないため、再犯を防ぐのは不可能といえます。また、被害動物は、理論上は、没収の対象となる犯罪組成物件（刑法19条1項1号）にあたり得ますが、動物保護の目的で没収刑を適用するのは難しいと思います。なお、狂犬病予防法違反での没収刑を否定した裁判例があります（大阪高判平成19年9月25日判タ1270・443）。

この点、イギリスのような飼育禁止命令を取り入れることが望まれます。ドイツ法を取り入れた大陸法の日本において、英米法をそのまま取り入れるのは難しい面もあるかもしれませんが、刑罰としての飼育禁止（所持禁止）命令を設けること、私人訴追の制度を一部取り入れることなどはできるのではないでしょうか。

人間の子どもの福祉の分野でも似たような問題があります。日本法では、親権が強く、子どもの虐待を行う親の親権の剥奪、停止といった制度はあるのですが、剥奪、停止後の受け皿が十分ではないことなどもあって、なかなか運用されないのが現状です。そう考えると、動物についても、所有権の制約が設けられても、動物保護のための適切な公的（とは限りませんが）シェルターの確保ができなければ、実際は絵に描いた餅になるかもしれません。

動物愛護法は、平成11年、同17年、同24年の3度の改正を経て、質量ともに増え「ビッグバン」*的な発展を遂げ、内容的には充実してきたといえます。平成11年、同17年、同24年と改正のたびに、動物は単なる物から特別な物へと、次第にその法的扱いが変わってきていると評価できます。

平成11年改正では、動物愛護法2条（基本原則）に「動物が命あるものであることにかんがみ」という規定が入り動物は単なる物ではないことが明記されました。動物愛護法44条では、愛護動物を正当な理由なく殺傷、虐待、遺棄すれば所有者であっても処罰されます。単なる財産罪（刑法261条の器物損壊罪）としての保護以上の保護が与えられているといえます。平成24年改正では、1条（目的）に、「人と動物の共生する社会の実現」という文言が入り、従前の、単なる動物愛護の風紀保護、動物管理という以上の意味合い、動物福祉的な要素が入ってきたと評価することも可能でしょう。

なお残る手つかずの問題としては、愛護以外の用途についての適用除外が多いことに加え、実験動物について何の規制もないという問題です。動物実験について、理念としては、3R原則（「Replacement（代替）」、「Reduction（削減）」、「Refinement（苦痛軽減、改善）」が規定されていますが（動物愛護法41条）、動物愛護法その他の法令でも、実験者の届出制すらなく、自主的な倫理観まかせの状態です。

このような問題は残っているにせよ、動物愛護法の内容は、相当充実していて、決してペット先進国の法律の内容にひけは取らないと考えられます。

内容的には充実しているのに、なぜ法が実現されないのか、という点を考えると、適切な運用がされていないという大きな問題が浮き彫りになります。法手続の充実を考える時期に来ているのかもしれません。

* 上野吉一・武田庄平編著『動物福祉の現在』第3章（32頁）〔青木人志〕（農林統計出版、2015）より

第1章

咬傷事故等による不法行為で飼い主（占有者）責任が問われた事例

民法718条、709条

動物占有者責任（民法718条１項）

犬の咬傷事故等により、相手の人（被害者）、あるいは相手の飼い犬、飼い猫などを殺してしまったり傷害を負わせてしまった場合、咬んだ犬の飼い主（所有者又は占有者）は、被害者に対して、動物の占有者としての責任（民法718条１項本文）を負います。

民法718条１項は、「動物の占有者は、その動物が他人に加えた損害を賠償する責任を負う。ただし、動物の種類及び性質に従い相当の注意をもってその管理をしたときは、この限りでない」と規定し、動物占有者は原則として責任を負い、例外として、占有者が「相当の注意をもってその管理をした」ことを立証できた場合に限り、占有者の免責（責任を免れること）を認めています。しかし、過去の裁判例において、占有者の免責が認められた例はほとんどありません。

「占有者」とは

占有とは、その物を事実上支配していること、すなわち、民法上は、「自己が利益を受ける意思で物を現実に支配している事実状態」を、刑法上は、「支配の意思で事実上財物を支配下に置くこと」をいいます（法律学小辞典）。

通常、動物を事実上支配しているのは所有者である飼い主なので、所有者と占有者は一致しますが、他人に動物を預けているような場合は所有者と占有者が異なる場合もあります。なお、幼い子どもに犬の散歩を任せていた場合は、占有者は子どもではなく親である飼い主となります。飼い主の手足となって動物を飼養、管理する占有補助者は独立性がなく、ここでいう占有者にはあたりません。ただし、一般の不法行為責任（民法709条）が問題になることはあります。

不法行為責任の特則

民法718条は、一般の不法行為責任を定めた民法709条（不法行為による損害賠償）の特則です。709条は、「故意又は過失によって他人の権利又は法律上保護される利益を侵害した者は、これによって生じた損害を賠償する責任を負う」と規定し、被害者（通常は損害賠償の請求者）に対し、加害者に故意または過失があったことの立証責任を負わせています。

これに対して、718条の動物占有者責任は、この原則を変え、動物占有者（通常は請求を受ける加害者）に立証責任を負わせ、動物占有者がその動物の種類及び性質に応じた相当の注意をもって管理したことを立証できない限り、責任を負わなければならないとして重い保管責任を課しています。この場合、被害者は、損害の立証さえすればよく、加害者は、責任がないことを立証できない限り（いわゆる不可抗力であって相当因果関係がないとか、被害者の自招行為であるなどの主張が通らない限り）責任を負います。

718条は動物占有者に一種の危険責任を課したもので、いわゆる中間責任といわれていますが、裁判の運用を見る限り、結果責任に近いといえます。実際問題として、結果が起きた以上、後から見れば何か問題はあったわけですから、占有者が動物の保管責任を果たしていたこと（いわば結果は不可抗力だったこと）を立証するのは至難の業といえるでしょう。

咬傷事故をめぐる過去の裁判例を見ても、動物占有者が保管義務を果たしていたとして免責されたケースはほとんどありません（数件ありますが、自招事故あるいはドッグランという特殊な場所でのケースなどに限られています）。

このため、損害の公平な分担という不法行為制度の目的を踏まえ、実際の裁判においては、被害者（側）の過失（被害者が幼齢の場合の親の監督義務違反や、被害者から手を出したなどの過失）を考慮し、過失相殺（民法722条）が行われる事例が多いのも、ペットの咬傷事件の特徴といえます。

占有者の注意義務の内容

動物占有者の注意義務としては、本章後出１〔２〕判例でも示されたとおり、「動物の種類性質に従い通常払うべき程度の注意義務を意味し、異常な事態に対処しうべき程度の注意義務までを課したものではない」のですが、「通常払うべき程度の注意義務」は、結局のところ、動物の種類、性質、加害前歴、加害者側の事情（保管態様、動物の馴致の程度、加害時の対応など）、被害者側の事情（警戒心や被害誘発の有無、被害時の状況など）などもろもろの事情を総合的に考慮して、ケースごとに判断されることになります。

昭和48年に動物愛護法が成立し、これを受けて昭和54年に犬猫基準（現家庭動物基準）が設けられました。家庭動物基準には、犬の散歩時の注意義務として、犬を制御できる者が原則として「引き運動」で行う（子どもや老人に任せていた場合等はこの基準に違反しうる）、犬の突発的な行動に対応できるよう引き綱の点検及び調節等に配慮する（首輪が外れた場合等はこの基準に違反しうる）、特に大きさ及び闘争本能にかんがみ人に危害を加えるおそれが高い犬の場合は人の多い場所及び時間帯を避ける、必要に応じて口輪等の装着等に努める（闘犬や大型犬を子どもの登下校時刻に通学路で散歩させる場合等はこれらの基準に違反しうる）といった努力義務が規定されています。これら所有者または占有者の注意義務の内容は、過去の事故事例などを参考に規定されたと考えられますが、家庭動物基準は、平成18年、25年にも改正され、さらに詳細で厳しい内容となっており、今後もその傾向が続くことが予想されます。

飼い主（または犬の散歩を行う占有者）としては、少なくともこれら基準に規定されている注意義務を遵守していなければ免責は認められないと考えるべきでしょう。

本章では、１．動物の散歩・移動中の事故、２．動物の保管中の事故に分けて、咬傷事故等の裁判例を見ていきます。

本章では、特に記載がない限り、ＸがＹに対して、動物占有者責任（民法718条１項）に基づき、損害賠償を求めた事案である。

1

1．動物の散歩・移動中の事故

〔1〕飼い主の使用人が犬の散歩中に起こした咬殺事故につき飼育場所を提供した飼い主の内縁の妻に固有の責任を肯定

最判昭和57年9月7日　判時1055・45、判タ479・79

（大阪高判昭和55年7月15日　判時994・56 ／ 大阪地判昭和53年9月28日　判時925・87、判タ371・115）

概要

≪事案の概要≫　日中、酒に酔ったＹ１の使用人が、飼い主Ｙ１が内縁の妻Ｙ２（被上告人）宅で飼育していた闘犬用の土佐犬（２歳のオス、体重50キログラム。以下「本件犬」）を無断で連れ出したところ、本件犬が、祖母に連れられた２歳の男児に咬みつきその場で男児が死亡した事案である。

≪判決の概要≫　一審（地裁）判決は、Ｘ１、Ｘ２（被害男児の両親）が求めていたうちの、Ｙ１の占有者責任（民法718条）のみを認め、Ｘらが求めていた、過去、人に対する咬傷事故や飼い犬に対する咬殺事故を10件起こし近隣住民から警察に申し入れがされていたのに事故を防止すべき警察権の行使を怠ったとして大阪府（Ｙ３）に対する国家賠償法に基づく請求、内縁の妻Ｙ２（占有補助者）に対する占有者責任を否定した。

これに対して、控訴審判決は、Ｙ２に対し、占有補助者に過ぎないので占有者責任は負わないとしながら、民法709条に基づく通常の不法行為責任は負うとし、上告審（本判決）も同様の判断をした。

すなわち、闘犬用の土佐犬が体格や体力が通常の飼い犬とは比較にならないほど強大で性格も獰猛であって、その管理については他人の生命身体等に危害を加えることのないよう格段の注意を払わなければならないのに、Ｙ１のずさん、危険な飼育管理を知りながら、Ｙ２が居宅の一部を飼育場所として提供し、Ｙ１不在中の保管などを担当して飼育に協力し、かつ、日常その飼育に協力するなどＹ１のため多大な便益を提供していた以上、少なくともＹ２は、自ら闘犬の保管にあたる場合には、便益の提供の結果として生じる他人の生命身体に対する危険の発生を防止すべき高度の注意義務を負っており、Ｙ１と自分が外出中犬舎の施錠を十分にしておかないと使用人が犬を連れ出し事故を起こす危険があったのに（以前にも無断で連れ出したことがあった）、本件犬の入った犬舎を差し込み錠一個があるだけで誰でも容易に本件犬を連れ出すことが可能な状態で路上に置いたまま漫然外出したことはこの注意義務違反にあたるから、男児の死亡につき民法709条の不法行為責任を負うとした。

コメント

動物の保管につき独立的地位を持たない妻子や使用人は民法718条１項の占有者にあたらず、占有機関ないし占有補助者に過ぎないから、718条１項の重い責任は負わないとされている（飼い主や運送人は占有者にあたる）。したがって、占有補助者に過失があってもそれは占有者の過失とみなされる（後出〔２〕事例参照）。占有補助者自身に過失があればそれは通常の不法行為責任（民法709条）の話になるのであって、本件はそれに従い、占有補助者である内縁の妻に、通常の不法行為責任を認めたものである。

本件では結果的に占有補助者が飼い主と同程度の重い責任を負うことになった。その根拠として、本判決は、危険な動物をペットとして安易に飼育し事故を起こす例が後を絶たない現状を背景に、闘犬用の土佐犬が人の生命身体等に危害を加える可能性が大きい事実、実際に過去10回も事故があった事実、飼い主のずさんな飼育管理を知りながら場所を提供し事実上飼育していた事実、本件事故時飼い主が不在で自分（Ｙ２）が危険発生を防止することが期待されまたそれが可能な立場だった事実などを重視した。

〔２〕雇人が犬を制御出来ずに起こした事故につき飼い主の占有者責任を肯定

最判昭和37年２月１日　民集16・２・143

（東京高判昭和34年７月５日 ／ 東京地判昭和33年12月27日　判時174・21）

概要

≪事案の概要≫　大型犬２頭（グレート・デーン種のメス、50キログラムの『リリー』と45キログラムの『ポピー』）の飼い主Ｙ（被上告人）が職業紹介所の斡旋で雇ったＡに２頭の散歩をさせていたところ、『リリー』が９歳の女子Ｘ（上告人）に飛びつき、Ａが『リリー』を制御できずに、Ｘが骨折、咬傷（36針を縫う重傷）により約１か月の入院を要するケガを負った事案である。

≪判決の概要≫　本判決は、雇人ＡはＹの占有機関に過ぎないから、Ｙ

が民法718条の占有者責任を負うべきであるとした上で、Aが充分な操作制御方法を会得しないまま2頭を散歩させて制御出来なかった点に過失があるとして、Yの責任を認めた。

本件大型犬2頭は日本警備犬協会の訓練試験（咬癖の有無も検査する）にも合格しているおとなしい犬ではあったが、過去、1頭は学童に挑発され、塀を飛び越えて追いかけ擦過傷を与えたことがあった。

本判決は、民法718条1項但書の「相当の注意」とは、動物の種類及び性質に従い、「通常払うべき程度の注意義務を意味し、異常な事態に対処し得べき程度の注意義務までを課したものではない」としつつ、犬は、「一般に家人に対しては温順であるが、未知の人に対しては必ずしもそうではなく、また音響その他外界の刺激により容易に興奮する性癖を有する動物であるから、犬を戸外に連れ出す者は、万一犬が興奮した際にも充分これを制御出来るよう、自己の体力、技術の程度と犬の種類、その性癖等を考慮して、通行の場所、時間、犬を牽引する方法、その頭数等について注意を払うべき義務がある」と判示した上で、Aはごく小柄な男性で獣医師資格は持つが、本件2頭の犬を取り扱った期間も半月ほどで、犬の操作制御方法を会得していなかったにもかかわらず、2頭同時に日中公道を散歩させたため本件事故が起きたとし、もし犬を1頭ずつ夜間あるいは早朝など人通りの少ない時間に運動させていれば事故を避けることができたとしてAの注意義務違反を認め、飼い主であるYの責任を認めた。

コメント

動物占有者が免責されるための「相当の注意」の内容を示したリーディングケースである。とはいえ、何が相当の注意かは、個々のケースにより大きく異なり、その判断は微妙である。一審と二審で事実認定に大差がないのに結論を異にする事例（本章2〔1〕など）があることからも分かるとおり、結局、その動物の種類、性質、周囲の状況、被害者の様態（被害誘発の有無など）に応じて、具体的に保管上の過失の有無を判断せざるを得ない。また本件では、人を雇って散歩をさせた場合、飼い主はその選任監督に何ら過失のない場合でも占有機関たる雇人（使用人、被用者と同義）に動物の保管について過失があれば当然責任を負うとされている。本件は昭和30年代の事例である。昨今のように、犬の世話に精通した職業上のプロを雇って犬を散歩させるようなケースでは、雇人は単なる占有機関とはいえず、選任監督に過失がない限り飼い主自身の責任は否定されることが多いと考えられる。

なお、本件で、雇人は業務上過失致傷罪に問われている（第7章〔10〕事例参照）。

〔３〕使用人に荷馬車をひかせていた運送会社の占有者責任を肯定

大判大正10年12月15日　民録27・2169
（仙台地判　／　仙台区判）

概要

≪事案の概要≫　運送会社Ｙ（控訴人・上告人）がその使用人に荷馬車をひかせていたところ、馬が自動車の警笛に驚いて狂奔し、車体から離れ、離れた車体がＸ（被控訴人・被上告人）の店舗に飛び込んで物品に衝突して物を毀損した事案である。

≪判決の概要≫　本判決は、動物占有者は、占有補助機関である被用者に過失があれば使用者である動物占有者の過失と見るべきであるとして、Ｙが使用人を占有の補助機関として馬の占有をなしたる以上はＹが動物占有者（民法718条１項）であり、使用人は占有者に代わりて保管する者（同718条２項。現法「占有者に代わって動物を管理する者」）にはあたらないとして、使用人が荷馬車馬の操縦にあまり熟練したものではなかったこと、その馬は平素汽笛などに驚きやすい癖があったことなどから、相当の注意を欠いたとして、Ｙの上告を棄却し、Ｙに対し、損害の賠償を命じた。また、馬そのものが他人の物品を毀損したのではないが、たとえ馬が車体から分離していたときでも、その車体の衝突により他人の物品を毀損した場合には、動物が加えた損害でないといえないとした。

コメント

大審院時代の判例である。占有者の占有機関あるいは補助機関（家族など）の過失は民法718条１項の占有者のそれと同視されるが、同条２項の占有者に代わる保管者と評価されれば、占有者はその選任監督に過失がない限り（この点の立証が出来れば）責任を負わないことになる（もちろん占有者に代わる保管者は責任を負う）。当時、雇人（使用人、被用者と同義）に馬や犬などの占有を任せている例が多いが、このような事例ではほぼ例外なく雇人は占有機関とみなされている（本章〔２〕〔27〕事例等参照）。昨今よくあるように、専門家に保管を任せるようなケースでは、プロの保管者自体の占有者責任（718条２項）が追及されることが多くなるのではないかと思われる。

〔4〕犬との接触による転倒事故で飼い主の占有者責任肯定

東京高判昭和56年８月27日　判時1015・63、判タ454・92
（東京地判昭和55年12月23日）

概要

≪事案の概要≫　犬（中型の雑種のメス。以下「本件犬」）の共同飼い主Ｙ１、Ｙ２（被控訴人）夫妻のうちの妻Ｙ１が、マンション敷地内の通路で、ひもを放して本件犬を散歩中、マンション居住の高齢女性Ｘ（控訴人）と本件犬が接触してＸが転び、左大腿骨転子部骨折の傷害を受け２度の手術などを要した事案である。

≪判決の概要≫　一審判決は、目撃者がいなかったことなどから、本件犬の行動とＸの転倒負傷との因果関係の証明が不十分であるとしてＹらの責任を否定したが、本判決では、Ｙらが事件後に治療費支払いの念書を差し入れていることなどから、本件犬が歩行中にＸに接触した結果発生したものであると認定し、民法718条の占有者責任を認めた。また、保管責任を果たしていたというＹらの主張については、本件マンションでは管理規約でペットの飼育が禁止されているところ、Ｙらが、本件マンション隣地に犬小屋を設けて本件犬を飼育し、時々本件マンション敷地内に本件犬を連れ込んでいたこと、本件事故当時本件犬のひもを放していたこと、本件マンションは体力の乏しい老人が老後を送ることを主目的として建設されたので居住者には老人が多いことから、飼い主としては中型犬が老人に接触すれば転倒等の事故を発生させることを当然予測すべきで、みだりにひもを放さないようにすべきだったのだから、Ｙらが本件犬の保管につき相当の注意を欠いていたことは明らかであるとし、Ｙらに対して、慰謝料300万円などの賠償を命じた。

コメント

事故当時の目撃者がおらず、ＸとＹの言い分も一致していないことから、事故原因が必ずしも明らかでなく、そのため、一審と二審（控訴審）で判断が分かれたと考えられる。控訴審（本判決）においては、被害の重さや態様のほか、Ｙ１の話が信用できないとされたこと、また、事故原因と直接の関連はないが管理規約に違反して犬をマンション通路や敷地内で散歩させていたこと（専有部分の居室ではなく、他の居住者と接触する可能性の高い共有部分）、犬をノーリードにしていたなど明らかなルール違反があったことなどの事情が、重視されたと考えられる。

〔5〕無断で連れ出した他人の飼い犬を死亡させた男性に慰謝料3万円等

東京高判昭和36年9月11日　判時283・21、判タ124・37
（東京地判）

概要

≪事案の概要≫　男性Y（控訴人）が知人宅の庭先につないであった知人X（被控訴人）所有の犬（ボクサー種のオス。『ジミーオブサイドサトウ号』、以下『ジミー』）を、勝手に庭に立ち入って連れ出し、自動車で運転しながら『ジミー』を誘導して散歩していたところ、『ジミー』が他の犬と咬み合いになって負傷し、獣医師の手当てを受けたが肺気腫症のため死亡した事案である。

≪判決の概要≫　本判決は、Yが闘犬の用に供するなど悪意で『ジミー』を持ち出したものでないとしても、無断で他人所有の犬を引き出し、しかもその危害防止のため万全の手段を講ぜず、これを連れ歩いていた以上、『ジミー』の負傷とこれに基づく死亡結果につき過失があることは明らかで、所有者に生じた一切の損害を賠償する義務があるとした上で、『ジミー』が血統も良く訓練にもお金をかけ子ども同様の深い愛情と注意で育てられてきたこと、家庭犬としての訓練を終え優秀犬として受賞されたこともあること、27万円での買受け希望があったことなどから、事故当時の『ジミー』の価額を27万円とし、さらに、「一般に財産権侵害の場合に、これに伴って精神的損害を生じたとしても、前者に対する損害の賠償によって後者も一応回復されたものと解するのが相当であるけれども、時として単に財産的損害の賠償だけでは到底慰謝され得ない精神上の損害を生ずる特別の場合もあり得べく、他人が深い愛情を以て大切に育て上げて来た高価な畜犬の類を死に至らしめたようなときはまさにこの例であ」るとして、『ジミー』の死亡による飼い主の慰謝料を肯定し、その金額については、Yが直ちに治療費を払って獣医師の許で十分の手当を尽くしたこと、埋葬料を払ったことなどから3万円と評価し、Yに対して、合計30万円の賠償を命じた。

動物占有者責任（民法718条）が問われたケースではないが、咬傷

事案でもあり便宜上本章で紹介した。無断で他人の飼い犬を連れ出し、自動車で漫然と散歩をさせるなど通常考えられないような方法で保管して死亡させた以上、不法行為責任（民法709条）を負うのは当然であろう。ボクサー犬を咬んだ犬の飼い主が判明すれば、共同不法行為責任（民法719条）の追及など別の展開になったことも考えられる。本件では、動物の時価相当額とは別に飼育動物死亡についての慰謝料が認められた。繁殖用の犬、ショードッグなど商業目的の飼育の場合は、商品としての価額相当額が考慮されるのに対して、家庭用愛玩動物の場合は、購入価額や時価などは慰謝料に含まれて考慮されることが多いため、時価相当額と慰謝料双方が認められることは少ないのであるが、本件では「物」としての財産的価値だけでははかれないものがあると判断され価額相当額のほか慰謝料についても認められた。

〔6〕紀州犬による咬傷事故で慰謝料110万円

東京地判平成19年７月24日　ウエストロー

概要

≪事案の概要≫　自転車で通りすがりの高校生男子Ｘが、飼い主Ｙがリードを付けて散歩中の犬（紀州犬。以下「本件犬」）に、Ｙの許可を得て触ったところ、本件犬に左前胸部、左腋窩を咬まれ、形成術を受けたが線状瘢痕を残した事案である。

≪判決の概要≫　Ｙが管理責任（民法718条）を果たしていたかどうかにつき、本判決は、紀州犬は猪狩りに猟犬として使用される本来は気性の荒い犬種であること、本件犬に全く慣れていないＸに咬みつく可能性があることは容易に予測し得たのに、本件犬がＸに咬みつくことを防止するための必要かつ有効な措置は何らとっていないのだから、Ｙが相当の注意をもって管理していなかったことは明らかであると判示して、治療費等のほか、慰謝料110万円（傷害慰謝料60万円、後遺障害慰謝料50万円の合計）を損害として認め、他方、被害者であるＸにも、面識もないのに犬の様子を十分に確認することもなく、感情のおもむくままに、視線の高さを犬と同じにして、咬まれないように用心することもなく触れた不注意があるとして、２割の過失相殺を行い、Ｙに対して、107万円余の賠償を命じた。

コメント

日常起こりがちな事故である。結論としても妥当であろう。犬は平素飼い主には従順でも、他人や他の動物に突発的に襲いかかる性質があるといえる。本能が強いプリミティブドッグに分類される日本犬のほか、狩猟犬、闘犬、大型犬などの場合は特に注意が必要である。本件被害者は高校生男子で、幼児や小学生の子どもではないにもかかわらず、紀州犬（中型犬）のひと咬みで胸部に大きな傷を与え後遺症を残している。裁判官の心証は被害結果に引きずられやすいということができ、本件でも被害が比較的大きかったことも責任を認めた一因であったと思われる。事故時の状況については、ＸとＹで言い分が大きく食い違っていたため、必ずしも明白にならなかった部分もあり、この点が、被害者側の過失の判断で考慮されたのではないかと考えられる。

〔7〕ドッグラン内の事故で飼い主の占有者責任を否定

東京地判平成19年３月30日　判時1993・48

概要

≪事案の概要≫　リード（引き綱）を外して犬が自由に走り回ることができるドッグラン内のフリー広場で（その他に小型犬専用広場もある）、Ｘ（女性）がノーリードにした飼い犬（パピヨン、小型犬種）が後ろから付いてくるのを振り返りながら小走りで広場中央付近を突っ切って反対側に行こうとしたところ、Ｙの飼い犬（日本犬の雑種、「大型犬」とされている。以下「本件犬」）が他の犬（ラブラドール・レトリーバー種）と追いかけ合って走っていたところに衝突した。これにより、Ｘは右脛骨骨折の傷害、機能障害と外貌醜状の後遺障害を負ったとして590万円余の損害賠償を請求した事案である。

≪判決の概要≫　本判決は、民法718条１項但書の「相当の注意」とは、「通常払うべき程度の注意義務を意味し、異常な事態に対応できる程度の注意義務まで課したものではない」とし、ドッグラン内での犬の占有者の通常払うべき注意義務は、引き綱を外すと制御が効かなくなるとか、引き綱を外す前にＹの飼い犬が興奮しているなどの特段の事情がなければ、引き綱を外し、犬が自由に走り回ることができる状態におけるものであることを前提としなければならないとし、毎週のようにドッグランを利用していた本件犬が今までYの命令を聞かずに制御できない事態になったことはなかったから、Yとしては「飼い犬をドッグランの雰囲気になじませてから引き綱を外した後は、犬が興奮して制御が効かないような状態が発生しないよう、または、そのような事態が発生したり、事故が発生したとき、直ちに対応することができるように、犬を監視すれば足りる」とし、逆にこのような場所に、飼い主をはじめ人間が立ち入ることは危険な行為であり、異常な事態にあたるから、本件Xのような者が現れる事態を予見する必要はなく、Yは「相当の注意」を尽くしていたとして、Xの請求を棄却した。

コメント

本件はドッグランという特殊な状況下での話ではあるが、占有者責任を否定した珍しい事例である。動物の咬傷事故は、結果責任になることが多く、被害結果が大きいと責任が認められやすい傾向にあるといえる。本件Xの損害（ケガの程度）の詳細は不明だが、Yの責任が否定されたところをみると、少なくとも重傷を負ったとは評価されなかったのではないかと思われる。本件は事故後、Yの妻がXの見舞いに行った際に見舞金を渡している。また、Xの夫とその父親がY夫妻に1,000万円を支払う旨の誓約書を要求し、怖くなったYがメールで360万円を分割払いすると返答したなどの背景事情がある。これら事情が判決にどの程度影響を与えたかは不明であるが、いずれにしろ、Yがドッグランの規約を守っていたことや、本件犬が今まで何ら事故を起こしていなかったなどYに有利な事情があったことも大きい。ドッグラン内での飼い主の注意義務が示されたリーディングケースといえる。通常、ドッグラン内で飼い主が走ることが「異常な事態」とまでいえるかは微妙であるが、小型犬専用広場があるのに、フリー広場で小型犬と飼い主が中央を走っていた点が重視されたのではないかと思われる。

〔8〕パピーウォーカーとして飼育中の子犬による事故で、占有者責任肯定

甲府地判平成18年8月18日　ウエストロー

概要

≪事案の概要≫　パピーウォーカー（盲導犬として訓練すべき子犬を1歳になるくらいまで育てるボランティア）としてY（男性）が飼育して

いる犬（ラブラドール・レトリーバー種の１歳のオス。以下「本件犬」）について、Ｙの妻が早朝、他人から預かっているもう１頭の犬とともに公園内を散歩させていたところ、２頭がじゃれ合って走り出した拍子にＹの妻は本件犬の綱を放してしまい、本件犬は公園を散歩中のＸ（女性）の方へ近づき、前肢を上げて飛びつくような格好をしたため、驚いたＸがこれを避けようとして転倒し、約３か月の加療を要する第十二胸骨圧迫骨折を負った事案である。

≪判決の概要≫　本判決は、綱を放された犬が他人に飛びつき、飛びつかれた者がこれを避けようとして転倒、骨折することは通常予想しうるから、犬の綱を放すというＹの妻の過失とＸの傷害には相当因果関係があり、Ｙは占有者責任（民法718条１項）を負うとした上で、Ｘがもともと骨粗しょう症であったために骨折しやすかったとして、過失相殺の規定（民法722条２項）を類推適用して２割の素因減額を行い、治療費、コルセット代、入院中の雑費、慰謝料98万円、弁護士費用の一部、休業損害30万円など合計154万円余の賠償をＹに命じた。

コメント

犬の散歩中、犬が走り出した衝撃でうっかりリードを放してしまうのはありがちなことであろう。しかし、通行人にしてみれば突然ノーリードの犬が近づいてくれば、驚いて転倒することもあり得ることで、この場合、たとえ犬が通行人に接触していなくても、飼い主は通行人が負ったケガなどの被害に対して動物占有者責任（本件では妻は占有者である夫の占有補助者とされたと思われる）を負うことになる。本件はそのような典型的なケースといえる。被害者側の過失はない。ただし、被害者の持病（骨粗しょう症）が被害発生（骨折）に寄与したとされ、２割の素因減額がされている。飼い主としては、犬が突然走り出してもリードが放れないよう、リードを二重に巻くなどの工夫も必要である。

〔9〕散歩中の咬傷事故で飼い犬を殺されケガをした飼い主に30万円の慰謝料等

名古屋地判平成18年３月15日　判時1953・109

概要

≪事案の概要≫　Ｙ（77歳の女性）は３歳の中型犬（日本犬の雑種のオス。以下「Ｙ犬」）を夜間は自宅敷地内で防犯のため放し飼いにし、朝になると鎖につなぐという方法で飼育していた。Ｘ１が、Ｘ２、Ｘ３と共同飼育している犬（５歳のミニチュア・ダックスフンド種のオス。以下「Ｘ犬」）を散歩中、Ｙがいつものように Ｙ犬を鎖につなごうとしたところ、Ｙ犬がＹの手をかいくぐって正門横のくぐり戸から外へ逃げ出し、Ｘ犬に襲いかかり首や腹部に咬みつき、死亡させ、止めに入ったＸ１は転倒し顔面等を舗装道路に打ち付けケガをした事案である。

≪判決の概要≫　本判決は、Ｙのような高齢の女性がＹ犬のような犬を鎖につなごうとする際、犬がその手をくぐり抜けるような事態の発生は予測可能な範囲であり、外に出た犬が他人の飼い犬や人に危害を加えることは起こりうる出来事であるから、Ｙは飼い主として、Ｙの手をくぐり抜けるような事態が発生しても自宅敷地内から外に出ないように注意を払わなければならず、これは民法718条１項但書にいう「相当の注意」、すなわち「通常払うべき程度の範囲内」のものであるとして、Ｙの免責は認めず、損害についてはＸ犬が購入から約５年６か月経過しているので流通価格は購入金額の約３分の１とし、Ｙに対し、Ｘ１やＸ犬の治療費、火葬代金等合計約17万円のほか、慰謝料としてＸ１には30万円、Ｘ２、Ｘ３には各10万円の賠償を命じた。

コメント

本件も犬の流通価格（時価相当額）のほかに慰謝料を考慮した事例である。平成18年の判決であるが、近時の傾向として、ペットが死亡した場合にはおおむね慰謝料が認められているといえる（もちろんのこと、動物自身に慰謝料が認められるのではなく、ペットが死亡したことで精神的苦痛を被る飼い主を慰謝するための慰謝料である）。飼い主の手をくぐり抜けてうっかり飼い犬が外に出てしまい事故に遭う（加害であれ被害であれ）ことはよくある事態である。特に屋外飼育の犬については、敷地外へ出ることがないよう門や塀を二重にするなど注意が必要である。

〔10〕咬傷事故でケガをした犬の飼い主に慰謝料肯定

東京地判平成17年８月30日　ウエストロー

概 要

≪事案の概要≫　Ｘ１が公園で、Ｘ１、Ｘ２夫妻の飼い犬（ラブラドール・レトリーバー種。以下「Ｘ犬」）のリードを放して遊ばせていたところ、Ｙの飼い犬（柴犬種）が約100メートル離れた公園入口から猛スピードで駆け寄り、Ｘ犬に突然襲いかかって一方的に咬みつきケガを負わせた事案である。

≪判決の概要≫　本判決は、「家庭で飼育される犬や猫などのペット（愛玩動物）が傷害を負わされた場合、その飼い主は、単に財産的損害の賠償を求めることができるのみならず、それによって受けた精神的苦痛に対する慰謝料の請求もできる」とした上で、Ｘらは体の弱いＸ犬のために多額の治療費や家の改修工事費などを支出してきたこと、穏和だったＸ犬が事故以来他の犬に怯えるなど性格に変化が見られ、その性格の修復のため訓練士の訓練を受けたことなどから、飼い主であるＸらは相当程度の精神的苦痛を被ったとし、反面、本件事故が犬同士の本能的行動によるものであることなどを考慮して、慰謝料額を10万円とし、そのほか治療費や訓練費用、弁護士費用の一部など数万円の損害を認め、Ｘ１がリードを放していた点につき１割の過失相殺を行い、Ｙに対し、14万円余の賠償を命じた。

コメント

民法718条１項の動物占有者責任が問われた事例である。ペットが傷害を負った場合の慰謝料については、最近の傾向として、ペットが死亡したり重篤な後遺障害を負った場合でなくても、慰謝料を認める傾向にあり、本件もその一例といえる。また、本件は治療費や慰謝料額算定にあたり、犬の既往症に関係すると思われる治療費を控除するなど、本件事故と損害との相当因果関係の判断にあたり、詳細に事実を吟味している点も参考になる。Ｙもノーリードにしていたかどうかは、判決文からは明らかでないが、100メートルを猛スピードで駆け寄ったということは、おそらくノーリードだったと思われる。

〔11〕吸傷事故で顔に後遺症が残った被害女性に７割の過失相殺

東京地判平成17年６月29日　ウエストロー

概要

≪事案の概要≫　社宅に住むＹが自室前の通路につないで大型犬（８歳のシベリアン・ハスキー種。以下「本件犬」）を飼育していたところ、社宅の一室に住む知人を訪ねてきた22歳の未婚女性（Ｘ）が、本件犬に口唇部の付近を咬まれ（以下「本件事故」)、縫合処置を受けたが上口唇犬咬創の傷害を負い、口蓋及びその周辺３か所に幅１～３ミリメートル、長さ0.8～2.5センチメートルの醜状痕の後遺症が残った事案である。

≪判決の概要≫　Ｘは、本件犬のそばを通ったら突然咬みつかれたと主張し、Ｙは、Ｘが犬を飼っていて犬の習性を熟知している以上Ｘの一方的な過失でありＹには民法718条１項但書の免責事由があると反論した。本判決は、本件犬が人に支えられて直立の姿勢をとるとその口の位置が地上から約１メートルであるのに対し、Ｘの身長が約160センチメートルであることなどから、Ｘの供述は信用できないとして、本件事故はＸが進んで本件犬に近づきその前にしゃがみ遊んでいたときに発生したものであると判断し、他方、Ｙには、社宅という集合住宅で、「居住者はもとより来訪者も日常的に通行する場所で飼育する以上、本件犬に接近した人に危害を加えることがないよう犬に口輪をはめたり、本件犬に近寄らないように周囲に注意を促す旨の表示をしたりすべき義務がある」のにこのような措置を講ぜず漫然と飼育していたから、本件犬の種類及び性質に従い相当の注意をもってその保管をしていたということはできないとして免責事由はないとし、慰謝料250万円余のほか治療費、通院交通費等を損害と認めた上で、大型犬に不用意に近づいたＸにも重大な過失があるとして７割の過失相殺を行い、Ｙに対し、86万円余の賠償を命じた。

コメント

不特定多数の者が出入りする集合住宅の共用部分などで、何の措置もせず漫然と犬を飼育していた以上、たとえ被害者から近づいたという事情があっても（被害者が犬に危害を加えたなどの事情がない限り)、民法718条１項但書の免責が認められることはないであろう。本件ではXの後遺症が小さな醜状痕だったことなどから、逸失利益までは認められなかったが、特に女性の顔に後遺症を残した場合は損害額は高額化する。本件では、自ら近づいたXの過失を重大と捉え７割の過失相殺をしている。この点、判決内容からは詳しい背景事情は不明であり、また、事故現場通路の状況などにもよるが、この種の事故で７割もの過失相殺がされることは稀であると考える。もし被害者が子どもであればここまで過失相殺はされなかったはずである。

〔12〕ノーリードの犬と自転車が衝突した事故で飼い主の占有者責任肯定

東京地判平成15年１月24日　ウエストロー

概要

≪事案の概要≫　犬の放し飼い禁止と書かれた掲示板が張ってある公園で、X（専業主婦）が公園内のサイクリングロードを自転車で走行中、リードをつけていなかったY所有の大型犬（ゴールデン・レトリーバー種）と衝突し、転倒したXが左大腿骨骨折、頸椎捻挫、左肘挫傷の傷害を受け、１か月半ほど通院した事案である。

≪判決の概要≫　本判決は、Yの責任について、Yが犬を公園内で自由に走り回らせていたかは不明であるが、動物占有者は、動物の種類及び性質に応じて相当の注意をもって保管したことを証明しない限り、その動物が他人に加えた損害を賠償する責任を免れないので、リードをつけていなかった以上免責されることはないとして、Yの占有者責任を認め、損害については、Xの要した通院治療費、専業主婦としての労働能力が４割喪失したとして賃金センサス女子労働者65歳以上の平均年収に基づく16万円余の休業補償、事故後の謝罪が不十分であることなどから慰謝料として50万円、弁護士費用として15万円など合計82万円余の賠償をYに命じた。

コメント

公園内のサイクリングコース（自転車用のコース）を走行中のXがノーリードの大型犬と衝突した事例である。もちろんノーリードそれ自体も問題ではあるが、本件衝突時、ノーリードにした犬だけがサイクリングコース上にいたと考えられ、Yはノーリードでも犬を制御できる状態だったともいえず、Yに全面的に責任が認められるのは当然といえよう。損害について、Xは専業主婦だが、治療中家事が出来なかったため、賃金センサス労働者の平均年収を基に休業補償が認められている。また、事故後の対応が不十分であるとして慰謝料額が算定されている。この点からも、事故を起こした飼い主は、被害者への謝罪、誠実な対応が重要であることが読み取れる。

〔13〕犬同士の接触が原因で転倒して後遺症が残った被害者に5割の過失相殺

大阪地判平成14年5月23日　ウエストロー

≪事案の概要≫　X（女性）は夜8時頃、友人の飼い犬『ゴンちゃん』を約1.3メートルの長さのリードを付けて公園前の路上を散歩させていたところ、Yがけい留を解いた状態で公園内を散歩させていた飼い犬『ラブ』が『ゴンちゃん』に近寄ってきた。2匹はお互い臭いを嗅いだりしていたがしばらくして『ラブ』が「ウー」とうなり声をあげたので、Xが『ゴンちゃん』に危害を加えられないよう『ラブ』から離れるとともに『ゴンちゃん』を『ラブ』から遠ざけようとリードを引っ張ったところ、バランスを崩して転倒し、近づいてきたYの助力で立ち上がり救急車で運ばれたが（YはXを背負い、病院にも同行）、Xは右大腿骨頸部内側骨折の傷害を負い、78日間の入院と手術、その後約8か月の通院を経て、長時間立ち仕事ができないなどの後遺障害が残った事案である。

≪判決の概要≫　本判決は、『ラブ』はXに近づき「ウー」とうなっただけでそれ以上の動作はなく、むしろY自身リードの操作を誤ったことが転倒に相当程度寄与しているとして、本件転倒事故はYの過失とXの過失とが競合して生じたと評価した上で、Yには犬の管理者として犬を不特定多数人の訪れる公園、道路等に連れ出すについては、他人に危害を加えることがないよう犬をけい留しておくべき注意義務があるのに、この犬を散歩させる際の基本的注意義務であるけい留を怠った点で過失は小さくないとする一方、Xが「もう少し落ち着いて行動すれば（犬を飼った経験のあるXにとって、本件ではその余裕が十分あったものと窺われる。）転倒は避けられたのではないか」としてXとYの過失割合を各5割と認め、Yに対し、慰謝料や逸失利益（15年に渡り労働能力20パーセント喪失とした）、弁護士費用等の合計の2分の1である860万円余の賠償を命じた。

コメント

本件は直接には被害者自身の転倒による事故だが、犬が関係する事故では、後遺症が残るなど被害が甚大になる傾向がある。Ｘの転倒時の状況については、他に目撃者もなく双方の供述で食い違いがあったものの、双方本人尋問での「対質」の活用によりＸの供述がより信用できると判断され、ＸＹ双方の過失が競合した事故とされた。判決は事例判断であり、「もし」はないが、しかし、ＹがＸを助けて病院にも同行し謝罪していることや『ラブ』が一度うなった以外は何もなく平素おとなしいと考えられることなどにかんがみ、もし、Ｙが犬のけい留義務を果たしていたら本件はどう判断されたのか（免責が認められたのか）興味深いところである。ただし、民法718条の動物占有者責任は結果責任に近いため、Ｘが後遺症を残すような重い傷害を負っている以上、免責は難しいかもしれない。

〔14〕散歩中の犬が直接占有者を咬んだ事故で、間接占有者（飼い主）の動物占有者責任否定

東京地判平成13年７月３日　ウエストロー

概要

≪事案の概要≫　家政婦Ｘが派遣先Ｙの飼い犬『忠五郎』（「体格の大きい」犬とされている）を散歩させていたところ、『忠五郎』が向かい側から来た男女の胸に抱かれていた小犬に反応して吠えかかり、Ｘのふくらはぎを咬んだ事案である。

≪判決の概要≫　本判決は、まず、犬を散歩させていた直接占有者であるＸが犬に咬まれている本件のような場合にも間接占有者である飼い主（Ｙ）が民法718条１項の動物占有者責任を負うのかという点につき、これを肯定した上で、ＹがＸに『忠五郎』の散歩をさせるにあたって事故防止の措置をとっていたかを検討した。Ｘは事故までの８か月弱の間、ほぼ２日に１回の割合で多数回『忠五郎』を散歩させていたこと、Ｘは『忠五郎』が人を咬むのを見たことはないこと、Ｙが散歩に同行することも多く、この際『忠五郎』の取り扱いについて色々な会話を交わしたと見られること（何も聞いていないとのＸの供述は信用できないとされた）、『忠五郎』は事故後死亡しており当時かなり老齢であり突然暴れて人を咬むという危険性があったとは言い難いことなどから、このように突然暴れ出して人を咬むという危険性の認められない犬を散歩させるに

あたり、ＹがＸにこれらの「注意等をしていたことは動物の間接占有者としてとるべき事故防止の措置をとっていたというべき」であるとして、「本件犬の種類及び性質に従い、相当の注意をもって保管をしていた」としてＹの免責を認めた。

コメント

飼い主の免責を認めた珍しい事例である。ただし、犬の散歩をしていた直接占有者自身が被害者というやや特殊な事例である。雇人に犬の散歩を任せる場合の注意義務がどの程度かについて参考になると思われる（前出〔２〕事例参照）。飼い主としてどの程度注意措置をとるべきかは、当該犬の性癖と雇人の事情（体力や当該犬にどれくらい慣れているかなど）によるが、昨今はやりの犬のシッターなど、犬の散歩に慣れたプロに依頼するような場合でも、やはり飼い犬の性癖を熟知した飼い主自身が一度は散歩に同行し、直接占有者に注意点を伝えるなど最低限の事故防止措置は必要であろう。

〔15〕「ワァン」と鳴いた犬の飼い主に調教義務違反ありとして438万円余の賠償

横浜地判平成13年１月23日　判時1739・83、判タ1118・215

概要

≪事案の概要≫　先天的股関節脱臼により左足が右足より５センチメートル短く、杖を使わなければ歩けないＸ（70歳代の女性）が、夕刻、自宅前の公道で右手に杖、左手に公道の交差点に設置されていたミラーポールの柱を掴んで立っていたところ、Ｙが飼い犬（１歳５か月のラブラドール・レトリーバー種のメス。以下「本件犬」）に長さ約1.4メートルのリードを付けて散歩中、Ｘのいるミラーポール付近に近づいたところ、本件犬がＸの背後から「ワァン」と一声吠え、Ｘは本件犬の接近に気がついていなかったため驚愕して左手をミラーポールから放して安定を失いその場に仰向けに倒れて左下腿骨骨折の傷害を受け、約７か月間接骨院に通院した事案である。

≪判決の概要≫　本判決は、犬が吠えることの制御を飼育者に要求することは酷であるとのＹの反論に対して、「なるほど、犬は、本来、吠えるものであるが、そうだからといって、これを放置し、吠えることを容認することは、犬好きを除く一般人にとっては耐え難いものであって、社会通念上許されるものではなく、犬の飼い主には、犬がみだりに吠えないように犬を調教すべき注意義務があるというべきである」、「動物を飼っている者は、その飼育から生ずる一切の責任を負担すべきであり、また、犬を調教することによって、これを達成することも可能である」として排斥し、また、Xの受傷はXの先天的なもの（身体障害者等級4級）によるとのY主張に対しては、「公道に出て外気を吸うことは、人間としての自由権の範囲内」であり、公道に佇立していたことが過失なら身体障害者の外出を禁ずることにもなりかねない、として排斥し、Yに対し、治療費17万円余、付添看護料36万円、休業損害（夫の経営する税理士事務所を7か月間欠勤した月収及び賞与）296万円、慰謝料170万円、弁護士費用分としての40万円の合計額から、Xの先天的股関節脱臼という疾病に基づく身体的特徴により損害を拡大させたとして民法722条2項（過失相殺）の類推適用により2割の減額を行い、既払額を控除した438万円余の賠償を命じた。

コメント

飼い主はリードをつけて犬を散歩させており、犬の行動としては一声鳴いただけ、補助犬としてもお馴染みのおとなしいラブラドール・レトリーバー種（メス）ということもあり、本判決は新聞でも大きく紹介記事が載り、マスコミでも注目を集めた事例である。本判決は、飼い主に、飼い犬に全く声を出さないよう調教する義務を課すなど、極めて酷な判断となった。本件はYが控訴し、控訴審で和解が成立している。控訴審での和解内容は不明だが、仮に控訴審判決が出ていたらYの責任を認めたかどうか、また認めたとしても損害額（特に休業損害、付添看護料）についてどこまで認めたのか興味深いところである。大型犬の声は確かに大きいものであり、被害者側に落ち度があるともいえない本件では、占有者責任を肯定する限界事例と思われるが、飼い主の注意義務の重さを知る事例といえる。飼い主が、犬の接近を察知させるなどの措置をとっていたら被害者の転倒を防げたかもしれないと考えられるが、仮に被害者が耳や目が不自由であればこれも難しい。「社会通念上」の判断を示される以上、世の中には（裁判官を含め）犬好きでない（という以上に犬嫌いの）人がいることは認識しなければなるまい。

〔16〕飼い犬が咬まれて死亡し３万円の慰謝料と２割の過失相殺

春日井簡判平成11年12月27日　判タ1029・233

概要

≪事案の概要≫　午後７時頃、飼い主Ｘの母が飼い犬『ゲンキ』（推定８歳位のポメラニアン種のオス）に手綱をつけて公園を散歩中、中型犬３匹を連れたＹ（66歳の男性）に遭遇し、Ｙの犬『プチ』が突然『ゲンキ』の方へ走り出したのでＹは前のめりに転びそうになって『プチ』の手綱を放してしまい、『プチ』は『ゲンキ』の左胸部に咬みついたが、Ｙは『プチ』の手綱をつかみ、立ち去ってしまった（Ｘは後で近所の人からＹが誰かを聞いた)。放心状態で動かなかった『ゲンキ』は５分ほどで動き出したのでＸの母は帰宅し、すぐに獣医師に電話をしたが大丈夫だろうとのことで２日後に往診に来ることになり、２日後の往診の結果入院させたが、胸部咬傷のため胸郭内に膿がたまり肺炎を併発しており夜の手術の甲斐なく翌明け方死亡した事案である。

≪判決の概要≫　本判決は、Ｙが「視力や聴力が通常人より落ちていたにもかかわらず、一度に中型犬３匹を連れて散歩していた」過失、「本件のような事故を予見し周囲に注意を払い、自分の犬が他人や他の犬などに突然飛びかかろうとしたときに犬の動作を十分制御できる態勢をとっていなければならないのにこれを怠り、漫然と散歩し、かつ、『プチ』が走り出したとき、手綱を放してしまい『ゲンキ』の傷害を未然に防止」できなかった過失は大きいとして、『ゲンキ』の時価相当額８万円、慰謝料３万円、治療費12万円余の損害を認めた上で、他方、Ｘ側の過失として、『ゲンキ』が以前も他の犬に咬まれたことがあるのだから、万一の場合を予見警戒し、『ゲンキ』を引き寄せ抱き上げるなどの措置をとるべきであった、「突然の出来事ではあるが、手綱をつけた小型、軽量な犬を連れたＸ側にも危険を避けうる余地はあった」、もう少し早い時期に救命のための対応をすべきであった、などとして２割の過失相殺を行った。

コメント

本件は、ペット死亡により、ペットの価額相当額のほか、慰謝料を認めた事例である。『ゲンキ』の価額判断については、訴外人が18万円位で購入しXに無償譲渡したこと、犬の平均寿命を12～13年として平均余命まであと4～5年と考えられることなどから、8万円と評価している。慰謝料については、Xが長年朝夕散歩させかわいがってきたこと、しかし狂犬病予防接種は受けていないこと、などの事情を総合考慮して3万円とした。飼い主がどれくらい費用や時間など手間暇を掛けて飼育してきたかにもよるが、現在であればもう少し高額の慰謝料が認定されるのではないかと考えられる。

〔17〕ふれあい牧場でポニー（小馬）に蹴られた6歳の子どもの母親に3割の過失相殺

大阪地判平成10年8月26日　判タ1015・180

≪事案の概要≫　母（X2）に連れられてY経営の牧場を訪れた6歳の女児X1（身長110センチメートル程度）が、広場で、ふれあいを目的として園内に常時15～16頭放し飼いにされているシェトランドポニー（体長90～110センチメートル程度の小さな馬。「ポニー」）の頭に触って遊んでおり、その後別のポニーの後ろに回ったところ、そのポニーが後ろ足を蹴り上げ、これがX1の後頭部に当たり、X1は後方1メートルほど飛ばされ、6針の縫合手術を受けた事案である。

≪判決の概要≫　本判決は、Yは、性質上当然に子どもがポニーの体に触れることがあるのだから事故防止のために十分注意すべきであり、ポニーが小型で穏和な性質の動物であっても、状況によっては後ろ足で人を蹴ったりすることもあること、そのため牧場では園内に15人程度従業員を巡回させ、園内10か所程度に「ポニーの嫌がることをしないでください。」「追いかけたり、無理やり触れられたりしますと、蹴られることもあり、危険ですので、呉々もご注意下さい。」などと記載した看板を設置していたこと、しかし当時広場に監視員や指導員がいなかったことなどから、もっと十分な内容や数の看板を設置したり、従業員を単に巡回させるだけでなく常時監視する態勢をとるなどすべきだったとして、約3年前の開園以来一度も事故はなくても、本件事故が予見または回避の不可能な異常な事態とはいえないとして、Yの占有者責任を認め、通院および後遺症（障害等級はつかないと判断したが）の慰謝料として49万円のほか、交通費、車のガソリン代、母親の付き添い代、弁護士費用等を認めた上、他方、X2が、10メートルくらい離れたところで漫然と

Ｘ１を見ていた点を被害者側の落ち度として３割の過失相殺を行い、Ｙに対し、40万円余の賠償を命じた。

コメント

本判決は、常時15～16頭のポニーを放し飼いにし、子どもとの触れあいを予定した牧場において、注意喚起の看板と巡回の見回りだけでは、牧場経営者としての保管責任を果たしたことにはならないとしたもので、妥当な判決であろう。Ｘの請求損害の中に治療費はなく、既にＹが支払ったのかこの点は不明であるが、治療費損害も認められるのは当然である。この他の損害として、Ｘが請求した、血で汚れた母娘の洋服代金は認められていない。後遺症については、等級はつかない程度であるが、女児であることなどが考慮され慰謝料が認められたものと考えられる。離れた場所で漫然と見ていたＸ２に３割の過失を認めた点は、保護者として子どもが動物に触れる際、当然に相応の注意が必要であるとの判断を示したものと考えられる。

〔18〕自分の犬、他人の犬のどちらに咬まれたか特定できなくても事故はノーリードが原因として責任を肯定

東京地判平成４年１月24日　判時1421・93、判タ780・216

概要

≪事案の概要≫　Ｘが飼い犬（４歳の柴犬のオス、体重約13.5キログラム。以下「Ｘ犬」）を鎖でつないで明治神宮外苑内を散歩中、Ｙがノーリードで遊ばせていた飼い犬（雑種のオス、Ｘ犬と同程度の大きさ。以下「Ｙ犬」）がＸ犬に駆け寄り挑みかかってきたのでＸがＸ犬を抱き上げたが、その際、いずれかの犬がＸの右前腕部に咬みつき、Ｘは約１か月の治療を要する咬傷を負った事案である。

≪判決の概要≫　本判決は、どちらの犬が咬みついたのか知ることはできないとしてＹの占有者責任（民法718条１項）は否定したが、公衆が通行し憩う場所である外苑において、「幼児を含む人や他の動物に危害を加えるおそれが全くないとは言えない犬を放してはならないことは当然のことであり、これを放した場合には本件のような事故が起きることがあり得ることを予測すべきであった」として、不法行為に基づく責任（民法709条）を認め、損害についてＸの後遺症は否定し、傷害による慰謝料として15万円のほか、治療費や弁護士費用等として、Ｙに対し、合

計23万円余の賠償を命じた。

コメント

ノーリードにした飼い犬が他の飼い犬に駆け寄って起きた事故である。本判決は、XとYどちらの飼い犬がXを咬んだか特定できなかったので、因果関係の点からYの占有者責任を否定したが、Yがノーリードにしていなければ事故は起きなかったとして、通常の不法行為責任（民法709条）を認めた。Yは、Xが犬同士のケンカを制止するのに腕を出したことが過失であり、犬を蹴るなどの方法によるべきであったとして過失相殺を主張したが、本判決は、Yの過失（ノーリード）に比べてXの過失は「取るに足らない程度のもの」と一蹴している。ノーリードにした犬から仕掛けた攻撃により何らかの事故が起きれば、どういう法律構成であれ、ノーリードの飼い主の責任が否定されることはないというべきであろう。

〔19〕秋田犬が女性（被害者）の鼻に咬み付き後遺症を残した事故で、犬に近寄った被害者の過失を否定

大阪地判昭和61年10月31日　判タ634・182

概要

≪事案の概要≫　午後8時頃、息抜きに近所に出た20代の女性（X）が、飼い犬（4歳の体重約35キログラムの秋田犬。以下「本件犬」）の散歩をしているYを見かけ、犬好きであったことから、「大きな犬ですね、怖いですね」などと声を掛けながらしゃがみ込んで本件犬に手を出し、これに対しYは「怖くないですよ」と気軽に答えながら鎖の長さを60センチメートルくらいにした本件犬と共にXに近づいたところ、本件犬がいきなりXに飛びかかってその鼻部に咬みつき、Xは、鼻尖部挫滅創（鼻尖部から外鼻孔にかけた部位を咬みちぎられたもの）の傷害を負い、4回の形成手術等の入院治療を要し、特殊な化粧品を使えばほぼ遜色のない程度に回復したが素顔にはなおその痕跡を残した事案である。

≪判決の概要≫　Yは、①犬の性質に従って相当の注意を払っていた、②Xから近づいてきた過失があると反論したが、本判決は、上記①は認めず、上記②についても、飼い主と行動を共にする犬に手を差し伸べて親愛の情を示す程度の行為は巷間往々見られるところであり、本件Xにおいては本件犬をして本件事故を誘発せしめたと認められる行為もない

として過失相殺を否定し、Ｙの動物占有者責任（民法718条１項）を認め、Ｙに対し、治療費45万円余のほか、入通院慰謝料として100万円、後遺症慰謝料として70万円などの賠償を命じた。

コメント

妥当な判決であろう。犬の闘争本能については、犬種よりも個体の性質によるとはいえ、特に闘犬や、プリミティブドッグと呼ばれる本能の強い犬（秋田犬など日本犬やシベリアン・ハスキーなどはこれにあたる）や狩猟犬などは、普段、他人に慣れていても何かの拍子に人を咬んでしまうといった事故はしばしば散見される。また大型犬や闘犬であれば一咬みで致命傷なり重傷を負わせてしまうおそれも十分考えられる。本件においても、仮に今まで何ら問題を起こしたことのない犬だったとしても、犬の種類や年齢（雌雄は不明）を考慮すれば、安易に近づけた飼い主の行為は危険といわざるを得ないであろう。飼い主が被害者と犬との間に入り、いつでも犬を押さえられる態勢にしてから触らせるといった最低限の配慮は必要であったと考える（もっとも本件ではＸとＹは顔見知りとも思われ、従前Ｘとその犬がどのような関係だったのかなどの事情は不明である）。

〔20〕農道歩行中の幼児が放し飼いの犬に咬まれて死亡した事故で、飼い主の責任を肯定、県の責任は否定

水戸地土浦支判昭和57年９月16日　判タ489・97

概要

≪事案の概要≫　女児（当時５歳）は午後零時40分頃自宅から約70メートル離れた農道を歩行中犬に襲われ、午後１時10分頃全身に咬創を負った状態で通行人Ａに発見され（以下「本件現場」）、「ワンコロにやられた」といい残し出血多量で死亡した。保健所が毒餌を撒いたところ、翌日Ｙ１飼育の３～４歳のオスの茶毛の秋田犬『白龍』（及び他の小犬１匹）が本件現場近くで死んでいるのが発見され、『白龍』の足の付け根に女児と同型（Ｂ型）の人血が付着していたため、女児の両親Ｘ１、Ｘ２がＹ１に対しては動物占有者責任（民法718条１項）による損害賠償を、Ｙ２県に対しては、条例に基づく飼い犬の所有者に対する危険防止の措置命令義務、野犬などの駆除義務を怠ったとして損害賠償（国家賠償法１条）を求めた事案である。

≪判決の概要≫　加害犬が『白龍』かが争われたが、本判決は、当日零時40分前後頃、Aが首輪装着の白毛、茶毛２頭の秋田犬を目撃し危険を感じて石を投げつけ追い払ったこと、同じ頃別の目撃者も近くで秋田犬と思われる２頭を目撃したこと、Ｙ１は別荘で飼育する『白龍』とその父犬（白毛）を放し飼いにし、犬は現場周辺を徘徊し翌朝戻ることが多かったこと、当日午前11時30分頃、『白龍』と父犬の鎖を解き、放し飼いにしたこと、父犬のみが翌朝戻り血液付着はなかったこと、実験によると人血は24分～30分で凝固し凝固するとそのままでは犬毛に付着しないこと、『白龍』に付着した血液は微量だが犬毛には血液が付着しづらいこと、狂犬病予防員の証言（約100頭の咬傷犬を検分した経験の中で血液の付着した犬はいなかったこと）などから、『白龍』の毛に血が付着したのは女児が襲われ発見されるまでの約30分間の蓋然性が高いことなどから、『白龍』を加害犬と推認し、Ｙ１に対し、逸失利益1,469万円余、慰謝料1,200万円を含む2,921万円余の賠償を命じた。他方、Ｙ２は、茨城県飼い犬等管理条例（現茨城県動物の愛護及び管理に関する条例）により、飼い主に対する危険防止の措置命令義務、野犬等の駆除義務を負うが、本件はたまたまけい留を解かれた飼い犬により引き起こされた事故で、飼い主の不適切な管理のため地区住民の生命、身体、財産に差し迫った危険が存在し、かつこれが知事及びその委任を受けた保健所長に認識可能だったとはいえないとし、県知事の権限不行使に著しい不合理はないとして、Ｙ２に対する請求を棄却した。

コメント

　被害者死亡により加害犬の特定が争点となった。目撃者Ａは被害女児発見の直前、現場でポインター風の別の犬も見ており、当初この犬が疑われたが、息が荒いなど変わった様子がなかったこと、発見時女児の額には既に血の塊（凝固）が付着していたことなどから否定された。事件の約１か月前にも保健所は付近で毒餌を撒いており（Ｙ飼育の『白龍』の母犬はこの毒餌で死んだ）、県として対策は講じていたといえる。Ｙ１飼育犬に限らず、本件では多くの飼い犬が徘徊している様子がうかがわれ隔世の感がある。昨今、屋外飼育自体が減少しており、いずれ屋外飼育の犬も珍しく感じるようになるかもしれない。

〔21〕自転車で散歩中、犬の首輪が抜けての咬傷事故で占有者責任肯定

名古屋地判昭和54年12月21日　判時967・99

概要

≪事案の概要≫　午後７時頃、Ｙが、飼い犬『クロ』（３歳位の柴犬のオス）を自転車のハンドルに鎖で結び自転車に乗って散歩をさせていたところ、歩道にはみ出した喫茶店の移動看板の辺りで、『クロ』がおそらく小便をしようとして、鎖を引っ張るＹに抵抗して首を下げたため首輪が抜け、そのまま喫茶店の鉢植えのところへ（用を足しに）行った。Ｙが自転車を降りて鎖を外し『クロ』を捕らえに行こうとしたところへ、学校から帰宅途中の高校２年生の男子Ｘが通りかかり、Ｘは、Ｙの自転車と犬を避けようとして車道に出て、犬に気付かれないようソッと歩いたのだが、『クロ』は直線的にＸに向かって走ってきてＸの後ろから回り込み左下腿のふくらはぎ部分に咬みついた。その結果、Ｘは12日間の入院を要する左下腿咬創を受け、約１年後の瘢痕は長径約4.6センチメートル、短径約2.4センチメートルの不整形のもの、直径約0.4センチメートルのもの等数個あり、徐々に少なくなっていくことが予測されるが完全に消失する望みはない瘢痕を残した事案である。

≪判決の概要≫　本判決は、Ｙは、『クロ』の鎖を手で持つことなく自転車のハンドルに結んでいたため首輪が抜けた後鎖を自転車から外すのに余分な時間がかかったこと、『クロ』は以前にも家の前を通りかかる人によく吠えかかり、飛びかかるような気配を示す恐ろしい感じのする犬であったこと（自宅玄関脇で飼育）、Ｙの子どもの友人が『クロ』に足を咬まれたことがあったことなどから、Ｙは『クロ』の保管につき相当の注意を欠いていたとして、動物占有者責任（民法718条）を負うとして、Ｙに対し、慰謝料50万円のほか、治療費、入院期間中の雑費、弁護士費用の一部等を損害として認め（Ｘ請求の、見舞い客への返礼品代などは否定)、合計60万円余の賠償を命じた。

コメント

占有者責任が認められて当然の事例である。犬嫌いと思われるＸの逃げ腰の対応がかえって犬の興味を引いたとは考えられるが、そのような事情が被害者の過失にならないことは当然である。特に、『クロ』

は以前にも同様に他人の足を咬んだことがあったこと、近隣の人からも吠えかかる怖い犬と思われていたことなどの事情に照らせば、なおのことである。本件のような通常の（特に人にフレンドリーではない）犬を散歩させる際には、首輪やハーネスなどが抜けないよう注意が必要である。家庭動物基準にも、犬の所有者及び占有者は、「犬の突発的な行動に対応できるよう引綱の点検及び調節等に配慮すること。」とされている。（本件事件当時の「犬及びねこの飼養及び保管に関する基準」にも同様の規定があった。）

〔22〕小学生の子どもに犬の散歩を任せた両親の咬傷事故に対する責任肯定

札幌地判昭和51年２月26日　判時838・81

概要

≪事案の概要≫　10歳の女子（X）が、夕方、弟と自家の飼い犬『ルイ』（１歳のオス）を連れて空き地付近を散歩中、11歳の男子が妹と自家の飼い犬『タロ』（『ルイ』よりも一回り体が大きいアイヌ犬の６歳のオス）を連れているのに出くわし、２匹が吠え始め、『ルイ』が『タロ』に近づこうとしたので、危険を感じたXが近くの土手の上の塀に『ルイ』をつなぎ止め、男子らに先に行ってくれるよう求めた。『タロ』を連れた男子は５～６メートル離れた場所に『タロ』をつなぎ止め、Xらと話をした。そのうち、犬好きなXがおとなしそうに見える『タロ』の近くに歩み寄り、「この犬かむ」と言いながら４足で立っている『タロ』の背中の毛を撫でたが反応がなかったので、「さわれた」と言って『ルイ』の所へ戻ろうとしたとき『タロ』に咬みつかれ、５ミリメートル×５ミリメートル、５ミリメートル×１センチメートル、３センチメートル×１センチメートルの３個の脂肪層に達する大腿犬咬傷を負い、切縫、植皮術施行後も、瘢痕等の後遺症が残り、今後形成外科手術を行う余地があるという事案である。

≪判決の概要≫　本判決は、「『タロ』はオスのアイヌ犬であるから、一般の経験上人を咬む性癖を有するものと考えられ」、現に『タロ』が過去にも他人に咬傷を与えたことがあるのだから、『タロ』の飼い主である男子の両親（Y１、Y２）は、<u>小学上級生程度の子どもに任せて散歩などをさせるにあたっては、人等に咬傷を与えるかまたはその恐れがあることを予知ないし予知し得べきなのに、これらに思いを致すことなく放置し、人通り等のある歩道を通行して散歩に出させており、飼育者と</u>

して著しくその注意義務を怠ったとして、Yらは民法709条（不法行為）に基づく責任を負うとし、他方、Xにも不注意に犬に近づいた点がありXら両親の監督も十全でなかったとして被害者側の過失として35パーセントの過失相殺を行い、Yらに対し、70万円の慰謝料のほか、治療費、弁護士費用の一部等合計87万円余の損害賠償を命じた。

コメント

本件事故は被害者、加害者とも、子ども同士に犬の散歩をさせていたときに起きた。本件では民法709条の不法行為責任が認められているが、通常は民法718条の動物占有者責任が追及される例が多い。アイヌ犬は北海道犬の別名である。日本の在来狩猟犬で、小型の柴犬と大型の秋田犬の中間位の中型犬である。狩猟や追い払いに使用する使役犬などは別として、昨今では日本犬の多くも室内で愛玩犬として飼育されることが多い。気性のおとなしい犬同士を交配するなどして、気性のおとなしい犬も増えている。しかし、当時はまだアイヌ犬のオスといえば「一般の経験上人を咬む性癖を有する」と評価される状態だった。また、本件のように他人を咬んだ過去がある場合、飼い主には、より一層重い注意義務が要求される。

〔23〕犬に驚き転倒し持病悪化で死亡した女性に対し、犬の飼い主と連れていた子どもの親の責任肯定

松江地浜田支判昭和48年９月28日　判時721・88

概要

≪事案の概要≫　８歳の女児が、体重40キログラムあまりの大型犬（コリー種。以下「コリー犬」）を長さ１メートル位のビニールの綱をつけて散歩中、73歳の女性（以下「被害女性」）とすれ違ったが、女児の後から約30メートル離れてついてきていた飼い主（Y１）の妻が被害女性と立ち話を始めたので、女児はユーターンし、その際連れていたコリー犬が小走りに被害女性の方に向かって来て目と鼻の先位に近づいたところで突然前足を上げたので、犬嫌いの被害女性は咬みつかれると誤解してとっさに後ずさりして逃げようとし、足がもつれてその場に尻餅をついて右大腿骨頸部骨折を負い入院したところ、持病の糖尿病が悪化して９日後に糖尿病性昏睡に陥り、３日後に死亡した事案である。被害女性の遺族５人（X）が訴訟提起した。

≪判決の概要≫　本判決は、被害女性の転倒は、コリー犬の行動で惹起されたものであり、この転倒により生じた骨折で糖尿病性昏睡に陥った結果死亡したのだから、コリー犬の行動と女性の転倒、転倒による負傷と死亡との間にはいずれも相当因果関係があるとし、他方、コリー犬はおとなしい犬種で、被害女性にうなり声を上げて襲いかかったものではなく、ただ小走りに接近し前足を上げただけであるのに、被害女性が誤解して逃げようとして転倒した点を過失として４割の過失相殺を行い、飼い主（Ｙ１）と、女児（責任能力否定）の父母（Ｙ２、Ｙ３）らに対し、慰謝料（Ｘ一人につき24万円。合計120万円）のほか、治療費、弁護士費用の一部、葬儀費用等の合計を３等分して、各30万円余の賠償を命じた。

コメント

犬嫌いの高齢女性が、犬に驚いて転倒したことによる損害について、占有者責任を認めたという点で、本件と前出〔15〕事例はよく似ている。判決内容からは詳細は不明だが、立ち話をしていたということからすると、被害女性と飼い主妻は知人か、少なくとも被害女性が犬に好意を持っているかどうかくらいは知り得た可能性がある。コリー犬は比較的おとなしい犬種であるが、飼い主の妻が後ろをついて行っているとはいえ犬の扱いに慣れていないと思われる８歳の女児にビニール製の綱をつけて散歩をさせたこと、被害女性と飼い主妻が話しているところに近寄ってきた犬を制止できなかったことからすれば、飼い主責任が認められるのはやむを得ず、また〔15〕事例と異なり、被害者にも４割の過失を認めており、結果としては妥当と考える。ただ、犬の行動と転倒、転倒による負傷と死亡というように、条件関係のように相当因果関係を安易に認めているのは若干乱暴な判断ではないかと思われる。一般的に、動物の占有者責任は結果責任に偏りがちで、事実認定とその評価が甘い傾向があるのは残念である。

〔24〕飼い犬死亡による交配料利益喪失を特別事情による損害として肯定

東京地判昭和47年７月15日　判タ282・200

概要

≪事案の概要≫　飼い主Ｘの母が、オス・メス２匹の小型犬（ポメラニアン種）を紐につないで散歩中、自宅近くの見通しの悪い交差点付近で、飼い主Ｙの妻が連れた秋田犬（当時１歳２か月のメス。以下「Ｙ犬」）を発見し、オス犬（以下「Ｘ犬」）を抱き上げようとしたが間に合わず、臭いをかぎつけたＹ犬が急に走り出したので、Ｙの妻は右手に持った皮紐を放してしまい、Ｙ犬は、抱き上げられようとしていたＸ犬の脇腹と心臓とを咬み、死亡させた事案である。

≪判決の概要≫　本判決は、秋田犬は、生後９か月で一応の体型が出来上がり、２～３歳になると獰猛性を発揮して時々人を咬むこともあり、主人の命令を聞かないようになり、犬猫を襲うなどの咄嗟の場合は相当動揺し暴れる癖を持ち、他種犬に比し飼育困難であるとした上で、Ｙ犬は既に体型も出来ており、人に対する加害前歴や人や他の犬に咬みつくなどの咬癖があること、まだ十分に訓練を施していないことなどから、Ｙが、犬の飼育経験に乏しく犬を十分に制御できない主婦である妻に、Ｙ犬を口輪もはめず道路上を外出させることを容認したのだから、それ自体注意義務を尽くしたといえず、また、占有機関である妻の過失はＹの過失と同視すべきであるとし、Ｙの占有者責任（民法718条１項）を認めた。Ｘ主張の交配料収入の逸失利益の損害については、オス犬死亡に伴う交配料収入の逸失は死亡による通常損害とはいえず、特別損害であるとした上で、Ｙは、自宅付近でＸ犬と会っており、Ｘ犬の性状と価値を知る機会があったといえ、住宅地ではこのような名犬飼育も稀ではないから、自宅付近でＹ犬を散歩させればこのような犬に出会い、もしこのような犬を死傷させればその交配料収入を失わせることを予見または予見できたはずであるとして、特別損害を予見できたとして、Ｘ犬が交配で得られたはずの利益（年収150万円）から必要経費（年70万円）を控除した80万円を３年にわたり得られたとし、年５分の割合による中間利息をホフマン式計算法により控除し、218万円余の損害を認め、他方、犬の輸入・繁殖を行っているＸについて、高価な犬２匹を同時に散歩させたこと、Ｙ宅とは数軒離れているだけで以前にもＹ犬に尻尾を咬まれていることなどから、散歩コース上に咬癖のある犬がいることは分かっていたのに何ら予防策をとらなかった過失があるとして約３割の過失相殺を行った。

コメント

本判決では、本件秋田犬の飼育について、このような「体格を有ししかも咬癖のある犬を愛玩用に飼育すること自体、社会生活の安全に対し無用の脅威を与える」から保管者は「常にこれを丈夫な鎖で繋留し、運動は金網付の運動場でさせるべく、これを他人他犬と遭遇するおそれのある場所に外出させることは極力避け、緊急やむを得ない用務で外出させる場合は、犬が暴れても十分にこれを制御して他に危害を加えさせないだけの技術・体力を有する者をして、犬に口輪をはめ丈夫な鎖を持って引率させるとの注意義務を負」うと判示している。現在でも、闘犬種などによる人への咬傷死亡事故が絶えない事態にかんがみると闘争本能の強い犬の飼育には慎重を期すべきである。平成18年改正の家庭動物基準では、このような「特に、大きさ及び闘争本能にかんがみ人に危害を加えるおそれが高い犬」を「危険犬」として、散歩には人の多い時刻や場所を避けることや、必要に応じて口輪を装着させることなどの義務を課している。

特別損害として交配料の逸失利益を認めた点でも注目すべき事例である。X犬は、60万円で英国から輸入され、国内で受賞経験があること、X犬の子はドッグショーで最高賞を受賞し約100万円で売買されたこと、X犬には3,000万円での購入希望があったこと、１回の交配料の相場が当時25万円～30万円であったことなどの事情がある。単に交配予定であるといったレベルでは交配逸失利益は認められないのが一般であり、本件は特別なケースといえる。他方、商業用であるから慰謝料は認められず、X側にも高価な物を保管管理する上での注意義務が求められている（散歩コースや引率方法など散歩時の注意）。

〔25〕アイヌ犬による咬傷事故で、飼い主と散歩者双方の占有者責任肯定

札幌地判昭和45年３月19日　判タ247・289

概要

≪事案の概要≫　アイヌ犬（以下「本件犬」）の飼い主Ｙ１に頼まれて度々散歩をさせていた男性Ｙ２が、午後８時頃、本件犬の散歩中、いつになく本件犬が強く鎖を引っ張って走っていたのに、鎖をいっぱいにの

ばして（約1.5メートル）走って散歩させていたところ、本件犬が、X宅の裏木戸前で、地面から約30〜40センチメートルあいている裏木戸の下に出ていたXの足に咬みつき（Y2はXの悲鳴で初めて気がついた）、Xは通院加療を要する左アキレス腱部咬傷の傷害を負った事案である。

≪判決の概要≫　本判決は、Y2は、アイヌ犬で気性が荒いことを知っていたのだから他人に危害を加えることがないよう、犬のおもむくままに任せず、鎖を短く持って常に制御しやすい状態で連れ歩き、夜間は一層人影の存在に気を配るべき注意義務があったのに、本件犬を走るに任せて連れ歩いていたのは過失と認めざるを得ず、また、人影に注意する気でさえいれば遅くとも本件犬が咬みつく直前にXの姿を発見し得たからこの点にも注意義務違反があるとして責任（民法709条）を認め、Y1は、本件犬が過去2回Xに咬傷を与えた気性の荒い犬であることを知っていたのだから口輪をつけるなど他人に危害を加えないような措置をとるべき注意義務があったのにこれを怠ったとして責任（民法718条）を認め、Yらに対し、連帯して、Xの治療費のほか、弁護士費用（Y1が見舞金10万円を払うことを提案しXもこれを了承していたのに、突如Xの夫が犬を処分しないことについて憎悪に満ちた暴言を浴びせ誠意に応える態度を示さなかった経緯から訴訟に至ったとして、通常加害者が負担すべき額の半額だけを認めた）の合計12万円余の賠償を命じた。

コメント

アイヌ犬は北海道犬の別名である。アイヌ犬についてはここでも気性が荒いという評価がされている（前出〔22〕事例参照）。本件の特徴は、Yの誠意ある対応に対してXの夫の誠意のない言動が示談交渉をこじらせた主因であるとして、訴訟提起はX側が自ら招いた面もあるとして、Xの弁護士費用分の損害を通常の2分の1と評価した点である。なお、訴訟で認められる弁護士費用分は、通常、認定損害額の1割程度とされることが多い（もちろん、実際に依頼者が支払う弁護士費用はこれより多いのが通常である）。損害の公平な分担という損害賠償制度の趣旨からも妥当な判断といえよう。

日本犬の特徴

日本犬の多くは文化財保護法や各自治体の条例に基づき天然記念物に指定されています。現在（平成28年３月現在）、純血種が途絶えたといわれている越の犬を除いた６犬種―北海道犬、秋田犬、柴犬、紀州犬、甲斐犬、土佐犬が指定されています。土佐犬は現在四国犬と呼ばれており、大型のいわゆる土佐闘犬とは違うものです。天然記念物に指定された犬種のほかにも、特定の地域のみに以前から生息する「地犬」も多数います。信州柴の一種である川上犬は長野県の、琉球犬は沖縄県のそれぞれ天然記念物に指定されています。

これら日本犬の多くはもともと狩猟犬で、主人に忠実な反面警戒心が強いという特徴があります。原始的なタイプの犬です（プリミティブ・タイプと呼ばれる。シベリアン・ハスキーなどもこのタイプに入る）。柴犬などは家庭犬、愛玩犬へと改良が進んでいるとはいえ、小型の洋犬などと比べれば本能が強く、飼育にはそのような犬の特性をよく理解する必要があるでしょう。

〔26〕庭に侵入した飼い犬が他家の飼い犬に重傷を負わせた事故で、二審が慰謝料増額

東京地判昭和44年３月１日　判時560・73
（豊島簡判昭和43年３月29日　判時534・76）

概要

≪事案の概要≫　Ｙ（控訴人）所有飼育の雑種犬『くま』が、Ｘ（被控訴人）方の庭に侵入し、Ｘが玄関横にけい留して所有飼育していた雑種の柴犬『まる』の咽喉部などに咬みつき、全治20日余の入院加療（手術含む）を要する重傷を負わせた事案である。

≪判決の概要≫　一審・二審（本判決）とも、『くま』をけい留していたというＹの主張を斥け、Ｙは『くま』をけい留していなかったと推認されるとしてＹの占有者責任（民法718条１項）を認めた。一審判決はＸが求めていた慰謝料については、民法718条１項の責任も本質的には民法709条（一般の不法行為責任）の責任に包含されるから民法710条（精神的苦痛に対する慰謝料支払いの責任を明示）を準用すべきであるとした上で、本件事故は一面では犬同士の闘争という自然的現象に過ぎないこと、『まる』が全治の上Ｘの手許に戻ってきたことから、5,000円

とした。これに対して、本判決は、Xが動物愛好者で、『まる』を３〜４年飼育し、毎朝散歩させたりして家族の一員のように愛育していたこと、『まる』が咽喉部を咬まれ、無惨にも咽喉から直接呼吸しているありさまを知り、一時は死んでしまうかもしれないと思われたこと、『まる』の傷害が間接の原因となってXの妻がショックを受けて通院治療を受けるに至ったことなどから、Xが『まる』の受傷により相当の精神的苦痛を受けたことが認められるとして、１万5,000円の慰謝料を認め、Yに対して、治療費との合計約５万円等の賠償を命じた。

コメント

人間が受傷した場合とは比較にならない金額ではあるが、ペットの受傷で（死亡ではなく）飼い主に慰謝料が認められた点で画期的な事例といえる。本件では、Yが、飼い犬『くま』をけい留していたとして争っていたが、X方家族ら複数が『まる』の悲鳴を聞き現場に急行した際、逃げ場を失いウロウロしている『くま』を目撃したこと、Yは以前も『くま』のけい留を怠ることが多かったことなどXに有利な事情があり、一審・控訴審とも『くま』がX宅に侵入して『まる』に咬みついた事実を問題なく認定している。犬が逃げた後で目撃者がいない場合は、どの犬が咬んだか、所有者を特定するのは意外に大変である。

〔27〕庭に侵入した飼い犬が他家の飼い猫を死亡させた事故で、無償取得の猫の慰謝料肯定

東京地判昭和36年２月１日　判時248・15、判タ115・91

概要

≪事案の概要≫　Yの被用者が、Y飼育の犬２頭（本件シェパードのオス『エル』号のほかグレート・デーン種）を散歩させていたところ、リードを解かれていた『エル』号は、勝手にうろつきX方に侵入し、６畳間で布ひもにつながれて日向ぼっこをしていたX１、X２夫婦飼育の猫『チイコ』を咬み殺した事案である。

≪判決の概要≫　Yは、『エル』号は過去人畜に危害を加えたことがない優秀な犬であること、犬の飼育経験のある被用者を専属に雇いリードを放さないよう厳重注意していたことなどから免責を主張したが、本判決は、他人を使用し占有機関として動物を飼育占有する者は、その選任

監督に何ら過失がなくても占有機関である被用者に過失があれば自己の過失として動物占有者責任（民法718条１項）を負うとし、また、『エル』号は過去郵便配達人を咬んだり猫を殺したことが２～３回あるとした上で、本件被用者が、運動のため『エル』号のけい留を解いた畑は、住宅地に連なる場所で、「人畜その他に害を加えるおそれのない場所」（東京都飼犬取締条例。現東京都動物の愛護及び管理に関する条例）とはいえず、また、現場付近で犬を運動させるならばけい留するか、犬を人家付近に立ち寄らせないよう行動を制止しうるような位置に連れて行くなどの方法を講ずべきなのにこのような措置をとらず野放しにしたとして、Ｙの責任を認め、慰謝料については、「飼育者との間に高度の愛情関係を有することを普通とする愛玩用の動物の侵害に対しては、動物に対する財産上の価額の賠償だけでは、到底精神上の損害が償われない。」として、もしこれを否定するならば、その動物の財産的価値が絶無に等しいときは（『チイコ』はＸ１、Ｘ２夫婦の結婚記念に知人から無償で譲り受けた）、たとえ長年愛撫飼育し高度の愛情関係があっても何らの救済を得られないことになり公平の観念に反するとし、Ｙに対して、Ｘ１人につき１万円の慰謝料のほか、埋葬料の賠償を命じた。このほかＸらが求めていた『チイコ』の剝製料については、通常損害にあたらないとして否定した。

コメント

本件は財産的価値のない飼い猫が咬み殺された場合の慰謝料を認めたものであり、（金額の多寡はともかく）昭和36年当時は画期的な事例として、新聞や週刊誌を賑わせた事件である。特に猫は贈与（「もらった」）や拾得（「拾った」）などにより無償で取得することが多く、そのような場合でも飼い主との間に高度の愛情関係があれば、財産上の損害がなくても、精神上の損害は認められるのである。現在では一般的な解釈になったといえる。なお、被用者である占有機関の過失を動物占有者（飼い主）の過失と同視し、占有者自身の過失を何ら吟味しないという点については、前出〔２〕事例のコメントも参照されたい。

〔28〕米人特設区域内での飼い犬による咬傷事故で、ケガをした被害者本人のみの慰謝料肯定

横浜地判昭和33年5月20日　下民9・5・846、判タ80・85

概要

≪事案の概要≫　横浜市の米人特設区域内に居住する隣人同士の、それぞれの飼い犬をめぐる事件である。Y夫妻の飼い犬（以下「Y犬」）が2回にわたり隣人のX夫妻の家の塀を跳び越えて邸内に侵入し、Xら飼育の犬（ダッチスハンド種*。小型犬。以下「X犬」）を襲って負傷させ、さらにX妻がX犬を散歩中、Y犬が突然襲いかかってX妻の左足首の上部に咬みつき、X妻が病院で応急措置を受け破傷風の注射を受けるなどした事案で、Xらは、①Y夫妻双方に対して、②X犬の負傷に対する慰謝料、③X妻咬傷に対するX夫の慰謝料、④X妻の負傷と今後の恐怖感に対する各慰謝料を求めた。

≪判決の概要≫　本判決は、上記①（Y妻に対する請求）については、畜犬登録をしているY夫のみが占有者でありY妻は独自の占有権限はなくY夫の占有補助者に過ぎず、民法718条2項の「占有者に代る保管者」（現行法「占有者に代わって動物を管理する者」）にはあたらないとした上で（占有者に代わる保管者の観念には占有補助者や占有機関は含まない）、慰謝料について、「一般に財産権の侵害の場合には、精神的損害は財産的損害の裏に隠れ、財産的損害が賠償されればこれに伴う精神的損害も一応治癒されると見るべきであって、特に財産的損害を越える精神的損害がある場合には、特別事情による損害として当事者が予見し得た場合に限りその賠償を命ずるを妥当と考える」として、上記②について、X犬のケガは軽微で、物的損害のほかにさらに賠償に値するだけの精神的損害があるとは認められないとして否定し、上記③について、X妻の傷は快癒しており、生命侵害の場合の特則として被害者の配偶者らに認められる近親者固有の慰謝料（民法711条）は本件では認められないとして否定し、上記④について、X妻の傷が既に快癒していること、事件後Yらが飼い犬を放飼せず、外部に連れ出すときは常に鎖をつけていることなどから、飼い犬襲撃に対する恐怖感を理由とするX妻の慰謝料は認められないとし、X妻のケガに対する慰謝料のみを認め、金額については、傷が軽微で快癒していることから10万円とした。

* 原文通り。ダックスフンド種のことと思われるが、筆者には不明である。

コメント

本件では、X妻が通院加療のために要したタクシー代や飼い犬の獣医療費の特定がされていないことから、これらが損害として認められていないが、人や犬の治療費、通院のための交通費（本件では足をケガしているのでタクシー代は問題なく認められよう。）等は、明細を特定の上請求すれば通常認められる損害である。事件のあった昭和31年当時、X夫妻の請求内容は日本人とは考え方が相当異なる、いわば突飛なものと受け止められたようである。しかし、権利意識が高まり、ペットに損傷を加えられた場合の飼い主意識も高まった昨今では、日本人でも本件のような主張が出てくる例は稀ではないと考えられる。

1

2．動物の保管中の事故

〔1〕犬を怖がった子どもが自転車の操縦を誤りケガをした事故で、飼い主の占有者責任を肯定

最判昭和58年4月1日　判時1083・83、判タ501・135
（福岡高判昭和57年5月27日　判タ473・151、交民15・3・597 ／ 福岡地判昭和56年8月28日　交民15・3・599）

概要

≪事案の概要≫　小学2年生の男子X（控訴人・被上告人）が、自転車で道路を走行中、Y（被控訴人・上告人）が散歩に行こうとして飼い犬（ダックスフンド系のオス。以下「本件犬」）の鎖を外したところ、本件犬がY宅前の幅員約3メートルの道路中央付近に走り出しXと本件犬との距離が約8.5メートルになったところ、本件犬が歩いて川の方に寄りながら2メートルほどXに近づいてきたので、Xは道路の端に寄って通り抜けようとハンドルを左に切った際、操縦を誤り川の護岸壁から自転車ごと転落して受傷（左眼の失明）した事案である。

≪判決の概要≫　一審判決は、Yに犬の保管上の過失はないとして請求を棄却したが、控訴審判決は、「子供にはどのような種類のものであれ、犬を怖れる者があり、犬が飼い主の手を離れれば本件のような事故の発生することは予測できないことではないから、犬を飼う者は鎖でつないでおくなど常に自己の支配下においておく義務があるものというべく、本件事故時運動させるため鎖を外した」Yは飼い主としての注意義務を欠いたとして占有者責任を認めた。ただし、Xが「ペダルに足が届かずしかも乗り慣れない自転車に乗っていたことが本件事故の一因」であるとし、Xにも自己の身体に比し大型の自転車に乗っていた過失があるとして9割の過失相殺を行い、Yに対し、31万円余の支払いを命じ、上告審（本判決）も、原審（控訴審）を支持した。

ただし、本判決では、裁判官の多数意見（5人中4人）に対して、以下の宮﨑梧一裁判官の反対意見がある。すなわち、原判決（控訴審判決）は、①飼い主の手を離れた犬がXに近づいた、②Xが犬嫌いで近づいてくる犬に一瞬ひるんだ、③Xが身体に比してやや大きめの自転車の操縦に十分慣れていなかったことが相まって事故の原因となったとして、本件犬の動作とXの受傷との間に法的因果関係を認めたが、上記②③は、専らX側の原因で、Yとしてはいかんともしがたいものであり、「民法

718条にいう『動物の加えた損害』とは、動物の動作によって他人に損害を発生せしめることであるが、その損害たるや、動物にそのような動作があれば一般に生ずるであろうと認められる損害でなければならない筈である。」とした上で、本件犬が生後半年位の子犬であり、咬み癖や加害前歴などはなく、一般的には人に危害を加えたり畏怖感を与える恐れはないものであって、Xが本件犬を認めてから転落するまでの間に本件犬がとった動作としては、「自転車に乗った被上告人が約8.5メートルの距離に近づいた頃、それまでいた道路中央付近から吠えもせず歩いてやや左寄りに2メートル程被上告人の方に近づいたということだけである。それ以上接近したわけでもなく、また被上告人の進路を妨げたわけでもなく、いわんや被上告人に危害を加えるような動作は何一つしていない。本件犬の右のような動作があれば一般に本件のような転落事故が発生するであろうなどとは、健全な常識に照らしてこれを認めることができないのである」、「原判決が認定した」「被上告人が運転を誤らなければ、本件犬の左側を通り抜けて走行することが可能であったとの事実は、このことを裏付けるに十分であろう」と判示している。

コメント

一審判決は飼い主の占有者責任を否定し、控訴審判決は責任を肯定、上告審判決は控訴審判決を支持しつつも反対意見が付されるという、判断が分かれた難しい事例である。本件犬は、体長約40センチメートル、体高約20センチメートルのダックスフンド系の愛玩犬であり、子どもの方へ近づいていったというのみで、咬みついたとか吠えかかったという事情はなかったことから、犬の動作と子どもの転落による受傷との間に相当因果関係があるのかが争われた。私見であるが、飼い主責任を肯定した判断は、左眼の失明という被害結果の重さに引きずられた感があると考えられる。個別ケースにおいては、どうしても結果の重大さに法律論が左右されがちであり、動物占有者としてはそれを肝に銘じる必要があろう（たとえ事故後であっても、結果が重くならないよう適切、迅速に救護を行うなど、被害を最小限に抑えるためにできることはある）。

〔2〕飼い犬が公道に飛び出し原動機付き自転車と接触した事故で飼い主の占有者責任肯定

最判昭和56年11月５日　判時1024・49、判タ456・90
（東京高判昭和56年２月17日　判時998・65、判タ438・103 ／ 長野地上田支判昭和55年５月15日　交民14・１・55）

概要

≪事案の概要≫　Ｙは飼い犬（４歳のメスのシェパード。体重約15キログラム。以下「本件犬」）を散歩に連れ出そうとして檻から出したところ、本件犬が県道（見通しの良い幅員５・25メートルの舗装道路）に飛び出し、そこへ、Ｘ（控訴人・被上告人）が原動機付き自転車（以下「車両」）を運転し時速約40キロメートルで走行してきて、道路中央付近で本件犬が通行人に吠えているのを発見し、本件犬の約16メートル手前で時速30キロメートルに減速して本件犬のすぐ後方を通り抜けようとしたが、車両の排気音に驚いた本件犬が突然後方へ向きを変えて進もうとしたので、Ｘは、急ブレーキをかけたが間に合わず、車両の前輪部が本件犬と接触して転倒し（以下「本件事故」）、左鎖骨及び左踵骨骨折の傷害を負った事案である。

≪判決の概要≫　一審判決は、占有者責任（民法718条１項）は、「動物がその有する危険な性質の発現としての独自の動作によって他人に危害を加えた場合の損害を賠償させる」ものであるところ、犬は動物なりに衝突の危険を感得し回避しようととっさの逃避行動に出たに過ぎず、本件事故は、専らＸの不注意な運転が原因であるとしてＸの請求を棄却した。これに対して控訴審判決（原審）は、本件犬が接近してくる車両に驚き転進して車両の直前を横切ろうとしたのと、Ｘが路上で本件犬が通行人に向かって吠えているのを視認しながら敢えて運転して本件犬の至近後方を通過しようとしたこととが競合して事故が発生したとした上で、Ｙは、普段おとなしい性質の犬でも車両の高い排気音を聞き急接近された場合驚いて不測の行動を取ることは当然予測しなければならず、従って犬のけい留を解くときは本件のような事故の発生するおそれを十分認識すべきだったとして、犬の保管について相当の注意を欠いたと認定し、一転してＹの占有者責任を認めた。損害については、Ｘ主張の副業の農業収入については否定し、勤務先から得られたはずの給料相当額の損害を認め、10級該当の後遺症が残ったとしながらこれによる労働能力低下については何ら主張がないとして否定し、慰謝料として300万円、弁護士費用のうち50万円などの損害を認定した上で、他方、Ｘは大型犬が吠えて気を荒立てている折は、犬が驚いて向きを変え衝突することは十分に予想できるのだから、犬の手前で一旦停止するか、またはいつでも停止できる程度に徐行して犬の動静を見極め安全確認してから犬の側方を通過すべき注意義務があるのにこれを怠り、漫然と時速30キロメートルで排気音を発しつつ本件犬のすぐ後方を通過しようとした過失があるとして、４割の過失相殺を行い、Ｙに対し、307万円余の賠償を命じた。Ｙは上告したが、上告審（本判決）は原審を支持して、上告を棄却した。

コメント

一審判決は飼い主責任を否定したが、控訴審判決は一転飼い主責任を認めた上で、４割の過失相殺を行い、上告審（本判決）もこれを支持した。飼い主が意図的に公道でノーリードにしたのではなく、散歩に連れ出すためリードをつけようとした際に犬が逃げ出したものと思われる。前出〔１〕事例でも一審判決は飼い主責任を否定、控訴審判決は肯定した。いずれも一審判決は、犬の行動自体は動物として自然でやむを得ない（誰の責任でもない）というような価値判断が背景にあるように考えられる。これに対して、控訴審判決はいずれも、犬が公道にいる理由が、飼い主のうっかり放してしまったという保管上の過失にある以上、責任を負わざるを得ないとして結果責任を重視したと考えられる（ある意味、結果が起こった以上、後から見ればどこかに飼い主の過失があるのが通常である。）。改めて動物占有者責任は結果責任に近いことを痛感させられる。本件については、判タ505・127及び判タ472・120の判例解説がある。

〔３〕運送中の馬が通行人にケガをさせた事故で、所有者は運送人の選任監督を相当の注意をもって行えば免責されると判示

最判昭和40年９月24日　判時427・28、判タ183・106、民集19・６・1668

（福岡高判昭和39年８月31日　下民15・８・2109、判時386・49 ／ 福岡地飯塚支判）

概要

≪事案の概要≫　Ｙ１（控訴人・上告人）は農耕馬（以下「馬」）を購入し雇人Ｙ２（控訴後取下げ）に自宅までの移送をさせた。Ｙ２は、裸馬の状態で暴れる馬を手綱で引きながら県道上を移動させたところ、単

車で通勤途上にこれに出くわした中学校教員のX（被控訴人・被上告人）は、同乗の妻をおろして単車を道路の端に停車させたが、馬が突然方向を変えて後ろ足でXの右側腹部を蹴り、Xは、外傷性右腎破裂兼右第十二肋骨骨折の重傷を負って失神し、病院で即時右腎摘出等の手術と４か月余の入院治療を受けたが、残存する左側腎も軽度の障害を生じた事案である。

≪判決の概要≫　一審判決は、Ｙ２は単なる占有機関だからＹ２の過失は占有者Ｙ１の過失と同視すべきとした上で、事故現場付近の県道は幅員が狭く人や車の通行が極めて多い場所であること、去勢されたおとなしい農耕用の馬でも１か月もの長期間厩にけい留されていれば突然外に引き出されると驚き狂奔して人に危害を加えやすいこと、道路を通行する車は全て音響を放つものだからエンジン音、警笛その他一切の高音に驚いて狂奔し他人に危害を加えることを予想し、これを避けるため、トラック輸送など適切な方法により馬が暴れても他人に危害を加えないようにしなければならない注意義務があるのに、Ｙらは馬の口を縄で縛り、口を腹掛けの方に引っ張って頭が上がらないようにする適切な処置をとらず、馬の性質が温順であることを確かめたのみで引き渡しを受け、Ｙ２が手綱一本をもって馬を引きかつ取扱に熟練していなかったため暴れる馬に引きずられている状態で馬を制御できず事故が発生したのだから、Ｙ２の過失が事故の原因であるとし、Ｙ２は一般の不法行為責任（民法709条）により、Ｙ１は占有者責任（民法718条１項）により、連帯して責任を負うとして治療費などの損害のほか慰謝料の賠償を命じた。控訴審判決は、Ｙ２を保管者（718条２項）とした上で、Ｙ２が支払った和解金を除いた金額について、Ｙ１の責任を認めた。上告審判決（本判決）は、動物の占有者（718条１項）と保管者（同条２項）とが併存する場合には、「両者の責任は重複して発生しうるが、動物の占有者が自己に代わり動物を保管する者を選任して、これに保管させた場合には、占有者は『動物の種類及び性質に従い相当の注意をもってその保管』者を選任・監督したことを挙証しうれば、その責任を負わないものと解するのが相当である」とした上で、事件を高等裁判所に差し戻した。（差戻審の結果は不明であるが、Ｙ１にはＹ２の選任監督に過失があったとして責任を認めたものと思われる。）

コメント

所有者である動物の占有者が、自己に代わって動物の保管者（運送人）を選任して保管させた場合には、占有者は保管者の選任監督について、動物の種類及び性質に従い相当の注意をもってその保管者を選任監督したときには責任を免れるとしたもので、民法718条２項の保管者がいる場合の占有者の注意義務の内容について判示した判例である。本判決は、控訴審判決が、Ｙ２を独立の占有者（保管者）と認定しながら占有機関（占有補助者と同義）の場合と同様にＹ２の責任をY1 のそれと同視したことについて、解釈を誤ったか審理が不十分として差戻したものである。

〔4〕 長男に使用させていた農耕馬による事故で、父親の占有者責任を肯定

大判大正４年５月１日　民録21・630
（水戸地判 ／ 土浦区判）

概要

≪事案の概要≫　Ｙ（控訴人・上告人）は、自己所有の農耕馬を同居長男（以下「Ｙ長男」）に農業使用のため占有保管させていたところ、Ｙ長男が樹木にけい留していた馬が突然暴れて道路に走っていき、Ｘ（被控訴人・被上告人）を負傷させた事案である。

≪判決の概要≫　本判決は、Ｙ長男が民法718条２項の責任者にあたり、その場合は同718条１項の責任は発生しないとのＹ主張に対し、事実上物を所持しこれを使用する者は必ずしも物の占有者にあらず、社会観念上他人の機械としてその占有を補助するため物を所持しこれを使用するものと認められる場合は、その者は占有者ではなく占有の補助者（占有機関と同義）に過ぎないとして、本件でＹ長男はＹの農作物の収穫につきＹの手足として使用されていたにすぎないので占有補助者であると認定し、また、718条１項の占有者責任は、被害者に対しては、718条２項の責任（占有者に代わる保管者の責任）と重畳するから、占有者または保管者いずれに請求するかは被害者の選択に任されているとして、Ｙの上告を棄却し、Ｙに対し、損害賠償を命じた。

コメント

大審院時代の判例である。父の農耕馬を、長男が父の農作物の収穫のために使用した場合には、長男は父の占有補助者（占有機関と同義）にすぎず、父が占有者として責任を負うとした。なお、裁判所は、民法718条１項の責任（動物占有者責任）と同条２項の責任（保管者責任）いずれを請求するかは被害者の選択に任すべきものとしている。

この点、被害者は損害について二重に請求できないことは当然である。

〔5〕飼い犬が人を咬んだ事例で飼い主の占有者責任を否定

大判大正2年6月9日　民録19・507
（長崎控判 ／ 佐賀地判）

概要

Ｙの飼い犬に触って憤らせて咬まれたＸからの損害賠償請求（民法718条）に対し、本判決は、民法718条は人に損害を加えるおそれのある動物を予想して規定したものであり、犬の性質が従順で人に損害を加えるおそれのない場合には必ずしも常に損害発生予防のための設備をなす必要はなく、従って、飼い主が犬を放置していた一事をもってその保管上注意欠如の過失あるということはできないとした上で、Ｙの飼い犬は性質従順にして人に損害を加えるおそれのないものであり、ＸがＹの犬から咬傷を受けたのはまったくＸ自身の過失に原因があるとして、Ｙの占有者責任を否定した。

コメント

性質従順で人に損害を加えるおそれのない飼い犬は必ずしも常に損害発生予防の設備をなす必要はないとした事例である。事件は明治44年、神社の境内で拝殿前の石段を登っていたＸが、Ｙの飼い犬に触って犬を怒らせ、右足の踵２か所を咬まれたというものである。昭和年代に入って以降の咬傷事故裁判例を見ると、動物占有者には重い責任が課されており、本件のように占有者責任を否定した事例は珍しい。本件Ｙの飼い犬はいわゆるお座敷犬と思われるが、神社境内で飼われていたのか、また、Ｘがどのように犬に触って怒らせたのかなどの詳細は、大審院判決の内容からは不明である。被害者の自招行為と評価されたとも考えられる。想像の域を出ないが、当時の社会情勢では、お座敷犬と番犬とでは明確な違いがあると考えられていたのかもしれない（お座敷犬だとすればであるが）。

〔6〕高級マンション内での咬傷事故で退去した被害者・賃借人分の解約違約金等の支払いを飼い主・賃借人に命じた

東京高判平成25年10月10日　判時2205・51
（東京地判平成25年５月14日　判時2197・49）

≪事案の概要≫　高級マンション（以下「本件マンション」）２階居住のＹ１、Ｙ２夫婦の子ども（６歳の男児）が、飼い犬（オスのドーベルマン種。以下「本件犬」）を散歩に連れ出した際、本件犬が階段を駆け上がり３階共用通路にいた３階居住の女性Ｂとその子ども（４歳）に襲いかかり、Ｂの右大腿部に咬みつき11日間の通院治療を要する傷害を負わせ（以下「本件事故」）、これを原因としてＢが賃貸人Ｄ会社との契約を合意解除して退去し、Ｄへ賃貸していたＸ会社が、Ｄへの解約違約金（賃料２か月分相当の350万円）支払いを免除し、これらの損害をＹ１、Ｙ２へは民法718条１項及び709条に基づき、Ｙ１経営のＹ３会社（区分所有者Ｃから賃借）へは同709条に基づき賠償を求めた事案である。

≪判決の概要≫　一審判決は、Ｙ１、Ｙ２をいずれも本件犬の占有者として不法行為責任を認めた上で、被侵害利益の法主体（Ｂ）と賠償を求める損害の法主体（Ｘ）が別人格である間接損害の場合、Ｂに対する加害行為とＸ固有の損害とに因果関係が認められるのは、例外的に両者（Ｘ、Ｂ）に経済的一体関係がある場合に限られるところ（最判昭和43年11月15日）、得べかりし賃料収入の逸失利益及び電気・水道の基本料金相当額の支出は、Ｘ固有の損害で、Ｂと経済的一体性もないので間接損害としては請求できないが、他方、解約違約金の実質はＢの損害をＤ、Ｘが順次肩代わりした反射的損害（不真正間接損害）なので、民法422条（損害賠償による代位）の類推適用によりＹ１、Ｙ２に賠償義務があるとして、弁護士費用を含めた385万円余の賠償を命じた（Ｙ３の過失は否定)。双方控訴の本判決は、マンション規約（使用細則）で動物飼育は原則禁止されており（居室内で飼育できる小動物のみ可)、禁止目的は本件マンションの区分所有者、居住者その他の関係者の生命、身体、財産の安全を確保し、快適な居住環境を保持するという共同の利益を守ることにあり合理的であること、特に本件マンションは７戸という特定少数の入居者が外部から隔離された環境で生活する高級マンションで快適な居住環境が通常の居宅以上に重視されているから、居住者は禁止規定に違反して動物を飼育する場合は本件マンションの居住者その他の関係者の生命、身体、財産の安全などを損なうことがないように万全の注意を払う必要があり、この義務に違反したときは718条１項の責任のほか、709条による責任も負うとし、飼育者の注意義務違反で咬傷事故を起こし被害者が心理的に居住困難となり退去したときは上記共同の利益が害されたといえ、これにより財産上の利益を侵害された者は不法行為の直接の被害者であり間接被害者ではないとし、Ｂは本件事故で居住継続が困難な精神状態に陥り契約継続できなくなったのだから、Ｂの解約は自己都合ではなく本件事故により通常生ずべき賃料相当額の損害が生じたと解するのが公平の理念にかなうとして、２か月分の違約金のほか本件事故の特質、態様、被害者の受けた被害の程度、マンションの特質などを考慮すると（Ｙらが事故後犬の飼育を止めたことで解消されるものではない）新たな賃貸借契約締結には相当期間の経過が必要であるとし９か月分相当（1,575万円）をもって本件事故と相当因果関係のある損害とし、弁護士費用として150万円を加え、Ｙ１、Ｙ２らに対し、連帯して1,725万円の賠償を命じた。Ｙ３への請求については、飼育許可をしたことでマンション居住者などの生命、身体などの安全を損なう危険を作出したが、上記利益に直接注意を払うべきはＹ１、Ｙ２らで、同人らが十分配慮すれば本件事故発生を回避できたからＸの損害との間に相当因果関係はないとして棄却した。

コメント

本件は、ペット飼育禁止規約に違反して飼育していた大型犬による咬傷事故が原因で被害者賃借人がマンションの賃貸借契約を解約したため、賃貸人（Ｘ）が、解約当事者（Ｂ又はＤ）ではなく大型犬の飼い主夫婦（Ｙ）に対して解約違約金等の損害賠償を求めたところ、中途解約分の２か月分相当（一審判決の立場）だけでなく９か月分相当の損害賠償が認められた事例である。本来、中途解約者（Ｂ又はＤ）がＸに損害金を支払うべきだが、本判決では、被害者が事故により中途解約する心情は理解でき、これに対してＸが請求を控える心情も当然であると評価して損害との因果関係を認めた。背景には、禁止規約違反、高級マンション特有の事情（快適な居住環境がより守られるべきこと、次の賃借人が簡単に見つからないことなど）があるようである。Ｘの損害を直接損害と考えるか、間接損害と考えるかで一審判決と控訴審判決の認容額が異なったようである。結論はともかく、一審の判断はやや技巧的なきらいがある。今後は、飼育禁止の有無だけではなく、マンションの性質に従い共同の利益について個別具体的に判断される傾向が強まるのではないかと考えられる。

〔7〕けい留中の犬に近づいた子どもが咬まれた事故で飼い主の占有者責任を肯定

広島高松江支判平成15年10月24日　判例集未登載
（松江地浜田支判平成15年２月17日）

概要

≪事案の概要≫　Ｙ（被控訴人）は理容院を営み、理容院と同一建物内にある車庫内で紐につないで雑種の中型のメス犬（以下「本件犬」）を飼育していた。Ｘ２、Ｘ３夫妻の娘Ｘ１（小学校５年生・控訴人）が学校の帰りＹ方の車庫に近づき、本件犬に触ろうと手を出したところ、２、３度舐められたので、さらに近づいて撫でようと本件犬に顔を近づけたところ、本件犬がＸ１の鼻部付近に１回咬み付き、Ｘ１は、上口唇部挫傷（犬咬傷）、鼻部擦過創の傷害を負った事案である。

≪判決の概要≫　一審判決は、本件犬が咬んだとした上で（Ｙは否認していた）、外部との境となるシャッターから約43センチメートルの地点まで本件犬が来られること、そのため人はシャッター付近から容易に本件犬に触れること、車庫と公道の間の土地はＹ所有地だが、何ら遮蔽はなく、人は自由に車庫付近に近づけること、公道は通学路で多くの児童が通行していることなどから、Ｙには、公道との間の私有地部分を通って第三者が車庫に近づき本件犬に手を出すことは十分予見できたといえ、本件犬が以前に人を咬んでいることからすれば、事故が再発しないように、特に公道を通学路として使用している当該小学校の児童が、安易に本件犬に近づき咬まれることがないように、遮蔽を施したり、紐を更に短くする等の措置を講ずることが必要であるとした。また、Ｙは車庫の外側に「犬にさわらないで下さい」と記載した看板を設置していたが、年少者の接近が十分考えられる場所にけい留し、人を咬む癖がある犬の管理方法としては、通常以上の注意をもって管理することが求められるのだから、敷地内で飼っていることや看板設置での注意喚起では不十分であり、人が犬に近づかないような措置まで講ずる必要があるとして占有者責任（民法718条）を認め、損害については、Ｘ１の傷害慰謝料15万円（後遺障害慰謝料は否定）を認め、本件犬が咬む癖を有すること、甲板を認識していたことから５割の過失相殺を行い、Ｘ２及びＸ３固有の慰謝料は否定した。控訴審判決（本判決）は、損害について、Ｘの上口唇部に７ミリメートル×７ミリメートル大の瘢痕が存在し、隆起があり、知覚傷害等はないが、美容上違和感がある旨診断していること、成長が止まる20歳ころに再手術をするよう医師に勧められていることから後遺障害（ただし逸失利益はなし）があるとして、後遺障害慰謝料60万円のほか、Ｙらが支払いを約した弁護士費用100万円のうち10万円の損害を認めた上で一審同様５割の過失相殺を行い、両親固有の慰謝料は否定した。

コメント

本件は、通学路に面した家の敷地内にけい留中の犬が、侵入してきた子どもを咬んだ事故である。犬にとっては、自分のテリトリーに侵入する子どもから逃げることができないという状況は耐え難いものであり、飼い主としては容易に子どもらが侵入しないような措置や登下校時刻には触られないように犬を屋内や犬小屋に入れるなどの措置をすべきであったといえる。本判決は、被害女子に５割の過失を認め、損害についても後遺障害と認めつつ逸失利益はないと判断するなど、争点についてきめ細かい判断をしており、子どもがけい留中の犬に近づきケガをするという典型的な咬傷事故について、参考になる判断を含んでいる。

〔８〕けい留中の飼い犬に近づいた幼児が咬まれた事故で飼い主の占有者責任を肯定

大阪高判昭和46年11月16日　判時658・39、判タ274・170
（大阪地判昭和45年５月13日　判タ253・289）

概要

≪事案の概要≫　幼児Ｘ１（１歳９か月）が、母親Ｘ２の手を離れて袋小路の奥にあるＹ居宅の玄関脇に鎖でつながれていたＹの飼い犬（以下「本件犬」）に近寄り咬みつかれ、耳翼欠損の傷害を負った事案である。

≪判決の概要≫　一審判決は、本件犬が性質温順でそれまで人を咬んだり吠えたりすることがなかったこと、つながれていた場所が人通りの少ない袋小路の奥で、Ｘ２が近所の人と立ち話をしているすきにＸ１が袋小路に入り込み自ら犬に近づいたことなどの事情を認定して、Ｙの免責の抗弁（相当の注意をもって保管していたこと）を認め、Ｘらの請求を棄却したが、本判決は、以下のとおりＹの免責を認めず、占有者責任（民法718条）を肯定して、Ｙに50万円の賠償などを命じた。すなわち、本判決は、民法718条１項但書の「相当の注意」は通常払うべき程度の注意義務であり、異常な事態に対処し得べき程度の注意義務を指すものではないとしつつ（本章１〔２〕事例参照）、平素おとなしい本件のような犬でも、何らかの拍子に幼児などに咬みついて傷害を与えることも珍しいことではないから、そのような事故を起こさないような万全の手段をとることが、犬の占有者に要請される相当の注意義務であるとして、被害者側に落度があるからといってたやすく飼主については不可抗力による事故とみることはできないとし、このような解釈は動物占有者の責任が若干広くなる観もあるが、立場を変えて被害者側からこのような事故にあった場合を考えれば理解できるはずであり、「いやしくも社会共同生活の中で動物を飼う以上、そのようなきびしい責任において占有保管すべきものと考えるのが社会通念に合する」と判示した。

コメント

他の類似判決と同様、本判決も、犬の飼育＝危険物の占有と捉え、一種の危険責任の法理に基づき、犬の飼い主に重い責任を課している。昭和40年代といえば、日本犬や雑種犬を外でつないで番犬として飼育することが多かったが、現在の人気犬種はトイ・プードル（体重３キログラム程度の愛玩犬）、チワワ（世界最小の体重１～２キログラムの愛玩犬）、ミニチュア・ダックスフンド（体重５キログラム以下の愛玩犬）（一般社団法人ジャパンケネルクラブの平成21年統計）など超小型愛玩犬であり、屋内飼育が増え、当時とは状況が大きく異なる。犬の飼育頭数は平成24年には2,128万2,000頭と増え（一般社団法人ペットフード協会の調査）、15歳未満の子どもの数（平成24年４月１日現在で1,665万人）を上回る犬が飼育され*、コンパニオンアニマル（伴侶動物）と呼ばれるなど家族の一員として扱われるようになり、もはや犬の飼育は特別なことではなくなった。犬を飼育していない人にとっても犬の姿を見るのは一般的となった。このような状況からすると、今後はやや飼い主の免責が認められるケースが増えるのではないかと考えられる。とはいえ、飼い主責任などを定めた動物愛護法が平成11年、平成17年、平成24年と度々改正され、それに伴い家庭動物基準の犬の散歩時の注意義務の内容も厳しくなっており、飼い主の免責が認められるにはこれら基準の注意義務を尽くしていることが大前提となる。

* ただし、平成27年調査では、犬は991万7,000頭、猫は987万4,000頭である。平成27年４月１日現在の15歳未満の子どもの数は1,617万人である。

〔9〕けい留中の飼い犬の鎖が外れて隣家の幼児が咬まれた事故で飼い主の占有者責任肯定

名古屋高判昭和37年1月30日　判時312・25
(名古屋地判)

概要

≪事案の概要≫　男児X（3歳）がX方東側の空き地で近所の子らと遊んでいたところ、隣家のYが裏庭に鎖でつないで飼育していた秋田犬（3歳のオス。『ゴロー』）が、鎖を外して板塀の壊れめから侵入しXに飛びかかって咬みつき（以下「本件事故」）、Xは顔面の鼻根部より右頬部にかけての傷害と傷跡、右胸部腋窩部などに傷害を負った事案である。

≪判決の概要≫　Yは、『ゴロー』を鎖でつないでいたので十分な保管方法であると主張したが、本判決は、『ゴロー』が温順で近所の子どもが近づいても挑発されない限り吠えない犬であるとしつつ、「日本犬特に秋田犬は主人に対しては極めて忠実であるが、その性質の勇猛果敢であることは顕著な事実」として、『ゴロー』が本件事故の3～4か月前にも近所の犬にひどく咬みついたこと、近所の女性の指を咬んだことがあること、鉄の鎖そのものは太く頑丈だがその首輪に連結する部分の構造は簡単不完全なもので、容易に外れる可能性があり、現に本件でもこの部分から鎖が外れたこと、Y方裏庭とX方東側空き地とは以前は板塀で仕切られていたが伊勢湾台風でこの板塀が倒壊して以降修復されないまま放置されていたことから、子どもらはいつでもY方裏庭に出入りして犬に近づきからかうことも可能な状態だったのだから、「そもそも、子どもの遊び場所の近くに本来勇猛性を持ち人に危害を加えるおそれの絶無でない大型犬を飼う者」は、「万一、子ども等が犬に近づきからかうことがあったとしても、これに咬みつき危害を被らしめないよう」、口輪をはめてけい留するとか、犬小屋に収用するとか、遊び場との間に柵等を設けて犬が遊び場に出向けないようにする等何らかの手段方法を講じて危険発生を未然に防止すべき注意義務があったのにこれを怠ったとしてYの占有者責任（民法718条）を認め、慰謝料については（入院中の諸費用は支払い済み）、女子ほどでないとしても右顔面部の傷跡については精神的苦痛があるとし、入院などで被った苦痛及び将来被るべき苦痛を慰謝する必要があること、『ゴロー』を保健所で処分したことなどから、25万円としてYに対しその賠償を命じた。

コメント

「X方東側の空き地」とされ、判決文からは明らかではないが、X宅とY宅の間に位置する現場の空地は、第三者所有地で、XYとも板塀の管理責任者ではないことが前提になっていると考えられる。本件では自然災害（台風）で板塀が壊れ、近所の子らがY敷地内に出入りできるようになった時点で、単に犬をけい留するという従前の方法だけでなく、何らかの事故防止策が必要と判断された。本件では、被害児童が竿掛けで突くなどして『ゴロー』を挑発したかどうか（Yはこのように反論した）は不明のままだったが、仮にこのような挑発を受ければ、特にけい留されている犬は防衛のため反撃すると考えられる（そうでなければ逆に犬が傷害を負う）。『ゴロー』は殺処分されており、その意味からも痛ましい事件であり、飼い主責任の全うが望まれる。

〔10〕人を咬んだ過去のある飼い犬が子どもを咬んだ事故で占有者責任肯定

名古屋高判昭和32年５月10日　ウエストロー
（岐阜地大垣支判昭和30年６月９日　ウエストロー）

概要

≪事案の概要≫　３歳の男児Xが友人（いずれも３歳～６歳位）と、Y経営の駄菓子屋（店舗兼自宅）に菓子を買いに来たところ、店には誰もおらず、Xは、店の奥の住居へ通じる土間で、Yの飼い犬（アイヌ犬のオス。以下「本件犬」）に顔面及び頭部を咬みつかれ、頬や後頭部に裂創を負い、筋肉も一部裂け、骨膜に達し出血多量などの傷害を負った事案である。

≪判決の概要≫　一審判決及びXY双方控訴の控訴審判決（本判決）は、以下の通りYの責任を認めた。すなわち、Yは、土間は住居側の勝手土間と店舗側の店土間があり、本件犬は鎖でつなぎ店土間には出入りできないようにしていた、近づいたXにも過失があると反論したが、本判決は、本件犬がそれまでに２回他人に咬みついたことがあったこと、客がしばしば出入りすること、土間にしきりはないことなどから、人に咬みつく危険のある犬を店舗又はその付近につなぐ場合には、口輪を付けるとか、檻に入れておくなどすべきであり、家人全員が不在となる場合には、犬が外に出ないようにした上、家屋等に人が入らないよう施錠していくべきなのに、これを怠り、菓子を買うために入ってきた子どもたちに随伴して一緒に土間に入ってきたXに本件犬が咬みついたのだから、Yは本件犬の保管について過失があったとし、損害については、Xの頬の傷跡はおそらくは終生残存する程度のものであるとして、Yに対し、慰謝料15万円の賠償を命じた。X及びX両親の過失は否定した。

コメント

単に屋内でけい留しただけでは飼い主としての保管責任を果たしていないと判断されたもので、Yが店をあけたまま不在だったこと、容易に他人が店の奥まで出入りできたこと、その後の対応の不十分さなどにかんがみても、占有者責任が認められるのは当然の事例である。昭和27年の事故当時、犬は番犬、防犯としての役割を期待されており、また本件Yのように自宅兼用の店舗を開けたまま不在になることも多く、このような事故は珍しくなかったかもしれないが、現在ではあまり考えられない状況である。仮に現在同じような事故が起これば、後遺症慰謝料なども加味され、損害額は相当高額になると思われる。

〔11〕開放敷地内に湧水を汲みにきた他人に飛びついた犬の飼い主の占有者責任肯定

福岡地八女支判平成25年6月13日　判例集未登載

概要

≪事案の概要≫　Y1、Y2夫婦は、飼い犬（10歳程度の雑種。以下「本件犬」）を自宅敷地奥の物置付近に設置した長さ約5.7メートルのワイヤーに約1.4メートルの鎖でつなぎ自由に行き来できるようにして飼育し、また、自宅建物近くの湧水を一般に開放し、湧水を汲む人から汲んだ量に応じて管理料を徴収して水汲み場を管理していたところ、夕方、夫と湧水を汲みに来たX（70代の女性）が、水汲み場を離れ、敷地奥の物置のさらに奥にあるトイレに行こうとして、進行方向左側の駐車場内ではなく、右側の物置に寄って歩いたところ、本件犬が近づき、Xの肩まで立ち掛かってきたため、Xは尻餅をつき（以下「本件事故」）、帰宅後痛みが出て病院を受診したところ、第10胸椎圧迫骨折をしていた事案である。

≪判決の概要≫　本判決は、Yらは水汲み場を管理し一般に水汲み場を開放し、また訪問者に隣接する駐車場を使わせるなど、本件犬の飼育場所は誰でも立ち入り可能な場所であったのだから、このような場所で犬を飼うには、鎖等でけい留して誰でも立ち入り可能な場所に進出しないようにするとともに、本件犬の行動範囲を知らせるための措置を講じるなど、第三者が本件犬に近づくことがないよう注意する義務があったにもかかわらず、犬の行動範囲がわかるような措置はなく（数個のコンテナ設置のみ）、注意を促す看板等の掲示もなかったのだから、Ｙらは相当の注意をもって本件犬を管理していたとはいえないとして占有者責任（民法718条）を認め、治療費、休業損害、傷害慰謝料、後彎の後遺障害（８級相当と認定）の逸失利益、慰謝料等の損害を認め、他方、常連のＸは、自ら本件犬に接近しようとしたものではないが自ら認識して本件犬の行動範囲に入ったとはいえ、本件犬をおとなしいと思ったという主観にかかわらず、体重22キログラムの中型犬が自己に危害を及ぼすこともあるのは認識できたのだから３割の過失があるとして相殺し、Ｘが骨粗しょう症だったことから４割の訴因減額を行い、Ｙらに、連帯して、303万円余の賠償を命じた。

コメント

管理料を徴収しているとはいえ、Ｙらは、善意で自宅敷地の湧水の水汲み場を開放し、駐車場やトイレまで開放していたと考えられ、犬もおそらくは遊んで欲しくて飛びついたのではないかと思われ（犬の状態についてはＸの記憶も曖昧で不明）、Ｙらには少し酷な気もする。ただ、第三者が敷地内に入ることを容認し、まして、犬のいる場所の奥にトイレがあるという現場の状況からすると、あまりにも無防備な保管方法である。地域性もあるのかもしれないが、最低限、柵を設置するとか、犬がいることを明示するなどの措置は必要である。第三者（特に子どもや高齢者）の保護という視点のみならず、犬を保護するためでもある。前出〔１〕事例のように（地裁と高裁の判断が分かれ、最高裁判決では反対意見も付された限界事例ではあるが）、犬の存在そのものに恐怖して事故を起こすこともあり得ることを肝に銘じたい。

〔12〕見通しの悪い飼い主宅前の路上で、犬に驚いて転倒した自転車事故に対する飼い主の占有者責任肯定

大阪地判平成18年９月15日　ウエストロー

概要

≪事案の概要≫　Ｙ宅前の道路は幅員２メートルと狭く、道路を挟んだ反対側は低いブロックの上にフェンスが設置された塀で上部の樹木の枝が道路にまで張りだしている状態だった。Ｘは、日頃Ｙ宅前を通るときはＹの飼い犬（体長１メートルほどの猟犬。以下「本件犬」）がいるときは飛びかかられないようにＹ宅前を通らないようにしていたが、ある朝、Ｘが、自転車に乗車してＹ宅前の道路を通りかかり本件犬がいないので通過しようとしたところ、ちょうどＹの母が本件犬を連れてＹ宅を出てきたところに遭遇した。本件犬は手綱を握っているＹの母を引きずりながらＸに飛びかかるような様子で近づいて吠えかかったため、驚いたＸは左手で顔を覆い隠し、本件犬を避けようとして自転車のハンドルを右に切ったが、生い茂る木と塀に接触し、その反動で左側に傾き、左足を車輪の一部に挟んだため左足で支えることが出来ずに転倒し、左母指末節骨骨折、腰臀部打撲、左肘打撲・挫創・皮下血腫の傷害を負い、約２か月の通院を要し、約３年後に後遺障害の診断を受けた事案である。

≪判決の概要≫　本判決は、本件犬が大きな猟犬であること、現場が狭い道路であることから、Ｙには、本件犬を道路に放つにあたり、本件犬が通行人に飛びかかったりしないよう自己の支配下に置くべき注意義務があるのに、Ｙの母は、人や自転車が通りかかっていないかを確認せず漫然と本件犬を連れて自宅から出て、本件犬がＸに飛びかかるような様子で近づいて吠えかかるのを許した過失があるとして、向かってくる犬に驚いて転倒することは容易に想像できる事態であるから、本件犬がＸや自転車に接触していなかったとしても、過失と被害には相当因果関係があるとしてＹの占有者責任を認めた。損害については、治療費、通院交通費、休業損害、傷害慰謝料のほか、Ｘの左母指に可動域制限は残っていないが、しびれ痛や知覚鈍麻が残っているとして後遺障害14級（５％労働能力喪失）を認め、後遺障害逸失利益110万円余、後遺障害慰謝料110万円等合計402万円余の賠償をＹに対して命じた。

コメント

第３章〔６〕と似たような事案である。本件猟犬は大型犬で以前から問題があったと思われること、Ｙ宅前の路上の特殊性（狭く見通しが悪く、そのような事情をＹは熟知していたはずであることなど）などからＹの注意義務違反はより認められやすかったと考えられる。加えて、Ｘに後遺症が残ったため被害は大きくなった。

〔13〕犬に咬まれた男性にPTSD発症による逸失利益（約570万円）を認めた

名古屋地判平成14年９月11日　判タ1150・225

概要

≪事案の概要≫　Ｙら３名（妻Ｙ１、夫Ｙ２、長男Ｙ３）は、雑種犬（呼称『バス』）を、通路にトタン板をはめ込み逃げないようにして、自宅建物内及び裏庭で放して飼育していたが、何かの拍子にトタン板が外れて『バス』が道路に飛び出し、散歩中の男性Ｘ（49歳）の左ふくらはぎに突然咬みつき、Ｘは左下腿部咬創、左膝内障の傷害と心的外傷後ストレス障害（PTSD）を発症したとする事案である。

≪判決の概要≫　Ｙらは、『バス』の飼い主は当時在宅中のＹ１のみであると主張したが、本判決は、一般に、庭や居宅内など家族全員の居住空間でペットを飼う場合、ペットの占有・管理は家族全員が日常生活の一部として各自が責任を持ってするものであるとして、Ｙら３名を『バス』の共同占有者と認定した。その上で、Ｘ主張のPTSDについて、PTSDとは強度の外傷的出来事に遭遇したことを原因として再体験症状、回避・麻痺症状、覚せい亢進症状等が現れることを特徴とする精神障害であり、アメリカ合衆国精神医学会の診断基準（以下「本件基準」）では、近年の改訂で、外傷的出来事の非日常性を不可欠の要素とせず、患者が実際にどのように感じたかをも考慮するよう、範囲が広げられたことを前提として、Ｘが突然背後から咬みつかれたこと、帰宅後パニックに陥り救急車で病院に運ばれたこと、初診時から10か月経過後も精神医学の経験豊富な医師による精神障害についてのテストで高い数値が出ていることなどから、本件事故はＸにとっては、本件基準の「危うく死ぬ、または重傷を負うような出来事」に直面したと評価でき、「強い恐怖、無力感または戦慄」を覚えるものであったと認められるとして、Ｙらに対し、Xの治療費、弁護士費用の一部などのほか、PTSD 発症による労働能力喪失を56パーセントとした逸失利益560万円余（PTSD の発症は性格などの心因的素因が競合していると推認されるので、過失相殺が類推適用され４割の減額がされた）、慰謝料150万円などの合計789万円余の賠償を命じた。

コメント

本件は、犬に咬まれたことによる PTSD 発症を認めた点で珍しい事例である。また、成人家庭でペットを飼う場合、家族全員を共同占有者と見るのが一般であるとの判断を示した点でも参考になる（本件では、狂犬病予防法に基づく飼犬登録がＹ３名義だったという事情もある)。本件では、Ｘは事故当時無職だったが、Ｘがロンドン大学のコンピューターサイエンスの博士号を持ち従前高収入を得ていたこと、実際に高収入が得られる蓋然性のある新事業を計画中であったことなどから、休業損害にあたる逸失利益が認められた。ただし、逸失利益の算定は、将来得られるはずの高収入を基礎とせず、賃金センサスの平均年収を基礎とした。本件は控訴されたが、控訴審については不明である。

〔14〕会社建物で飼育の犬が訪問客を咬んだ事故で被害者に６割の過失相殺

京都地判平成14年１月11日　裁判所ウェブ

概要

≪事案の概要≫　Ｙは、自身が代表者を務める会社の建物（以下「本件建物」）１階奥にある２階に向かう階段の踊り場下で、１メートルないし1.5メートルの長さの紐でけい留して中型犬（シェパードの血が混ざった雑種のオス。以下「本件犬」）を飼育していたところ、勧誘に訪れた保険外交員Ｘが、本件犬に近づき左前腕から肘付近を咬みつかれて、左前腕犬咬創等の傷害を負い、左前腕から同手関節にかけて疼痛及びしびれの、左前腕に醜状瘢痕の各後遺障害が残ったとしてＹの占有者責任（民法718条１項）を追及した事案である。

≪判決の概要≫　本判決は、Ｘは２階へ行く際、本件犬に近づかなくても用を足すことは出来たこと、Ｙは日に３度本件犬の散歩を欠かさず本件犬のストレスをためないよう配慮しているとしつつ、他方で、Ｙらは本件建物2階にいることが多く本件犬に目が行き届かないこと、本件建物には毎日10名以上の訪問者があること、本件犬は以前営業マンに飛びかかり服を破ったことがあるなど気性が荒いこと、就業時間中は1階入り口シャッターは開放されているから誰でも立ち入り本件犬に近づくことが可能であるのに張り紙をして注意喚起するような配慮が何らされていないことから、Yは相当の注意をもって本件犬の飼育をしたとまではいえないとして、Xの治療費、自宅療養雑費、付添人交通費、傷害慰謝料、休業損害、後遺障害慰謝料等の損害を認めた上で（後遺症による逸失利益は否定）、Xが、最初の訪問時に本件犬に吠えられたため、Yらに気に入られるには本件犬と仲良くしようと考え、必要もないのにわざわざ本件犬をかまいに行き、本件犬の左前足を自分の右手で掴んだ状態で、本件犬の右前足を自分の左手で掴もうとしたのであるから、本件犬にとっては両足を掴まれ無防備な姿勢を強要されることを警戒して攻撃したと推認でき、Xの軽率な行為が事故の一因であるとして6割の過失相殺を行い、Yに対して、74万円余の賠償を命じた。

コメント

飼い主の免責こそ否定されたが、6割の過失相殺がされた事例である。被害者Xに5割を超えるような過失が認められたのは、Xが保険の外交員として営業の勧誘に来ているという訪問目的、本件のような事態に慣れているはずと考えられること、勧誘目的達成のためにわざわざ必要もないのに犬をかまいに行くなど自招損害的な面があること、犬への接し方が犬の生理に反したものであること（犬にとっては攻撃するのも仕方ない面があるという評価が働いたと考えられる）などによると考えられる。したがって、Xが判断力の不十分な子どもだったり、呼ばれての訪問客であれば、ここまでの過失相殺は認められないであろう。

〔15〕空き地の支柱にけい留していた犬の咬傷事故で飼い主の占有者責任肯定

大阪地判昭和58年12月21日　判タ521・173

概要

≪事案の概要≫　Yは、居宅と公道との間にある空地（市所有の道路予定地。以下「本件空地」）に犬小屋と犬をけい留するための支柱を設置し、この支柱に約1.2メートルの鎖で母犬と子犬（８～９か月齢。以下「本件犬」）をけい留して飼育していたところ、近所の子どもＸが本件犬に近寄って咬まれ、右上腕に咬傷を、両顔面、両上肢に擦過傷、咬傷の、約10日間の加療を要するケガをし、事故から約４か月後にも右顔面に５か所、右上腕部に１か所、左上腕部に２か所の赤味を帯びた色調の瘢痕が残存していた事案である。

≪判決の概要≫　本判決は、本件空地について、誰でも自由に立ち入ることが可能だったこと、現に乗用車等の駐車場として利用されたり、近隣居住者が通行したり、子どもたちの遊び場となっていたことを認定した上で、Ｙが本件犬を鎖でけい留していたこと、本件犬がこれまで咬傷事故を起こしたことがなかったこと、Ｘが過去本件犬にいたずらをしたことがあったことを勘案してもなお、誰もが容易に近付きうる場所に犬を放置していた以上、Ｙが本件犬の保管につき相当な注意を尽くしたとは到底認められないとして、Ｙに対し、受傷によりＸが被った損害の賠償を命じた。

コメント

近隣住民が駐車場、遊び場、通行の場などとして利用している実態がある場所で犬を飼育していれば、何か事故があった場合は、被害者の自招行為とでもいえない限り、占有者責任が発生するのが基本である。まして本件では自宅敷地内でもないので、飼い主が責任を負うのは当然の事例といえる。地域性や近隣との関係もあり一概にはいえないが、飼い犬の保護という点からも、他人や他のペットなどから危害を加えられないよう、飼い主の目の届く範囲で犬を管理するという飼い主責任を果たすことが重要である。

〔16〕敷地内に侵入して犬に咬まれた６歳女児に対して６割の過失相殺

京都地判昭和56年５月18日　判タ465・158

概要

≪事案の概要≫　Ｙは飼い犬（体長約80センチメートル。以下「本件犬」）を道路から約４メートル奥まった庭先に約１メートルの長さのロープでつないで飼育していたところ、通りがかりの女児Ｘ（６歳６か月）が、好奇心からＹ方の門扉を開けて敷地内に入り本件犬に近付き、興奮した本件犬に右頬を１回咬みつかれ、右顔下部から頬部にかけて多発咬傷の傷害を受けた事案である。

≪判決の概要≫　本判決は、Ｙは、事故当時、庭先で本件犬のつないである場所を背に約30センチメートルの近距離で植木の手入れをしており、幼児であるＸが本件犬に近付いているのを察知していたとし、そうであれば注意することなく放置していたことは事故発生について過失があるとして占有者責任（民法718条）を認めた上で、他方、Ｘには当時、事理弁識能力があり、他人の屋敷内にはみだりに立ち入るべきでないこと、本件犬のような大きな犬は体に害を加える危険性のあることは分かっていたと認められるから、犬に興味を持ったとはいえ面識もないＹ方庭先に入り込み一人で本件犬に近付き、本件犬が興奮してロープの長さの限度で接近したのだから引き下がって危険を回避すべきであったのに遠ざかることなく遮るように両手を差し出して本件犬を一層興奮させた結果被害を受けた点に重大な過失があるとして、６割の過失相殺を行った。

コメント

女児が歩いていた状況や侵入形態など詳細な事情は判決文からは読み取れないが、６歳半ということで、事理弁識能力がギリギリ認められたというところであろうか。小学校入学前の５歳であれば親の監督義務違反が問題になる可能性も高かったと思われる。住宅地において門扉は必ずしも施錠されておらず、また仮に施錠されていても子どもが興味を持てば低い柵などは簡単に乗り越えて庭先に侵入することができる。犬は侵入者を警戒するのが普通であるし、おとなしい犬でもつながれていて逃げ場がなければ侵入者に危害を加える可能性は少なくない。見知らぬ子どもの敷地内への侵入による咬傷事故については、飼い主としてどのように注意すべきか難しい問題である。もっとも本件は、子どもの侵入を察知していたのに何ら対処しなかった点に明らかな過失があるといえ、責任が認められたのはやむを得ないと考えられる。

〔17〕脱走した小犬が通行人を咬傷した事故で飼い主の占有者責任肯定

京都地判昭和55年12月18日　判タ499・196

概要

Ｙが自宅内で放し飼いで飼育していた犬（約９か月齢のマルチーズ種）が、夜、たまたま玄関の扉が開け放されたままになっていたため、そこから路上に飛び出してしまい、折から付近を歩行中のＸを後方から襲って、左素足甲部に数回咬みついて咬傷を負わせた事案である。本判決は、Ｙには相当の注意をもって飼い犬を保管していたとする状況を認めるべき証拠はないとして、Ｙに対し、治療費等の損害の賠償を命じた。

コメント

判決文からは詳細な事実は不明であるが、自宅から逃げ出した犬が通行人に咬みついてケガを負わせた以上、飼い主責任が肯定されるのは当然であろう。マルチーズであるからいわゆるお座敷犬と考えられるが、通行人の後方から足に数回咬みつくというのは、日頃から、十分なしつけをしていないことが伺われる。マルチーズやチワワなどは超小型犬ではあるが気が強い犬が多く、飼い主が甘やかすことも多いせいか、きちんとしつけないと吠えたり咬んだりする悪癖がつきやすい。本件マルチーズもまだ１歳になっておらず、歯の生えかわり時期で歯がかゆく咬み癖がついていた可能性もある。小型犬であっても注意が必要である。

〔18〕菓子店の飼い犬が客の子どもを引っ掻いた事故で飼い主の占有者責任肯定

東京地判昭和53年１月24日　判タ363・270

概要

≪事案の概要≫　Ｙは菓子の製造販売をしており、時々近所の者が直接Ｙ宅に菓子を買いに来ることがあった。８歳の女子Ｘ（小学２年）は同年代の友人や兄とともにＹ方に菓子を買いに行ったところ、放し飼いにされていたＹの飼い犬（中型の雑種のメス。『チビ』号）にＹ宅前周辺で突然飛びかかられて顔をひっかかれ、上口唇部の中央から鼻の下にかけて挫創の傷害を受け、入院を含む16日間位の通院、２回の整形手術などの治療を要し、成長するにつれて外見上確知できないようになると考えられる程度の後遺症を残した事案である。

≪判決の概要≫　Ｙは、けい留されて餌を食べていた『チビ』にＸが近付いた自招行為であると主張したが、本判決は、事故直後帰宅した他の子どもたちが『チビ』が放し飼いにされていて突然Ｘに飛びかかったと話し、連絡を受けた保健所がＹにけい留を指示した際Ｙは特に異議を述べなかったことから、『チビ』はけい留されていなかったと認定した。また、Ｙ主張のけい留場所では『チビ』が鎖をいっぱいに引き延ばした位置に近いのでここで餌を食べていたというのは位置からもまた時刻（午後２時半頃）からも不適当であるとした。『チビ』は過去人畜に危害を加えたことはなく比較的温順な性質であるが、一般に、この種の犬は普段親しい者には従順だが余り親しくない殊に幼い子どもに対しては時に凶暴性を発揮して危害を加えることがあるのは経験則上明らかとした上で、Ｙは、『チビ』に犬小屋も与えず、仕事に忙殺されて１週間に２～３回くらいしか散歩をしておらず、『チビ』は運動不足で欲求不満になり神経過敏状態にあったことが推認でき、見知らぬ訪問客に興奮して危害を加えかねない状況にあったと容易に推測でき、Ｙも十分予見できたのに、訪問客が予定されている場所で、『チビ』と訪問客とを遮断する障害物を何ら設けず、注意を喚起する警告も掲示せず、Ｘらに注意した経緯もないことなどから、Ｙの占有者責任（民法718条）を認め、Ｙに対し、Ｘの慰謝料70万円、弁護士費用の一部などの賠償を命じた。小学校２年に達しているＸが兄たちと子どもだけで菓子を買いにきたこと自体を非難する余地はなく、『チビ』が低年齢の女の子が吠えるのも構わず近付いて戯れたくなるような愛くるしい様相を呈した犬ではないことなどからも、Ｘから、余り親しくない『チビ』に危険をおかしてまで近付くことはあり得ないとして、Ｘの過失は否定した。後遺症の程度が低いことから両親（Ｘ２、Ｘ３）固有の慰謝料は否定した。

コメント

目撃者が子どもだけの場合、本件のように、犬のけい留の有無、事故当時の状況などの事実について争われることが多いと思われる。この点、本判決は、他の子どもらのとった行動やＹの保健所への対応、犬のけい留場所の不自然さなど、多角的な面から、Ｙの反論を検討して否定しており、参考になると思われる。犬の保管中の注意義務については、保管場所に第三者が容易に入ってこられる構造か、犬への注意を周知徹底しているかという点がポイントになると考えられる。

〔19〕行き止まりの空き地にけい留していた飼い犬による咬傷事故で飼い主の占有者責任否定

東京地判昭和52年11月30日　判時893・54

概要

≪事案の概要≫　木材の仲買商X（77歳）は、Y宅の裏側空き地（以下「本件空き地」）に桐の立木があるのを見つけ、これを検分し、木材として適当であれば所有者と交渉して買取ろうと考え、立ち入ったところ、本件空き地内東側にある物置（以下「本件物置」）入り口の柱に長さ約２メートルの鉄鎖でけい留されていたYの飼い犬に左大腿部を咬まれ、通院加療10日間を要する咬傷を受け、これにより神経痛を患ったとして７回に及ぶ温泉療養費用と慰謝料を請求した事案である。

≪判決の概要≫　Yは、本件空き地は知人から管理を依頼されている土地で、いわばYの裏庭であり、Xが無断で立ち入ったのだから占有者責任（民法718条）は負わないとして争った。本判決は、本件空き地の状況について、南側は駐車場を経て私道に続き一般人が容易に立ち入ることができるが、公道に面する北側はトタン板塀で遮断されていること、西側はY宅建物と隣家の寿司屋の建物で各画され、東側は細長い本件物置の開放された入り口に面していて、これら建物使用者の管理土地であって一般人に開放された土地でないことは外見上容易に看取しうる状態にあったとした上で、本件空き地が行き止まりであること、飼育場所の状況及び犬の性質（それまで人に咬みついたことはなかった）から、本件のように鎖でけい留していれば「犬をその性質に従って相当な注意を用いて飼育していたとするに十分」であるとして、それ以上に、無断で空き地に立入り、あるいは物置に近寄る者があることまで予想して配慮を要求するのは相当ではないとして、Yの免責を認めた。

コメント

占有者責任を否定した珍しい事例である。犬のけい留場所が空き地だったとはいえ、通常、他の一般人が立ち入ることのない状況の行き止まり土地であったことなどから、保管方法としては十分と判断されたようである。しかし、結果責任に近い動物占有者責任の重さを考えると、もし控訴されていたらどのような判断がされたかは分からない。

また、もし被害者が子どもの場合は、空き地南側の駐車場（寿司屋の駐車場なのかＹ宅の駐車場かは判決文からは不明）の状況にもよるが、免責は難しいのではないかと思われる。判決からは詳細な背景事情は不明であるが、Ｘが空き地に立ち入った態様、温泉療養費用や慰謝料を請求した経緯なども裁判官の心証に影響を与えたのではないかと考えられる。

〔20〕家具店に来た幼児が店の飼い犬に驚き転んだ事故で、被害者側の過失を３分の２とした

大阪地判昭和47年７月26日　判タ286・340

概要

≪事案の概要≫　家具販売店を営むＹは、店の奥にある居住部分で秋田犬（８歳のオス。『王将』）を飼育し、店員Ａを履行補助者として『王将』の世話をさせていたところ、乳母車に乗せた１歳の乳幼児と女児Ｘ（３歳）を連れて初めて店を訪れた女性（母）が、幼児は店外に放置し、Ｘを連れて店内に入ってきた。Ｘは終始落ち着かず一人で店の奥に入っていくため、Ａが遊んでやったり、ワンワンがいるから奥へ行ってはいけないと注意していたが、外の幼児が乳母車から落ちかけて泣き出したので、Ａは慌ててＸにその場にいるよう注意してから幼児の方に行った。その間に、『王将』が一声ワンと吠える声がしたのでＡが店の奥に走っていくと、Ｘが『王将』から50センチメートル～１メートル離れた場所で『王将』の方に後ろを向けてうつぶせに倒れて泣いており、頭部から出血し、土間に飛び散ってこすれたような血が附着していた。Ｘは、犬に襲われて前額部咬傷（または割創）、左手掌咬傷（または裂創）の傷害を受けたと主張してＹの占有者責任を追及した事案である。

≪判決の概要≫　本判決は、以下の理由により、Ｘの受傷は犬に咬まれたものではないとした。すなわち、診断書作成医師は疑問を持ちながら申告通りに作成したこと、Ｘを診断した他の医師もＸの傷が犬の咬傷にしてはきれいすぎると疑問を呈したこと、Ｘのような低年齢の子どもは質問者の誘導や暗示にたやすくかかることは経験則上明らかであるから父母の質問に対するＸの回答を証拠として採用できないこと、前額部の傷は鋭利な物で切られたようになっていて傷口や内部は汚物もなく内部には組織の断層がありこのような傷の発生原因としては鏡のような平面の物に頭を強く当てた場合が考えられること、手傷は塵芥が附着して転倒してできる傷の特徴であること、『王将』は台所の方から店の方に向

いて顔だけ出していたがうなりも吠えも興奮もしていなかったことなどから、Ｘが好奇心にかられて台所と店との間の戸が開いていたため『王将』を見に行き、Ｘに気付いた『王将』が吠えたので、Ｘは驚きもとの所へ逃げようとしてその付近にあった何かに頭部を強打させその場に転倒して受傷したと推認した。その上で、幼児が初めて単独で巨大な犬に出くわしこれに吠えられた場合は驚愕の末逃げようとしてこのような惨事に至ることは通常起こりうる事柄であるから、犬の状態や行動と負傷との間に相当因果関係があり、Ａはこれを予見できたのだから、犬のいる台所と店との間の戸を閉めるか、Ｘの母に監視するよう忠告するなどすべき注意義務があったのにこれを怠ったとしてＹの責任を認めた。一方、母親が幼児やＸを一切放置していたのは重大な過失であるとし、Ｘのケガが犬の咬傷によるものでないこと、ＸはＡから注意されていたことなどから、Ｘの過失を３分の２として過失相殺を行い、Ｙに対し、損害の３分の１についての賠償を命じた。

コメント

本判決は、被害女児（Ｘ）の父母への話や店員Ａの医師への申告（犬に咬まれた）に関わらず、Ｘの傷や犬の状況など客観的な事実から丁寧に受傷原因を推認している。本件のように、店の奥で犬を飼育しているところへ子どもが来店し事故が起きる例はよくあり、それだけに、犬の占有者には、子どもがケガなどをしないよう監視し、あるいは子どもが犬に触れないようにするなど、犬の保管について十分な注意をすることが要求される。本件は母親が子どもと乳幼児の監視を怠った過失が大きいとして、大幅な過失相殺がされているが、それでもこのような状況下での子どものケガに対しては飼い主の免責が認められることはないのである。

〔21〕飼い主の過失を認めたが、損害は自招行為によるとして被害者の請求を排斥

大阪地判昭和46年９月13日　判時658・62、判タ272・340

概要

≪事案の概要≫　Ｙは自宅勝手口の柱に長さ1.5メートルの鎖で秋田犬の雑種『百合』（体長約１メートル）をけい留して飼育していたところ、私道を挟んだ近所に居住する女性ＸがＹ宅前を通った際、『百合』に肘

部を咬みつかれ受傷した事案である（以下「本件事故」）。

≪判決の概要≫　本判決は、犬は飼い主や家族以外の他人には必ずしも従順ではなく、食事中や、食物を持った子どもなどにも危害を加えやすいのが通例だから、子どもを含めて人通りのある私道に勝手口の板塀から一犬身出られるような状態で『百合』をけい留していたＹは相当の注意を欠くとしてＹの免責（民法718条１項但書）を否定したが、『百合』は近付いてくる通行人をむやみやたらに咬む凶暴な犬ではなく、食事の邪魔をした小学生に軽傷を与えた以外は通学途中の子どもたちに頭を撫でられ可愛がられていて、親愛の情を持って接すれば食事中の場合のように感情が刺激されやすい場合を除いては従順な犬であること、他方、Ｘはスピッツ犬の雑種を飼育している愛犬家で、ある程度の知識・経験があるのだから、犬に接近するにあたり、その犬が親愛の情を示しているか危害を加えかねないかも犬の表情や動作からある程度判別できること、『百合』とＸの犬が仲が悪いこと、本件事故後Ｙが謝罪に行った際Ｘの夫がＸの非を認めていたことなどから、Ｘは、『百合』が食事中で感情が刺激されやすい状態であることを知りながら、食事を妨害する目的であえて近付いたか、あるいは、当初から『百合』の頭を叩くなど危害を加える目的で近付いたのであり、その際に差出した右肘を反撃的に咬みつかれたと断定せざるを得ず、本件事故はＸの自招行為によって発生したと認定し、損害の公平な分担という観点から、Ｙが、Ｘの自招行為（被害者が故意または過失により動物に危害を加えたりした為その反撃として傷害などを受けたこと）を立証した場合は、損害賠償責任を負担しないとして、Ｙの賠償責任を否定し、Ｘの請求を棄却した。

コメント

結果的に飼い主の責任を否定した珍しい事例である。民法718条の保管義務違反を肯定しながら、被害者の自招行為によることを理由に飼い主の賠償責任を否定した。判決内容からは、犬への加害行為―叩くあるいは食事を妨害する目的で近付いた行為―がどのような事実から断定されたのかは必ずしも明らかではない。また、被害者の行為が何故過失相殺として処理されなかったのか、さらに、被害者の誘発行為が軽過失でも自招行為となるのかという点も明白ではない。周囲の状況を含めたもう少し詳細な事実認定や評価がされていれば、これらの点も明らかになったのではないかと思うと残念である。

〔22〕飼い犬に咬まれてケガをした子どもの両親に固有の慰謝料を認定

大阪地判昭和42年５月４日　判時503・53

概要

≪事案の概要≫　８歳の男子Ｘ１(小学２年生）が、母親Ｘ３と買物からの帰途、Ｙ宅前でロープにつながれていたＹ飼育の秋田犬の成犬（未去勢のオス。以下「本件犬」）に咬みつかれ、ひっかかれて、顔、右肘、右腰、右大腿部等に９か所に及ぶ咬傷、裂傷を受け、合計十数針の縫合をし約10か月経過後も顔面右横３か所に顕著な傷痕を残す傷害を負った事案である。

≪判決の概要≫　Ｙは、Ｘ１が銀玉鉄砲で本件犬を誘発したこと、犬舎には「大型猛犬に御注意願います」などの注意書きを掲示し、本件犬は鎖でけい留され道路に出ることはできなかったこと、Ｘ３に注意義務違反があることなどの主張をしたが、本判決はＹ反論をすべて否定し、本件犬がＸ１に馬乗りになっていた状況などから、当時Ｙは散歩から連れ帰った犬を鎖につなぎ替えずロープのまま入口にけい留していたと推認した上で、このような発情期にあり家人と他人との区別をわきまえたいわゆる正義感の強いオス犬であることを考えると、些少なショックにでも興奮し他人に咬みつくおそれのあることを予知しあるいは予知すべきであるのに、Ｙは、何らの予防措置をせずに人の出入りする表入口に２メートルに近いロープでけい留していたので飼い犬の保管につき著しくその注意義務を怠ったとして、Ｙに対し、Ｘ１に５万円の慰謝料、Ｘ２(父親)、Ｘ３にも、心痛を受けたことは明らかとして各１万円の慰謝料、そのほか示談交渉に誠意ある回答を示さなかったので弁護士に事件を依頼せざるを得なかったとして弁護士費用の一部の賠償を命じた。Ｘ３の過失については、Ｘ１がＸ３から約100メートル程先に走って行っただけで、小学校２年生であれば必ず手を引いて通行しなければならない注意義務があるとはいえないとして否定した。

コメント

本件は、被害者の近親者に固有の慰謝料が認められた点に特徴がある。男児とはいえ顔面に傷痕を残したことなどが評価されたと考えられる。なお、犬が男児に馬乗りになっていたことを「発情期」としている本判決の判断の是非はともかくとして、本件犬が支配的な犬であったということはいえようか。（いわゆるマウンテングの姿勢は、発情している場合やオス犬に限られず、メス犬でも見られる行動である。また未去勢のオス犬の場合、周囲に発情期中のメス犬がいれば発情して興奮するので、そういう意味では未去勢のオス犬は常時「発情期」とされてしまうおそれがないでもない。）大型犬については、たとえ親愛の情を示す場合でも、子どもや小柄な女性にじゃれつけば、ひっかき傷ができたり、甘咬み程度でも思わぬ傷痕を残すこともある。大型犬の飼い主は十分な注意が必要である。

〔23〕店舗内から外へ飛び出した犬に子どもが咬まれた事故で飼い主の占有者責任肯定

東京地判昭和41年12月20日　判時473・168

概要

≪事案の概要≫　2歳9か月の女児Xが自宅前の歩道で兄と遊んでいたところ、隣家で風呂桶等の製造販売を営むY方店舗内から、Y（事件後Yは死亡したため正確にはYの相続人）飼育の雑種のオス犬『クマ』号（7歳）が飛び出し、Xを倒しその上に乗りかかって顔面に咬みつき、顔面に6か所、全治約1か月の咬傷を与えた事案である。

≪判決の概要≫　本判決は、XがY店舗内に入ってきてけい留していた『クマ』を挑発したというYの主張を斥け、『クマ』は胴体の長さ約60センチメートルの大きな犬で、これまで近所の子どもに挑発されてケガを負わせたことが3回あること、犬の通性として普段は温順でも何らかの外界の刺激で突然興奮し攻撃を加える危険があるのは経験上明らかだから、かかる『クマ』を人の通行する歩道に面した店舗内に保管するには不慮の事故が起きないよう格段厳重な注意をすべきなのに、Yが『クマ』を店舗内でけい留していなかったかあるいはけい留していたが犬の力でけい留が解けたこと、店舗の出入り口が開いていたことなどは、相当の注意を尽くした保管方法とは到底認められないとして、Yの占有者責任を認めた上で、Xの将来の整形手術費用についても支出に蓋然性がある限り現に発生した損害として賠償請求は認められるとして、将来（早くても2～3年後以降遅くても小学校卒業までに）行われる手術費用から中間利息分を控除した5万円余りの損害、及び、幼いXの恐怖、衝撃は非常に大きかったであろうこと、手術後も瘢痕を完全に消失させることは困難であることなどから慰謝料10万円を認め、Yに対し、合計

15万円余の賠償を命じた（治療費、見舞金は支払い済み）。Ｙ主張のＸ両親の過失は否定した。

コメント

飼い主の保管義務違反が認められるのは当然の事例といえよう。昭和40年代は、店舗兼自宅に、日本犬を鎖等でけい留したり外したりと曖昧な保管方法で飼育する例が多かったと思われる。もともと狩猟犬である日本犬の場合、ストレスをためないために必要とされる運動要求量も多く、他人への警戒心も強い。特に子どもの動きには敏感に反応し、本件のような事故は起きやすいといえる。慰謝料額について、昭和40年代の10万円は相当高額であろうが、何ら非のない女児の顔面に瘢痕を残した事案であり、現在ではさらに高額な慰謝料や、後遺症逸失利益などが認定される事案ではないかと考えられる。

〔24〕けい留された飼い犬が電気工事業者に咬みついた事故で飼い主の占有者責任肯定し、７割の過失相殺

大阪地堺支判昭和41年11月21日　判時477・30

≪事案の概要≫　電気工事の請負業を営むＸが、Ｙの依頼で、Ｙ建物内の電気工事を請け負うことになり、まず予備工事に訪問した際、梯子が必要だったので、Ｙから洗場の壁に掛けてあった梯子を取ってもらって使用し点検を終え、２日後に本工事のため再度Ｙ方を訪れ、Ｙ方洗い場の奥に掛けてある梯子を取ろうと近づいたところ、その近くに鉄の鎖でつながれていたＹ飼育のシェパード犬に右下腹を咬まれ、腸壁の動脈が破裂して約20日間の入院と約１か月半の通院治療を要した事案である。

≪判決の概要≫　本判決は、飼い主の依頼によって電気の取付けその他修理工事をする他人がその仕事の関係上鉄鎖でけい留されている犬に近づかねばならぬ必要があり、飼育者がそのことを予見できる場合には、他人に咬みつく癖のある犬を単につないでいただけでは相当な注意を払ったといえず、このような場合は、口輪をはめるかまたは予め工事人に対し人に咬みつく癖のある危険な犬であることを告げ、犬に接近する場合は家人の付き添いを求めるよう注意すべき義務があるのにＹはこれを怠ったとして、Ｙの占有者責任を認め、他方、Ｘにも、この種の犬は人に対する警戒心が強く危険性の多いことは通常人の等しく認識すると

ころであり、しかも、鉄鎖でつながれているくらいだから近づけば危険であることは容易に察知し得たはずなのに漫然と犬の行動範囲内に立ち入った点に過失があるとして、慰謝料10万円のほか休業損害等の損害額から３割の過失相殺をして、Ｙに対して、19万円余の賠償を命じた。

コメント

本件Ｘは、飼い主が一緒だった最初の訪問時（予備工事）に、犬がおとなしくＸの注意を喚起するような行動もしなかったため、事件当日（本工事）も、何ら警戒することなく、漫然と梯子を取ろうと犬に近寄ったと思われる。しかし、特にシェパード犬など訓練性能の高い大型犬は、飼い主がいればおとなしくしているだろうが、飼い主がいなければ、テリトリー内（それも鎖の届く至近距離）に入ってきて、飼い主の物（梯子）を持ち出そうとする他人に襲いかかるのはある意味当然ともいえる。梯子などの上で作業をする工事業者や植木業者などの動きは、地上でつながれている犬には相当目障りな存在に違いない。飼い主としては、業者が出入りする場合は犬を屋内や小屋に入れるなどし、あわせて業者にも口頭で注意喚起をしておく必要がある。

〔25〕飼い犬に吠えつかれ自転車ごと倒れて死亡した事故で、飼い主の占有者責任否定

東京地判昭和32年１月30日　ウエストロー

概要

≪事案の概要≫　午前２時頃、43歳の男性Ａ（Ｘ１の夫、Ｘ２～Ｘ５の父）が勤務先の中央区築地市場に向かうため、いつものように自転車に乗って事故現場（以下「本件現場」）に差し掛かったところ、Ｙ飼育の犬（テリア系の雑種のメス）『チビ』が突然飛び出してきたため、男性は自転車もろとも転倒して石杭に頭と顔を打ちつけ、傍の溝の中に転落し、頭蓋底骨折を伴う頭部打撲傷を受け死亡した事案である。

≪判決の概要≫　本判決は、従前からＡがＸらに本件現場付近で犬に吠えつかれて苦慮していると話していたこと、Ｘ１がＡと散歩中本件現場近くで「白茶にコゲ茶の斑点のある犬」と遭遇した際、Ａからこれが件の犬だと聞いて明確に現認していたこと、受傷後家に戻ってきたＡが意識の明瞭なときにＸらに「とうとうあの犬にやられた」などと語ったこと、警察がＹ方で『チビ』を確認したことなどから、男性を襲った犬は

『チビ』であると特定した上で、Yは『チビ』など4匹の犬を女中に世話をさせて飼育していたが、犬小屋に入れたりけい留するなどはせず、『チビ』は昼間外を自由に出歩き、夜間Y方の門扉が閉まった後も度々邸外に逸出していたとしてYの保管義務違反を認めながら、相当因果関係が認められるには、当該加害行為が一般の場合にも当該損害を生ずることが普通であることを要し、たまたまその損害が生じただけでは足らないとし、本件では、特に凶暴な性質ではない『チビ』がAの脚部にその左後方から吠えながら飛びかかったものであるところ、そのためAが自転車もろともに転倒し、石杭に頭部、顔面を打ちつけ、致命傷を被って死亡することは、日常の経験上普通に発生する結果とは認められず、たまたま生じた結果であり、従前から度々同様に吠えつかれあるいは飛びかかられたのに、その間特に負傷その他の事故が発生していないこともこれを裏付けるとして、『チビ』の行為と負傷・死亡による損害との間には相当因果関係がないとして、Xらの請求を棄却した。

コメント

控訴されたかどうかを含めその後の経過は不明である。犬と加害行為の特定、飼い主Yの保管義務違反を認めながら、特に凶暴性のない犬に飛びかかられたからといって、自転車ごと転落し死亡することは通常ないとして、相当因果関係が否定された珍しい事例である。率直に言って、なぜ占有者責任が否定されたのかよく分からない。強いて理由を考えれば、目撃証言や被害者の証言がないため、事故態様について疑問が残り、被害者は従前同じような目に遭いながら何らの被害もなかったのだから本件事故原因も犬と直接関係のない可能性があるのではないか、といった心証があったのかもしれない。現在では、犬と被害者が接触したような本件事例で責任が否定されることはおよそ考えられない（前出〔1〕事例では、接触がなくとも飼い主責任が肯定されている）。古い裁判例では相当因果関係が慎重に判断される傾向があると考えることもできるが、いずれにせよ、特殊事例と考えた方がよいであろう。

最近の裁判例（判例集未登載）

シェパード犬に衝突されショック死したチワワの損害認定

朝日新聞の記事によると、平成27年２月６日大阪地判（一審堺簡判）は、シェパード犬に衝突されてショック死したチワワの飼い主夫婦が求めた損害賠償請求について、シェパードの飼い主に22万円の損害賠償責任を認めました。

裁判所は、シェパードは普段事故現場近くの駐車場で鎖につながれて飼育されていたが、事故当時は鎖が外れた状態だったこと、チワワは高齢（15歳）のため大きなショックで死ぬ可能性があったこと、著しい体格差があるシェパードの突進は脅威だったと推定できることなどから、チワワは急激な興奮による心不全（ショック死）になったとして、相当因果関係を認め、慰謝料18万円、葬儀費用２万3,700円、弁護士への相談費用２万円の損害を認めました。

第2章

ペット公害

マンション法（区分所有法）について

複数世帯が共同生活を送るマンションなどの集合住宅では、一軒家の場合と異なり、所有者であっても、勝手気ままに使用をすることはできません。マンション内の所有者（区分所有者といいます）、賃借人らが快適な共同生活を送るためには、一定のルールが必要となります。区分所有権は所有権ではありますが、規約、区分所有者の集会の決議、共同の利益などによる制約を受けます。これらの制約は、区分所有権に内在する制約です。

このように、集合住宅でのペット飼育を考えるときには、マンション独特の特別な法理がありますので、ここでマンション法（正式名称「建物の区分所有等に関する法律」。以下「区分所有法」）について簡単に説明しておきます。

専有部分と共用部分

本来、一つの物に対しては一つの所有権しか存在しません（一物一権主義）。しかし、一棟の建物に、構造上区分され、かつ、独立して、住居、店舗、事務所、倉庫など、建物の用途に供することができる数個の部分がある場合には、その各部分を「専有部分」と呼び、所有権の目的とすることができます。専有部分は構造上も利用上も独立性がなければなりません。この専有部分を目的とする所有権を「区分所有権」、区分所有権を有する者を「区分所有者」といいます。

また、数個の専有部分に通ずる廊下または階段室のように構造上区分所有者全員またはその一部の者の共用に供されるべき建物部分を「共用部分」といいます。各専有部分のバルコニーは共用部分です。ただし、当該区分所有者が専用で使用できる専用使用部分です。

その他、電気、ガス、水道の配線・配管やテレビの共同アンテナの配線などのようなもので、共用部分、専有部分に分けられないものは「付属物」と呼びます。また、本来専有部分の対象となりうる建物の部分や付属の建物でも、規約により「規約共用部分」とすることができます（応接室や集会室など）。

専有部分と敷地利用権は分離して処分できない

敷地と建物とは本来別個の不動産ですが、取引の安全や登記の合理化を図るため、専有部分と敷地利用権は、原則として分離して処分できません（専有部分と敷地利用権の分離処分の禁止。区分所有法22条～24条）。

管理組合

区分所有建物に関する管理の適正化のため、区分所有者は全員で区分所有建物等の管理を行うための団体を構成します。この団体を「管理組合」といい、区分所有者及び議決権の各４分の３以上の多数による集会の決議（特別決議）

により法人とすることができます（管理組合法人）。
　規約の設定、変更、廃止は、特別決議によって決定します。

規約、共同の利益

　区分所有法では、建物の保存に有害な行為その他建物の管理又は使用に関し区分所有者の共同の利益に反する行為を禁止し（６条１項）、違反者またはそのおそれのある者に対して、訴えをもって、違反行為の差止め、専有部分の使用禁止、区分所有権及び敷地利用権の競売、契約解除及び占有者に対する引渡等を請求することができます（同法57条以下）。
　６条１項で禁止する「共同の利益に反する行為」の具体的内容については区分所有法では明示されていませんので、区分所有者が管理規約で定めることができます（同法30条１項）。
　規約の合理性・有効性等が裁判などで争われた場合、ケースごとに個別に判断されることになります。マンションでしばしばトラブルとなるのは、ペット飼育禁止規約がある場合、あるいは、特に定めがない場合などです。
　しかし、マンションにおいては、ペット飼育が当初許されていても、特別決議による規約の変更により、いつ飼育禁止になるかわからないというおそれが常にあるといわざるをえません。

賃貸借について

　分譲マンションの一室を区分所有者が賃貸に出すことも多いでしょう。そのような場合、賃借人がペットを飼育するには、前提としてペット飼育が許されているマンションであることが必要です。その上で、賃貸人である区分所有者（転貸などで、賃貸人＝区分所有者でない場合もある。）との間で、ペット飼育を認める内容の賃貸借契約であることが必要です。
　しかし実際は、マンションの管理規約自体が曖昧な場合（規約に何ら記載がないか禁止規定があっても事実上黙認されている場合など）や、賃貸借契約の内容も曖昧な場合（禁止特約がないなど）が多々あります。
　区分所有権の対象とならないいわゆるアパートであっても、複数世帯が壁や床天井一枚を挟んで一つ屋根の下に暮らすという意味ではマンションと同様の問題があります。
　裁判になれば、賃貸借契約の解除が認められるかどうかは、一義的に契約書の記載から判断されるものではなく、賃借人の飼育方法が、居住用の部屋の使用として許容される範囲のものか（賃借人には、賃借物をその用法に従って使用する義務があります－用法遵守義務－民法616条、594条１項）、他の居住者の生活の平穏を害さないものかなどの事情から総合的に見て、賃貸人と賃借人との間で信頼関係を継続しがたい重大な違背事由があるかどうかで判断されます。つまり、賃借人の当該行為を賃貸人に対する背信的行為と認めるに足らない特段の事情があるときは、契約を解除できません（最判昭和28年９月25日）。
　一般の方にはこの法理が理解しづらいと思いますが、個々の事例を見ていただくと、結論的には常識的なものになっていることが分かるのではないかと思います。

参考文献：長谷川貞之「住宅における動物の保有」（判タ661・47、662・31）

受忍限度論とは

本章２（その他の迷惑行為）では、不法行為の成立を決定づける受忍限度という言葉が頻繁に登場します。「受忍限度」という用語は法律に記載されていないので、一般の方には理解しにくい考え方といえます。そこで、ここで少し解説をしておきます。

いわゆる受忍限度論は、騒音、悪臭などの公害問題や生活妨害型の不法行為において、しばしばその違法性を判断する基準となる法理です。健全な社会通念ないし良識に照らして、生活への侵害の程度が、一般人の社会生活上当然受忍すべき限度（すなわち受忍限度）を超えた場合、当該侵害行為は違法性を帯び、不法行為責任を負うという考え方です。

悪臭や騒音のない健康で良好な生活環境を維持することは人が生きていくために不可欠な生活利益ですが、反面、当該悪臭や騒音行為をしている他人の利益も考慮しなければなりません。たとえば、広く公共の便益に資する飛行場の騒音であったり、工場からの機械音であったり、洗濯機やペットの鳴き声などの生活騒音であったり。このようなものが一定程度に達すれば自動的にすべて違法になると考えるのは現実的ではありません。社会共同生活をする上で多かれ少なかれ、このような騒音、日照・通風の妨害、臭気、音響、振動その他雑多な生活妨害を受けるのは避けられず、これらすべての生活妨害を違法性があるとするのではなく、受忍限度を超える場合にのみ違法となると考えるのです。侵害者と被侵害者及び社会的な諸事情を総合的に比較考量して違法かどうかを決するメルクマールが受忍限度論です。

具体的に、受忍限度を判断する際の考慮事情としては、侵害行為の態様、侵害の程度、被侵害利益の性質と内容、当該工場等の所在地の地域環境、侵害行為の開始とその後の継続の経過及び状況、その間に採られた被害の防止に関する措置の有無及びその内容、効果等が挙げられます（最判平成６年３月24日判時1501・96）。

侵害行為の態様や侵害の程度との関係では、行政上の規制基準が一つの目安となることは異論がないでしょう（騒音規制値を超えているなど）。しかし、規制値や基準値を超えているからといって必ずしも受忍限度を超えているとは判断されず（本章２〔１〕事例参照）、逆に、規制値内だからといって必ずしも受忍限度内となるわけではないことに注意を要します。

2

1. 集合住宅での飼育が問題となった事例～マンション、アパート～

〔1〕ペット飼育の利益は人格そのものにまつわる権利と同一視できないとして、一律禁止の規約を有効とした

最判平成10年３月26日　判例集未登載
(東京高判平成９年７月31日 ／ 東京地判平成８年７月５日　判時1585・43)

概要

≪事案の概要≫　14階建て住宅用マンションで、管理組合Ｘは、昭和58年設立総会の規約（細則）で小鳥と魚類以外の動物飼育を禁止していたが、違反者が多いため、昭和61年、ペットクラブの自主管理の下で当時飼育中の犬猫一代限りの飼育を認める総会決議をしたところ、平成４年、２階居住のＹ（昭和58年入居）が犬（シーズー種。以下「本件犬」）を飼い始め、Ｘの再三の飼育中止申し入れにも応じなかったため、Ｘが総会決議に基づき犬の飼育禁止等を求めた事案である。

≪判決の概要≫　一審判決は、次の通り、Ｘの請求を一部認容し、Ｙに対し、マンション内での犬の飼育の禁止、弁護士費用の一部（40万円）の損害賠償の支払いを命じ、控訴審、上告審ともこれを維持し、Ｙの上訴を棄却した。

一審判決は、①犬の飼育が規約違反か、②飼育禁止請求は権利の濫用か、③ペットクラブの会員に飼育を認めるのと比較して平等原則（憲法14条）に反しないか、④飼育継続が不法行為（民法709条）かの各争点について、上記①について、マンションは入居者が同一建物内で共用部分を共同利用し、専有部分も隣接する他の専有部分と相互に壁や床などで隔てられているにすぎず、必ずしも防音、防水面で万全の措置が取られているわけではないし、ベランダ、窓、換気口を通じて臭気が侵入しやすい場合も少なくないから、各人の生活形態が相互に重大な影響を及ぼす可能性を否定できず、区分所有者はこのような「区分所有の性質上、自己の生活に関して内在的な制約を受けざるを得ない」とし、区分所有法６条１項はこの内在的制約の存在を明らかにし共同の利益に反する行為を管理規約で定められるとしている（区分所有法30条１項）。マンション内での動物飼育は、建物の構造上上記のような問題点があり、糞尿によるマンションの汚損や臭気、病気の伝染や衛生上の問題、鳴き声による騒音、咬傷事故等、建物の維持管理や他の居住者の生活に有形の

影響をもたらす危険、動物の行動、生態自体が他の居住者に対して不快感を生じさせるなどの無形の影響をも及ぼすおそれのある行為であり、居住者の自主的な管理では限界があること、実害が発生した場合に限ると無形の影響の問題に対処できないなどから、具体的な実害の発生を待たず、類型的に、小動物（小鳥、魚類など）以外の動物の一律飼育禁止も合理性があるとして、Yの犬の飼育は規約違反であるとし、上記②について、Yが、ペット飼育は憲法13条（幸福追求権）及び同法29条（財産権）によって保障された重要な権利であり、具体的被害なく差止めを求めるのは権利の濫用であると主張したのに対し、ペット飼育が幸福追求権に含まれるか否かは別として、個人の人格そのものにまつわる権利と同一視できない、本件マンション内で本件犬を飼育できるか否かは財産権の保障とは別問題とし、一律禁止の合理性、また、ペットクラブを設け一代限りの飼育を認めてきたのは区分所有者の共同の利益の保護と既に飼育されている犬猫の寿命全うとに配慮した合理的なものであり、Yはこれを知りながら犬の飼育を始めたのだから権利濫用にあたらない、上記③について、ペットクラブ成立の趣旨や、会員も新たな犬猫飼育が禁止されていることなどから差別にはあたらない、上記④について、Yが違反を知りながら飼育を継続したためにXは訴訟提起せざるを得なくなったのだから不法行為にあたるとした。

コメント

本件では、訴訟の入口の議論として、権利能力なき社団であるX（管理組合）に当事者適格（訴訟を行う資格）が認められるかも争点となった。裁判所は、規約は管理組合内部の規範であるから規約で定められた義務は区分所有者の管理組合に対する義務であり、これに対応する権利は法人格なき社団としての管理組合に帰属するとして、管理組合の当事者適格を認めた。本判決（内容としては結局一審判決）では、ペット飼育の法的利益についての言及があり、人格権にまつわる重要な権利とは同一視できない、とされた。その上で、本判決は、「遺憾ながら規範意識、責任感、良識に欠ける者がペットを飼育する可能性を否定できない」ため自主的管理には限界があっておおかたの賛同を得ることは困難であること、実害がなくてもペットの生態自体に不快感を持つ者への対応が十分できないこと（無形の影響）などを理由に、飼育を前提とした構造になっていないようなマンションでの一律禁止は合理的で有効であるとした。

本件はペットクラブを設立して一代限りの飼育を認める経過措置がとられている中での新たなペットの飼育が問題となったものであり、飼育禁止はやむを得ないであろう。もっとも本判決でも「ペットの飼育がその用法に含まれる場合は別として」というくだりがあり、ペット飼育を前提とした構造のマンションでは必ずしも本判決の結論が妥当するわけではない。盲導犬などの補助犬については、ユーザーである飼い主の人権に資するという側面があるので、この場合もまた別の理論展開が必要となる。あくまでも事例判断である。

〔2〕集合住宅での悪臭などによる被害で猫の飼育禁止を認容

東京高判平成20年3月5日　判例集未登載
（東京地判平成19年10月9日　ウエストロー）

概要

≪事案の概要≫　昭和45年新築のマンションの一室（13階建ての2階部分の一室。以下「本件建物」）を当初より所有するY（控訴人）が複数の猫を飼育し、猫の糞尿の臭気を室外に放出して、区分所有者の共同の利益に反する行為（区分所有法6条1項）をしているとして、X（被控訴人。マンションの管理組合）が同法57条1項に基づき、①動物の飼育禁止、②飼育猫の退去、③猫の糞尿の除去、消臭、④上記②及び③の確認のための立入の受忍、不法行為に基づく100万円の損害（弁護士費用）などを求めた事案である。

≪判決の概要≫　一審判決は、次の通り、Yの猫飼育がマンションの区分所有者の生活に支障を生じさせており、共同の利益に反しているとして、Yに対し、上記①～③のほか、50万円の支払いを命じ、控訴審判決（本判決）もこれを支持した。すなわち、本件マンションでは、当初、管理規約に基づく使用細則で、家畜の飼育には管理者の事前の承諾が必要とされていたが、現実には事前承諾なく、動物飼育が事実上黙認されており、平成15年に管理規約が変更されてペット飼育ができなくなったものの、既にペットを飼育していた者についてはペット一代限りの飼育継続が認められ、Yもこれに従い猫を飼育していたが、猫の糞尿による悪臭について他のマンション居住者から苦情が寄せられたが改善されないこと、居住者の9割が本件建物から出る猫の糞尿の臭気に対し非常に遺憾であるとの意見に署名していることなどから、Yは複数の猫を飼育し猫の糞尿などによる悪臭を発生させて多数居住者の生活に支障を生じさせているとした。

コメント

本件マンションは中庭が吹き抜け構造になっており、中庭に面した本件建物の窓などを通じて猫の糞尿の臭気がマンション中に漂っていると考えられたようである。悪臭の原因や臭気測定などはされておらず、Ｙもその点を反論したものの、本人訴訟（代理人がいない）だったことも影響したと思われるが、管理組合の主張が一方的に認められた事例である。ペットの事件は小さな事件であることもあり臭気測定など科学的証拠の取得はＸ・Ｙどちらにとっても負担となるので難しく、事実上、多数決で判断される傾向が強いといわざるを得ない。特に集合住宅や住宅密集地での近隣トラブルにおいては、近隣住民の生活の平穏という利益を考えると、いかに数を味方につけられるかが大きいといわざるをえないのが現状である。

〔３〕マンション購入時のペット飼育可否についての説明で分譲業者の責任肯定

福岡高判平成17年12月13日　消費者法ニュース67・191
（大分地判平成17年５月30日　判タ1233・267）

概要

≪事案の概要≫　新築マンションの分譲にあたり、マンション販売業者Ｙ従業員Ａは、当初、ペット飼育禁止という説明をしてＸ１に販売し、その後、Ｘ１の了解を求めることなく、ペット飼育可能という説明をしてＸ２、Ｘ３らに販売したところ、マンション完成後の管理組合総会で、動物飼育禁止条項を盛り込んだ管理規約等が承認され、説明会当日時点でペットを飼育している住民にのみ当該ペット一代限りの飼育を認める決議がされた。このため、マンション販売にあたってＡの説明等が、不法行為または債務不履行にあたるとして、Ｘ１は、一代限りでもペットが飼育されるのは耐えられないとして慰謝料を、Ｘ２は、飼育できないことになった点の慰謝料と新たな犬の購入費用を（説明会後総会決議前に犬が死亡して新たな犬を購入していた）、Ｘ３は、ペット飼育可能と聞いて購入したのに今後ペットを飼育できなくなったことの慰謝料を、それぞれ請求した事案である。

≪判決の概要≫　一審判決は、マンション販売業者には、購入希望者との売買契約にあたり、少なくとも購入希望者がペット類の飼育禁止、飼育可能のいずれを期待しているのか把握できるときはこうした期待に配慮して将来無用なトラブルを招くことがないよう正確な情報を提供するとともに、当初ペット類の飼育を禁止するとして販売し、後に（管理規約案に飼育禁止の条項がないなどとして）ペット類の飼育を可能として販売する場合は、先の入居者（非飼育者）と後の入居者（飼育者）間のトラブルが予測できるのだから、先の入居者に対してその旨を説明して了解を求めるべき信義則上の義務を負うとして、Ｘ１に単にペット飼育禁止と説明した行為、Ｘ２に将来ペット類飼育につき住民間でトラブルが発生したり、飼育できなくなる危険性の説明を怠り漫然飼育できると期待させたＡの行為はそれぞれ不法行為（民法709条）を構成するとして、Ｙの使用者責任（民法715条１項）を認め、他方、Ｘ３については、契約にあたり飼育可能という説明を受けた事実は認められないとして請求を棄却した。控訴審判決（本判決）もこれを支持した上で、Ｘ１には慰謝料30万円、弁護士費用として５万円、Ｘ２には慰謝料70万円、新たな犬の購入代金11万5,000円、弁護士費用として８万5,000円を損害として認めた。

コメント

販売業者が販売途中でペット飼育の可否について方針変更した場合、飼育禁止を確認して購入した者と、飼育可能を前提として購入した者それぞれに対する説明義務違反を認めた事例である。ただし、将来飼育したいというＸ３については認められていないことから分かる通り、説明時点で飼育への具体的な期待の表明が必要である。いずれにしろ集合住宅においては、たとえ飼育が許されていてもいつ禁止されるかは分からない。ペット飼育者としてはマンション購入にあたり、最悪の事態を考慮せざるを得ないのが現状といえる。飼い主のマナー向上や終生飼育（動物愛護法７条４項）の覚悟が何よりも大切であるとはいえ、著者としては、飼育を禁止されれば飼い主が転居先を見つけない限りペットは捨てられる運命にある実態を考えると、ペット飼育が法的利益としてもう少し尊重されることを期待したい。

〔4〕飼育禁止への規約変更に飼育者の承諾は不要とした

東京高判平成６年８月４日　判時1509・71、判タ855・301
（横浜地判平成３年12月12日　判時1420・108、判タ775・226）

≪事案の概要≫　７階建て居住用マンションで、７階居住の区分所有者Ｙ（控訴人）は、入居当初から犬（イングリッシュ・ビーグル種。中型のメス。以下「本件犬」）を飼育していたところ、管理組合の総会決議で、犬、猫、小鳥等のペット・動物類の飼育を禁止する旨へ管理規約が改正され、管理組合ＸがＹに飼育禁止を求めた事案である。

≪判決の概要≫　一審判決は、次の通り、規約の有効性を認めた上でＹの同意は不要とした（区分所有法31条１項後段により、規約の変更等が一部の区分所有者の権利に特別の影響を及ぼすべきときはその承諾を得なければならないとされている）。控訴審判決（本判決）もこれを支持して控訴を棄却した。すなわち、マンションなど共同住宅では居住者による動物の飼育でしばしば住民間に深刻なトラブルが発生すること、規約で飼育を禁止しているマンションが多いこと、飼育可のマンションは話題となってマスコミが取材に来るほど稀少であること、飼育可の規約を持つマンションでは飼育方法など詳細な規定を設けていること、共同住宅で他の居住者にまったく迷惑をかけないよう動物を飼育するには防音設備を設けたり集中エアコンなどの防臭設備を整備するなど構造自体相当の設備をした上でルールを設ける必要があることから、現在のわが国の社会情勢や国民の意識等に照らせば全面的な飼育禁止も有効とした。

また本判決では、マンション内のペット飼育は、一般に他の区分所有者に有形無形の影響を及ぼすおそれのある行為なので一律に共同の利益に反する行為として管理規約で禁止することは区分所有法が許容していると解して、具体的な被害の発生がなくても動物飼育を一律に禁止できるとした。Ｙの承諾を要するかについては、「飼い主の身体的障害を補充する意味を持つ盲導犬の場合のように何らかの理由によりその動物の存在が飼い主の日常生活・生存にとって不可欠な意味を有する特段の事情がある場合」には特別の影響を及ぼすべきときにあたるが、ペットなどの飼育は飼い主の生活を豊かにする意味はあっても飼い主の生活・生存に不可欠ではなく、本件犬はあくまでペットであり、犬の飼育がＹの長男にとって自閉症の治療的効果があって（Ｙは入居当初このことをＹに強調していた）専門治療上必要であるとか、本件犬が家族の生活・生存にとって客観的に必要不可欠の存在であるなどの特段の事情はないとしてＹの権利に特別の影響を与えるものではないとした。

コメント

本判決は、①動物飼育を一律禁止する管理規約の有効性を認め、②規約改正により飼育禁止規定を新設する場合、改正前からの飼育区分所有者の同意は不要とした。飼育動物を飼えなくなることは何ら飼育者の権利に特別の影響を及ぼすとはいえないとしたのである。ただ本件では、分譲時の入居案内に「動物の飼育はトラブルの最大の原因なので一応禁止する」という内容で動物飼育禁止が謳われており、それを知って入居したことも判断に影響していると思われる（飼育禁止の規約はないものの、飼育禁止は入居者の共通認識だったと推認されている）。

裁判はその当時の社会情勢や国民の意識を前提として判断されるものです。ペット飼育禁止への規約変更に飼育者の承諾は不要とした平成６年判決当時に比べ、昨今のペット事情はだいぶ異なってきています。平成18年の首都圏での飼育可能な分譲マンション普及率は70パーセントを超えました（株式会社不動産経済研究所調査）。また、平成27年度の全国犬猫飼育頭数合計は約1,979万1,000頭（一般社団法人ペットフード協会調査）と、15歳未満の子どもの数（総務省統計局、平成27年４月１日現在で1,617万人）より多い状況です。さらに、国交省関連の検討会でまとめられた個人住宅の賃貸流通の促進に関する検討会報告書（平成26年）によると、賃貸住宅希望者のうち８割以上の者が「多少費用がかかってもこだわりを優先したい」項目として「ペット可であること」を挙げています。平成24年動物愛護法改正により、ペットの終生飼養義務が飼い主の法的な責任とされました。このような実情にかんがみ、いかに多数決原理が優先されるマンションでも、動物嫌いの人やアレルギーの人がいるからという一事をもって、ペット飼育を全面的に一律禁止するのは、不合理といえる時代になってきているのではないでしょうか。

〔5〕近隣に迷惑なアパートでの犬の飼育が契約更新拒絶の正当理由にあたる

東京高判昭和55年8月4日　判タ426・115
（東京地判昭和54年8月30日　判時949・83、判タ400・174）

概要

≪事案の概要≫　鉄筋コンクリート5階建てアパート（21世帯入居）の4階の一室に居住する賃借人Y（控訴人）が、賃貸人X（被控訴人）の承諾なく、ベランダの鉄柵にプラスチック製のトタン板を張って周囲を覆い、犬2匹（シェパード種とスピッツ種）を飼い始めたところ、Yの部屋付近の5世帯の入居者から、犬の毛が飛散して洗濯物に付着する、ハエなどの虫が集まる、犬やその糞尿の悪臭がひどく戸も開けておけない、犬の糞便で配水管が詰まる、犬の吠え声に子どもが驚くなどの被害が発生し、Xに苦情が寄せられたため、Xは、Yに飼育中止を再三申し入れたがYが聞く耳を持たなかったため、Xは、Yとの賃貸借契約（以下「本件契約」）期間満了に伴い更新拒絶を行い、部屋の明渡しを求めた事案である。

≪判決の概要≫　一審判決は、これら（事案の概要）の経過事情のほか、本件契約には、部屋における危険、不潔、その他近隣の迷惑となる行為があれば解除できるとする条項があることなどを考慮して、Xの更新拒絶には正当事由があると認めた。これに対して、Yが上記のような契約条項は借家法6条（現借地借家法30条に該当する、賃借人に不利な特約を無効とする規定）、民法90条（公序良俗に反する法律行為を無効とする規定）などに違反するとして控訴した。本判決は、Xの更新拒絶は、ベランダでの犬2匹の飼育によって付近居住者に犬の糞尿、吠え声などによる被害を発生させ多大の迷惑を及ぼし、Xから飼育中止を再三求められたにもかかわらず頑なにこれを拒んだことが理由であるから、他の居住者に静穏な住居を供給すべき義務を有するXは、契約条項の有無にかかわらずなし得るものであるし、また、本件のような共同住宅では賃借人相互間においても、危険、不潔その他近隣に迷惑を及ぼす行為は現にこれを慎まなければならないことはいうまでもないから、Xがこの実行を確保するために本件のような条項を設けることは当然なし得るとして、Yの控訴を棄却した。

コメント

一般に、借地借家契約においては、賃貸人からの、期間満了による更新拒絶の正当事由はなかなか認められない。本件契約に明確な飼育禁止条項はなかったようだが、仮に飼育禁止条項があっても、飼育方法に何ら問題がなく他の居住者の迷惑になっていなければ、契約違反だけを理由に更新拒絶が認められるのは難しい。本件では、飼育に起因した糞尿や吠え声、悪臭などの被害が他の居住者に発生していること、再三の申し入れにも何ら応答しないことを重視し、これら諸事情が更新拒絶の正当事由足りうるとしている。契約期間中の解除の場合における、信頼関係破壊事由の判断とほぼ同じと考えてよいと思われる。

〔6〕タウンハウスでの猫への餌やり禁止

東京地立川支判平成22年5月13日　判時2082・74

概要

≪事案の概要≫　動物の飼育禁止規約がある、10個の区分所有建物から成るタウンハウス（西洋長屋タイプの集合住宅）の管理組合Ｘ１が、区分所有者Ｙに対し、①管理規約違反に基づく猫の飼育禁止（差止請求）、②不法行為に基づく損害賠償（弁護士費用）を求め、住民ら（Ｘ２）が、人格権侵害に基づく、③猫の飼育禁止、④慰謝料及び弁護士費用の損害賠償を求めた事案である。

≪判決の概要≫　本判決は、本件は、区分所有法の適用があるタウンハウスでの猫の飼育または餌やりの問題であるとした上で、上記①については、(イ)屋内飼育の猫１匹及び住みかまで提供し飼い猫の域に達している(ロ)屋外飼育の猫４匹について、「他の居住者に迷惑を及ぼすおそれのある」動物飼育を禁止した規約に反すること、(ハ)「飼育の程度に達していない」野良猫への餌やりは、迷惑行為を禁止した規約に反することから、タウンハウス敷地及びＹ専有部分内において猫に餌を与えてはならないとし（動物愛護法44条２項に鑑み、上記(イ)(ロ)の猫への餌やり禁止はあくまで敷地及びＹ区分建物内に限定）、上記③（住民からの人格権侵害に基づく差止請求）については、上記(ロ)(ハ)の猫について、糞尿、ゴミの散乱等、毛、騒音、物品の破損、猫除けの設備の破損等の被害があり、Ｙは、野良猫に餌やりを行えばそれらの猫はその場所に居着いてしまうことを知っていたのに、再三の申し入れを拒否し、管理組合の総会のほとんどを欠席し（一戸建て住宅以上に話し合いが求められる）、活動を継続して、住民らの人格権を侵害したとして、敷地での飼育禁止を認めた。上記②④（損害賠償請求）については、Ｘ２については、上記(ロ)(ハ)の猫への餌やりについて、受忍限度を超える違法なもので、故意過失に欠けるところもないとして、慰謝料（距離関係によって各５万円または各８万円）の他弁護士費用の一部（損害額の２割）を、Ｘ１については、弁護士費用の一部を認めた。

コメント

本件ではＹは猫への餌やりは地域猫活動*であると反論したが、本判決は、Ｙには地域猫活動の要点についての理解不足により至らない点が多々あるとして、正当な地域猫活動とは一線を画すものであるとした。野良猫への餌やりでもペット飼育の場合でも同じであるが、苦情が寄せられた際、どのような善処策を行ったかが大事なポイントである。住宅密集地でのペット飼育等では、飼い主の無責任な飼育方法でペットが嫌われないよう、周囲の理解を得られるような飼い方をすることが飼い主（世話をする者含め）の責任である。

* 地域猫活動は、地域住民と飼い主のいない猫との共生をめざし、不妊去勢手術を行ったり、新しい飼い主を探して飼い猫にしていくことで、将来的に飼い主のいない猫をなくしていくことを目的としている。（平成22年環境省「住宅密集地における犬猫の適正飼養ガイドライン」より）

〔7〕飼い犬の鳴き声による慰謝料請求を認容

東京地判平成21年11月12日　ウエストロー

概要

≪事案の概要≫　都内首都高速道路沿いに建つ築30年近い13階建てマンション（以下「本件マンション」）の７階一室（704号室）を所有し家族４人で暮らしているＸが、隣室（703号室）を所有し居住しているＹ飼育の犬２匹（ダックスフンド種。以下「本件犬」）の鳴き声による騒音のため平穏な生活が侵害されたとして、Ｙに対して、本件犬の殺処分、慰謝料等の支払いを求めた事案である。

≪判決の概要≫　本判決は、本件マンションの規約に基づく使用細則で、他に迷惑または危害を及ぼすおそれのある動物飼育を禁止する旨の定めがあること、本件マンションの管理組合がYに対し、本件飼い犬の鳴き声及び臭いで迷惑しているとの苦情が寄せられているので飼育方法を改善するよう書面で数回（約2年の間に3回）求めたが改善がないこと、X居宅で測定した本件犬の鳴き声が48.1デシベル～59.7デシベルであること（ただし、特に大きいとは評価されていない）などの事実から、一定程度本件犬の鳴き声があったこと、及び、Xが犬の鳴き声に対して好ましい感情を抱いていないことなどが推認されるとして、1年弱という飼育期間（Yが本件マンション10階から703号室に引っ越してきてからの期間）などを総合して勘案し、Xの精神的苦痛に対する慰謝料としては5万円、弁護士費用相当損害金としては1万円を認め、Yに対して、合計6万円等の賠償を命じた。

コメント

管理組合ではなく、隣人である所有者の一人が直接原告（X）となって訴えた事例である。裁判では、Xから、本件マンションの他の住民の陳述書も提出されたが、犬の吠え声が聞こえたことがある、という程度の内容であり、本件マンションの立地などから考えても、おそらく管理組合として訴訟提起を行うことまでの決議は得られなかったものと思われる。Xが求めた犬の殺処分（飼育禁止と読み替えるとして）については、本件訴訟提起後、Yの長女が本件犬とともに転居したことから、Xが請求を取り下げたようである。

〔8〕飼育禁止を知りながらのマンションでの飼育は不法行為にあたる

東京地判平成19年10月4日　ウエストロー

概要

《事案の概要》　450世帯以上が暮らす地下1階・地上14階建て大規模マンション（以下「本件マンション」）の一室（以下「本件建物」）を所有して居住するY1、Y2は、犬（以下「本件犬」）を飼育しているが、本件マンションの管理規約に基づく使用規則（以下「本件規則」）では、「居住者に迷惑または危害をおよぼす恐れのある動物を飼育すること（ただし、盲導犬・聴導犬・介護犬*及び居室のみで飼育できる小鳥・観賞魚は除く）」が禁止されている。本件マンション管理組合Xが、Yらに対し、犬の飼育禁止及び不法行為に基づく損害賠償（弁護士費用）を求めた事案である。

≪判決の概要≫　本判決は、本件マンションのペット飼育禁止について、平成８年新築分譲当時頃から本件規則があったものの、ペット飼育者が相当数存在し、Ｘでは一代限りの飼育容認について審議されたこともあったが否認され、結局、２年間の猶予期間を設けて動物を手放すことと決まった経緯があり、団体自治のルールの中で区分所有者の多数の意思によりペット飼育禁止が確認されてきたとして、Ｘの飼育禁止を認めた上で、Ｙによる犬の飼育開始は上記２年間の猶予期間が終了した後であることなどから、このような時期にあえて犬の飼育を開始したのは、他の区分所有者との間で軋轢を生じさせ、訴訟を含めたトラブルに発展するであろうことは十分に認識し得たといえ、飼育開始後複数回に渡り飼育を終了させるよう勧告等を受けたにもかかわらず飼育を継続したＹらの行為はＸに対する不法行為に当たるとして、弁護士費用相当額（30万円）の支払いを命じた。

＊ 判決文中の「介護犬」は「介助犬」の誤りと思われる。

コメント

本判決やこれに類する集合住宅でのペット飼育をめぐる裁判例を見ると、飼育禁止を熟知し、飼育中止などを促されても飼育継続すれば不法行為を構成する可能性が高いことがわかる。本件犬の種類や飼育状況などは不明だが、判例は、具体的な迷惑等の発生は不要で、抽象的なおそれで足りるとしている（前出〔１〕、〔４〕事例参照）。近年、新築マンションではペット飼育可の物件が増えているが、残念ながら、そのような物件でも大型犬の飼育は禁止されていることが多い。ペット飼育者とそうでない者との住み分けが進んでいるような傾向もみられるが、本来、集合住宅や住宅密集地ではペットを含む他者との共存・共生への知恵の出し合いこそ重要ではないかと思われ、このような傾向については、若干の懸念を感じる。

〔9〕マンションでの犬猫飼育の禁止を認容

東京地判平成19年1月30日　ウエストロー

概要

≪事案の概要≫　前出〔8〕事例と同様のマンションで、同様の理由により、管理組合Xが、犬又は猫を飼育している所有者（居住者）3名（Y1〜Y3）に対し、それぞれの飼育禁止を求めた事案である。

≪判決の概要≫　特にY1は、①Y1飼育の犬（ボーダー・コリー種。中型の牧羊犬）は「居住者に迷惑又は危害を及ぼすおそれのある動物」ではない、②精神科に通院するY1妻の治療のため病院から勧められて飼育したもので補助犬に準ずる、③「居住者に迷惑又は危害を及ぼすおそれ」は具体的に判断されるべきで、集合住宅でのペット飼育容認の国民意識が6割を越えていることや何ら被害が生じていないことなどに照らせばXの請求は権利濫用であると反論したが、本判決は、上記①について、マンションの団体自治による規則としての性質に鑑み、Xでの本件動物禁止条項の解釈が問題であるところ、過去、飼育中のペット一代限りの飼育容認についての審議が承認14名、否認340名の多数で否決され、2年間の猶予期間後に飼育禁止となり、Yらはペットを飼育しない旨の誓約書に署名したなどの経緯からすれば、Xでは犬猫は一律に居住者に迷惑又は危害を及ぼすおそれのある動物に該当するとの解釈がとられてきたとし、上記②について、補助犬除外の趣旨は、使用者の必要性という観点だけでなく、補助犬が必要な訓練を受け、他人に迷惑を及ぼさない能力を有するという許容性の観点を踏まえたものであるところ、Y1の犬がこのような訓練を受けたとは認められず、Xにおいてそのような解釈がされた前例もないとし、上記③について、近年ペット飼育可のマンションが増加していることは理由にならず、Yら以外のペット飼育者は猶予期間中に転居、ペット死亡などにより現在飼育をしていないのだから権利濫用とはいえないとして、いずれも斥け、Yらにそれぞれのペット飼育の禁止を命じた。Y1及びY2（猫の飼育者）が控訴したが、棄却された（東京高判平成19年6月28日）。

本件では特に飼育方法に問題がなかったと思われるボーダー・コ

リーや屋内飼育に徹している小猫の飼育が認められないという厳しい判断が下された。ペット飼育が問題となった場合、マンションにおいては多数決原理が作用するため、アパート（賃貸）以上に厳しい判断となることが多い。Ｙらが、猶予期間後は飼育しないという誓約書に署名したことが重視されたのは間違いないと思われる。本章〔19〕事例についてもいえることだが、署名には慎重を期すべきである。なお、補助犬とは、身体障害者補助犬のことであり、具体的には、盲導犬、介助犬、聴導犬のことである（身体障害者補助犬法）。

〔10〕禁止規約に違反して犬猫飼育のおそれがあるとして飼育禁止を求めた管理組合の請求を認容

東京地判平成18年２月22日　ウエストロー

概要

≪事案の概要≫　地下１階・地上14階建て大規模マンション（以下「本件マンション」）の管理規約に基づく使用細則で、観賞用小魚又は小鳥以外の動物を飼育することはできない（ただし身障者が補助犬等の動物飼育を希望する場合は認める）（以下「本件規定」）とされているため、管理組合Ｘが、一室を所有して居住しているＹ１（反訴原告）に対しては犬の飼育禁止を、同様にＹ２（反訴原告）に対しては犬又は猫の飼育禁止をそれぞれ求めた事案である。

≪判決の概要≫　本判決はまず以下の事実を認定した。すなわち、本件マンションでは飼育禁止にかかわらず相当数の居住者がペットを飼育し、他の居住者からＸに苦情が寄せられる度にＸは違反者に対し飼育中止の勧告をしたが応じない居住者も多かったため、飼育に反対する者と飼育居住者との意見交換会の開催、全居住者へのアンケート実施（飼育反対が７割以上）などを行った上、Ｘは、「ペット飼育禁止改訂の是非の件」、これが否決された場合に「ペット飼育を終了させるための措置の件」を議題として臨時総会を開催したところ、ペット飼育禁止改定案は否決され、Ｙら飼育者には６か月の猶予期限を設けて飼育を終了させるなどの措置をとることが可決されたが、Ｙ１は、期限に飼育終了届を出したものの期限後もペットが目撃され、これに対してペットを娘に譲渡したが一時預かりまでは禁止されていないなどとして争い、Ｙ２は、応答しないまま期限経過後やはり猫飼育が目撃されたためＸが本訴を提起した。その上で、本判決は、総会決議手続等に違反はない（Ｙらの、違反しているという主張に対して)、Y１の犬、Y２の猫飼育のおそれについて、他のペット飼育居住者が決議後ペットを手放す或いは引っ越したことに鑑み、Yらの行為は不誠実で遵法意識に乏しく、今後も飼育のおそれがあると認め、本訴提起は不法行為にあたらない（Yらの、本訴提起により精神的苦痛を被ったなどの反訴請求に対して）として、Y１に犬の飼育、Y２に猫の飼育の各禁止を命じた。

コメント

飼育禁止規約が半ば空文化したマンションで、改めて飼育禁止が確認、飼育中止が決められた事案である。ある程度の規模以上のマンションでは、本件のように、飼育賛成派、反対派、無関心派がいるのが通常で、反対派が役員に就任したり何らかの事件（マナーの悪い飼い主の存在や咬傷事故など）をきっかけに明確に飼育禁止となることが多い。本件では飼育が圧倒的多数で否決されてはおらず、飼育を求める運動がある程度功を奏したと考えられる半面、一代限りの飼育すら認められず、ほとんどの飼育者が決議に従って飼育を終了している。改めて、集合住宅においては過半数を得ることや飼育者が一致団結することの難しさがわかる。本件ではペットと転居した者もいたが、ローンが残っている場合などでは転居は難しいであろう。ペット問題に限らず、集合住宅における合意形成はしばしば不可能ではないかと思われるほど難しく、課題が大きいと感じられる。

〔11〕マンション購入時に飼育希望者にペット飼育可と説明した分譲業者の責任否定

福岡地判平成16年９月22日　裁判所ウェブ

概要

《事案の概要》　マンション販売業者Y従業員Aが、購入希望者Xに対し、ペット飼育は原則禁止だが、他人に危害、迷惑を及ぼさない範囲では問題ないと思われること、この程度の犬なら特段問題はないと思う（Xの飼い犬―小型犬であるパグ種―を実際に見た上で）、などの説明をし、Xはマンションを購入した。現在、マンション管理組合でペット飼育が問題となり、飼育中のペット一代限りの飼育を認めるか、規則遵守を条件に全面的にペット飼育を認めるか総会では採択に至っていない段階であるところ、Xは、ペット飼育が将来にもわたって可能でなければマンションは購入しなかったとしてＹの債務不履行、不法行為、錯誤無効、消費者契約法４条２項（不利益事実の不告知）に基づく取消しなどを根拠にマンション購入代金等の賠償を求めた事案である。
≪判決の概要≫　本判決は、マンション販売業者は、マンション居住者の生活に直接影響を及ぼす管理組合規約の内容等について説明する義務があり、ペットは鳴き声、におい、糞尿、毛等によって他の居住者に迷惑を及ぼすおそれがあるから多数の者が居住するマンションにおいては管理組合規約等により禁止または制限されるのが通常であり、ペット飼育の可否ないしその制限などについても説明する義務を負うといえるが、規約等は管理組合総会で制定、改正されるから、販売業者としては、制定予定の管理組合規約等の内容を説明する義務を負うにとどまり、それを超えてペット飼育の可否についての説明義務までは負わないとしてＹの説明義務違反を否定し、また確かにＸにとってペット飼育の可否は契約の要素となっていたといえるが、Ａの説明内容や、一般にマンションにおけるペット飼育の可否は管理組合規約で定められるもので、議決により変更されうることなどを考慮すると、Ｘに錯誤があったとか、ＹがＸに利益になることを述べたなどとはいえないとして、Ｘの請求を棄却した。

コメント

本件は、前出〔３〕事例の判決の直前に出されたものだが、似たような事案にもかかわらず正反対の結論で、マンション販売業者の責任が否定された。本件では、Ｘは少なくとも現在のペット飼育は可能な状態であり、他方、Ｙ側も当然といえる程度のことを説明したにとどまっていること、Ｘの請求が慰謝料請求ではなく、マンション購入代金であることなど、〔３〕事例との事情の違いを考慮すれば、結論としては妥当なものと考えられる。

〔12〕飼育禁止規約を知りながら入居し飼育継続した行為が不法行為にあたる

東京地判平成14年11月11日　ウエストロー

概要

≪事案の概要≫　管理規約、使用細則（以下「本件規約等」）で、「他の居住者に迷惑を及ぼすおそれのある動物の飼育」が禁止されている７階建てマンション（昭和56年頃建築。以下「本件マンション」）の一室（以下「本件建物」）を購入したＹ１、Ｙ２（共有者）は、入居当初から小型犬（パピヨン種のメス。以下「本件犬」）を飼育しており、間もなく、本件マンション管理組合の理事長（兼管理者）Ｘが、Ｙらに対し、犬の飼育禁止及び不法行為に基づく損害賠償（弁護士費用）を求めた事案である。

≪判決の概要≫　Ｙらは、①本件規約等は動物飼育を一律に禁止するものではなく、迷惑を及ぼすおそれのある動物飼育のみ禁止している、②本件規約等はペットを飼育する基本的人権を無限定に制約するので公序良俗違反で無効、③Ｙらが代理人を立てて協議中であるにもかかわらず飼育禁止を求めるのは権利濫用、などの反論をしたが、本判決は、上記①について、一定の制約はマンションの性質上不可避かつ必要、上記②について、他の部屋の居住者が鳴き声がうるさいと述べ、本件犬の飼育が議題になった臨時総会で47名中46名（委任状26名含む）が飼育に反対したことなどから、本件犬の飼育は抽象的な危険を超えて現実に他の居住者に「迷惑を及ぼして」おり本件規約等に違反する、上記③について、飼育許容を前提に協議していたものではない、などとして飼育禁止を認めた。さらに、Ｙらは入居時、不動産業者及び管理人から、本件マンションでは犬は飼育できないと言われ、入居時には兄に預ける予定と述べるなど、禁止を知っていたにもかかわらず飼育継続していること、圧倒的多数で本件犬の飼育が否決されたことからすれば、Ｙらの飼育継続は不法行為にあたるとして、Ｙらに対し、飼育禁止と弁護士費用相当額（40万円）の賠償を命じた。

コメント

新しく引っ越してきたＹ一家が、ペット飼育禁止のマンションであることを熟知しながら小型犬飼育を継続し、入居から１年を超えた頃の臨時総会でＹを除く全員の賛成で訴訟が提起され、ペット飼育禁止のほか、Ｙに不法行為責任が認められた事例である。判決文からは他の居住者の飼育の有無など詳細な事情は不明だが、Ｙを除く全員がＹの飼育に反対したこと、入居後間もない時期からＹの飼育が問題視されていたこと、小型犬特有の鳴き声が早朝深夜に及んでいたことなどから、共同の利益に反するとされるのはやむを得ないであろう。禁止を知りながらの飼育継続が不法行為を構成するおそれが高いという現実については、マンションでペットを飼いたい者は注意を要する。

〔13〕ペット飼育可のアパート退去にあたっての原状回復の程度について

東京簡判平成14年９月27日　裁判所ウェブ

≪事案の概要≫　鉄筋コンクリート５階建てマンションの一室をペット飼育可で賃借していたＸが、契約解約により建物明渡し後、敷金を返還しない賃貸人Ｙに対し、敷金41万7,000円の返還等を求めた事案である。

≪判決の概要≫　Ｙは、「室内のリフォーム、（中略）、ペット消毒については賃借人の負担でこれらを行うものとする」という特約事項があること、この特約は、ペット飼育による衛生等の問題から挿入された合理的なもので、ペットの飼育を認めることで近隣の他の賃貸マンションの賃料相場より高いという事情もないから、本件ではこの特約を当てはめることに問題はないとして、クロス張替え料金、玄関鉄ドア交換費用、専門業者に依頼したペットクリーニング費用等合計50万745円の原状回復費用をＸが負担すべきであると主張したが、本判決は、確かに「ペット消毒」は、匂いの付着や毛の残存、衛生の問題等があるのでその消毒のためにこのような特約をすることは合理的で有効だが、「室内のリフォーム」費用負担の合意については、借地借家法の趣旨等に照らして賃借人に不利益な内容の合意で無効であるとした上で、Ｘがチワワ（小型犬）を飼育した期間が１年７か月強と短期間で主にケージ内で飼育していたことなどからペット飼育による消毒のためであればクロス張替えまでは必要がないとして、専門業者によるペット消毒費用５万円、煙草のこげ跡の修理費用（賃借人の故意、過失による建物の毀損や、通常の使用を超える使用方法による損耗などと評価できる）のみＸ負担とし、Ｙに対して、これらを控除した35万7,360円等の支払いを命じた。

コメント

　ペット飼育可物件の明渡時に賃借人がどこまで原状回復費用を負担するかについて参考になる事例である。建物明渡し時の原状回復義務について、昨今、賃借人の居住、使用によって通常生ずる建物の損耗についての回復までは求められないという理解が大分定着し、これに反する賃借人に不利益な合意は無効とされるようになってきた。本件では、専門業者に依頼するペット用クリーニング費用を賃借人負担とする合意は有効とされた。仮に、ペットが建具を壊したり、壁に傷やシミをつけた場合、別途修復費用がかかればそれを賃借人が負担するのは当然である。ペット飼育可物件では敷金が通常より高く設定されていることが多いが、賃料も相場より高く設定されている場合は、その点も加味して検討されることになる。

〔14〕飼育禁止特約のあるアパートでの中型犬飼育で契約解除を認容

京都地判平成13年10月30日　裁判所ウェブ

概要

≪事案の概要≫　動物飼育禁止特約（以下「本件特約」）のあるアパートで、賃借人Ｙは、管理会社の担当者の承諾を得た上で、中型犬（８歳のオスのシェットランド・シープドッグ種）を飼育していたところ、飼育を知った賃貸人Ｘが管理会社を通じて犬の飼育をやめるよう申し入れたがＹが応じなかったので、Ｘが賃貸借契約を解除し、部屋の明渡しなどを求めた事案である。

≪判決の概要≫　本判決は、管理会社の担当者がＹとの賃貸借契約締結の代理権限を有し、かつ、犬の飼育について承諾を与えたことは認めたが、管理会社は担当者に犬の飼育を許可する権限を与えてはいなかったとして、担当者の承諾には意味がないとした上で、本件特約の趣旨は、「動物が部屋を損傷すること、動物特有の臭いが部屋にしみ込み、これがなかなかとれず、次の賃借人が入居を嫌うこと、近隣の入居者から動物の苦情がきて賃貸人が困ることにある」とし、本件では、近隣でも同種の犬が飼育されていてベランダを開けるとこの犬の鳴き声に呼応してＹの犬が吠えること、犬の掻き傷がそこここに見受けられ犬独特の臭いが感知されること、他の住人から苦情が出ていることをあげ、Ｙの犬は中型犬で、愛玩用の小型犬のように屋内で飼うことに無理がある犬種であり、吠えないような特別の訓練等が施されておらず、鳴き声等に悩む近隣の入居者の苦情や部屋に染みついた犬の臭気や犬の掻き傷によりXが非常に迷惑しているとして、賃貸人・賃借人相互の「信頼関係を破壊すると認めるに足りない事情はない」として、Yに対し、部屋の明渡しなどを命じた。

コメント

本件は飼育中止の申し入れがされてからわずか1か月程度での解除が認められた。しかもY以外のアパートの賃借人も犬を飼育している事情があったのにである。Yが担当者から承諾を得て入居していることや、最近は中・大型犬でも屋内飼育が一般的であることを考えると、賃借人には厳しい判決といえようか。本件出典資料からは詳しい事情が不明であるが、シェットランド・シープドッグは一般的に鳴きやすい犬種で相当量の運動を要することを考えると、飼育方法に問題があり苦情が多いなどの事情があったのかもしれない。賃借人としては、契約書に飼育禁止特約がついている場合、たとえ仲介者が飼育できるといっても、賃貸人に確認して承諾の旨を書面に残すことが重要である。

〔15〕飼育禁止だが許されると思ってマンションを購入、入居したYへの飼育禁止を認容

東京地判平成13年10月11日　ウエストロー

概要

≪事案の概要≫　管理規約に基づく使用細則（以下「本件規約等」）で、小鳥及び魚類以外の動物飼育が禁止されている12階建てマンション（以下「本件マンション」）の一室（804号室）を購入して居住しているYは、入居当初から小型犬（以下「本件犬」）を飼育しており、間もなく、本件マンション管理組合Xが、Yに対し、犬の飼育禁止及び不法行為に基づく損害賠償（弁護士費用）を求めた事案である。

≪判決の概要≫　Yは、①仲介業者からは本件マンションでは犬や猫を飼育している者がいると聞かされ、また、前主も犬や猫を飼育していたと聞かされていたから、飼育が可能と判断したこと、②Y以外にも犬や猫を飼育している居住者がいるのだから本訴提起は不当である、などの主張をしたが、本判決は、上記①について、仮にそのような事実があっ

たとしてもそれは仲介業者や前主との間で解決すべき事柄である、上記②について、仮にそのような事実があったとしても直ちにＹの飼育が正当化されるものではなく、本件マンションにおいて本件規約等（動物飼育禁止）の内容が空文化するほどに犬や猫等の飼育が広汎に行われているとか、Ｘにおいて、違反者が他にいるにもかかわらず何らか不当な目的をもってあえてＹに対してのみ訴訟を提起したというような事情があるとは認め難いとして、Ｘの飼育禁止請求を認め、弁護士費用として少なくとも要する80万円のうち、30万円を相当因果関係のある弁護士費用損害金として認め、Ｙに対して、飼育禁止と30万円の賠償を命じた。

コメント

Ｙ反論事実（仲介業者の説明、他の居住者の飼育）の有無は、特に証拠調べもされなかったようで不明である。飼育禁止のマンションの売買で、販売業者や管理会社などから、「禁止は徹底されていないので飼える」などと仄めかされて購入する例は多い（前出〔３〕事例など参照）。このような場合、販売業者らは、売却したい反面責任回避のため、曖昧に回答したり、問題になれば飼育できないことなどは伝えていることが多い。購入者としては、せめて飼育希望のやりとりなどを書面で残しておく必要があろう。ただし、集合住宅では飼育が許されていても将来的に禁止されるおそれがあることは念頭に置く必要がある。本判決指摘のように、動物飼育禁止規定が空文化するほどに犬や猫等の飼育が広汎に行われている、あるいは、不当目的であえてＹ一人を狙って飼育禁止の訴えが提起された事情がある場合は、いわば濫訴として、飼育禁止請求が認められない場合もあるとはいえる。しかし、実際のところ、他の飼育者の犬や猫が死亡したのを見計らい、いわば特定の飼育者を狙い打ちにして突然飼育禁止を求めるような例も散見されるが、飼育者が規約違反をしている事実とその認識がある以上、実際の訴訟で、不当目的による訴えであることが認められるのはなかなか難しいと思われる。

〔16〕マンションの管理規約でペット飼育不可にすることは権利濫用ではない

東京地判平成10年１月29日　判タ984・177

概要

≪事案の概要≫　低層の老朽アパートが再開発事業により高層集合住宅に生まれ変わり、もともとの住民であったＹら―Ｙ１（柴犬１匹、猫１匹を飼育。訴訟提起後に犬が死亡、猫が転居したためＹ１への請求は棄却された)、Ｙ２（猫１匹を飼育)、Ｙ３（シーズー種の犬２匹を飼育)、Ｙ４（犬１匹を飼育)、Ｙ５（ポメラニアン種の犬１匹を飼育)、Ｙ６（ポメラニアン種の犬１匹を飼育）―が、飼育ペットとともに移り住むことになったが、再開発組合の総会でペット飼育禁止が可決され、新しい管理規約に基づいて規定された使用規則で、小鳥または小魚以外の動物飼育が禁止となり、引越後、飼育禁止に従わないＹらに対し、管理組合Ｘが飼育禁止などを求めた事案である。

≪判決の概要≫　Ｙらは、今になっての飼育禁止は不合理で権利の濫用であると反論したが、本判決は、「集合住宅においては、居住者による動物の飼育によってしばしば住民間に深刻なトラブルが発生すること、他の居住者に迷惑がかからないように動物を飼育するためには、防音設備、防臭設備を整え、飼育方法について詳細なルールを設ける必要があることから、集合住宅において、規約により全面的に動物の飼育を禁止することはそれなりに合理性のあるものであり、ペット飼育禁止を定めた本件使用規則の制定にあたり手続上の瑕疵が認められない以上」Ｘの請求が権利の濫用にあたるとまでいうことはできないとして、Ｙらに対し、飼育禁止等を命じた。Ｘが原状回復費用として請求した弁護士費用については否定した。

コメント

老朽アパートの建て直し時に一代限りのペット飼育を許可することができなかったものかと思われるが、もともとの飼育者や居住者は少数者だったとも考えられ、多数決原理が妥当するマンションではやむを得ないかもしれない。たとえ飼育が許されていても、多数決（変更の場合は区分所有者及び議決権の各４分の３以上の特別決議）によりいつでも規約変更可能であることを考えると、ペット飼育は常に他の居住者の理解を必要とするいわば特別なことといわざるを得ず（補助犬であれば別だが)、集合住宅につきものの悩みである。

〔17〕鳩の餌付け被害による使用貸借契約解除と賠償請求を認容

東京地判平成７年11月21日　判時1571・88

概要

≪事案の概要≫　区分所有者Ｙ２（Ｙ１の母親）から、港区のマンション（以下「本件マンション」）３階一室を使用貸借して居住するＹ１は、平成元年頃から、専有部分のベランダ手摺りに餌箱を取り付けて野鳩に餌を与え始め、同２年頃から、窓を開け室内でも餌やりなどを始めた。本件マンションには、近時は100羽以上の野鳩が飛来し、糞や羽毛が付近の他の部屋のベランダや本件マンション付近の道路、家屋、植木など所構わずにまき散らされ、他の居住者は洗濯物を戸外に干せず、屋根や雨樋に糞がつまって悪臭を放ち、羽毛にダニが発生、鳩の死骸が散乱、ベランダに野鳩が産卵、繁殖期に発する鳴き声が著しいなど、Ｙ１の専有部分を中心とした上下左右の他の区分所有者の平穏かつ清潔な環境が損なわれる状況が生じ、本件マンション付近の他の住民からも管理組合Ｘに苦情が出され、Ｘが、同３年７月に野鳩への餌付け禁止、餌箱撤去などを求めたがＹ１は耳を貸さず、話合いを求めるＹ２の入室も拒絶した。そのため、Ｘが、Ｙ１とＹ２の使用貸借契約解除及びＹ１の退去、損害賠償を求めた事案である。

≪判決の概要≫　本判決は、Ｙ１が数年間にわたり野鳩の餌付け及び飼育を反復継続していること、おびただしい数の野鳩が毎日一定の時刻に飛来し本件マンションの共同生活に著しい障害が生じていること、Ｙ１が話合いを頑なに拒んでいることなどから、Ｙ１の餌付け等は、本件マンションの区分所有者の共同の利益に反する行為であるとした上で、共同生活上の障害が著しく他の方法ではその障害を除去して共用部分の利用の確保、共同生活の維持を図ることが困難な場合にあたるとして、契約の解除及びＹ１の退去を認め、その他、餌付け等を継続すればＸに損害を与えることを遅くとも警告書受領の頃までには知ることができたのに餌付けを続け被害を発生させたとして、Ｙ１の不法行為責任（民法709条）も認め、マンション外壁の鳩糞汚損の洗浄工事費用、弁護士費用等のＸの出費額を考慮して、Ｙ１に対し、200万円の賠償を命じた。

コメント

本件は、ベランダに餌箱を設置し、部屋の中も開放しておびただしい数の野鳩への餌付けを継続する行為がマンション居住者の共同の利益に反するとして、専有部分の使用貸借契約の解除及び明渡しのほか、Ｙ１の行為は不法行為にもあたるとして損害賠償が認められたものである。飼育外動物への餌付けにより周辺住民に損害を与えたとして不法行為の成立が認められた法律構成は、第２章２〔３〕事例と同様のものである。故意又は過失による餌付けといった行為が多数の動物を招き寄せ、糞害、騒音、悪臭などの損害を近隣に与えたという、一般の不法行為責任（民法709条）の問題であり、ペットの保管方法が適切かどうかという問題（民法718条１項）とは次元の異なるものといえる。

〔18〕当初黙認という形で入居したが、飼育禁止特約違反による貸室解除を認容

東京地判平成７年７月12日　判時1577・97

概要

≪事案の概要≫　借家を明け渡すことになったＹ１は、小型犬（ヨークシャー・テリア種）と暮らしていたので、飼育可能な住宅を探し、新築の共同住宅の一室（以下「本件建物」）を借りることにし、賃貸借契約にあたり、契約書には動物飼育禁止特約の記載があったが、仲介会社の担当者（以下「本件担当者」）から、黙認という形で飼育を了承され入居した。３年後、賃貸人がＸに変わり、Ｙ１はＸとの間で新たに契約を締結し直したが、その契約書の中にも動物飼育禁止特約の記載があり、また２年後の契約更新時にＹ１がＸへ差し入れた念書にも「特別許可を受けているもの以外は、犬、猫など動物類は絶対に飼うことはできません。もし飼われた場合即時契約解除となり、または強制退去とする」旨の記載があった。さらに１年後（Ｙ１入居から約５年後）、たまたまＹ１方を訪れたＸの従業員が犬の飼育を発見し、特約違反を理由に契約解除と明渡し、及び連帯債務者Ｙ２に対する解除後の賃料相当損害金を求めた事案である。

≪判決の概要≫　本判決は、動物飼育禁止特約を設けることは合理性があるとした上で、契約書の中で、動物飼育禁止を含む賃借人の注意を要する箇所は赤字で印刷されＹ１は自宅でじっくり内容を確認する時間が

あったこと、黙認とは本来禁止されていることでありそれをＹ１も理解していたとする本件担当者の供述があること、Ｙ１が契約締結時も更新時も契約書訂正の申し出をしなかったこと、賃貸人がXに変更された際Ｙ１が犬の飼育許可の確認をとっていないのは飼育が否定されることをわかっていたからであると推測されることなどから、たとえ他の住民から苦情がなく、飼育方法に何ら問題がなく、各部屋が独立性が高い構造になっていたとしても、特約違反であるとして、Xの請求を認めた。

コメント

通常、この種の事案で契約解除が認められるには、飼育禁止の特約違反だけでなく、他に何らかの信頼関係破壊事由が必要とされるものだが（賃料不払い、近隣からの苦情、話合いの拒絶など）、本件では、当初飼育が黙認され飼育方法に問題がなかったにもかかわらず、特約違反を理由に契約解除が認められた。ただ、本件では契約書や念書に飼育禁止の記載が複数回、それも相当具体的に書かれているにもかかわらず、Ｙ１が、契約更新、賃貸人変更時などに何らの行動にも出なかったことで、飼育禁止を熟知していた点を重視し、結果的に信頼関係が破壊されたと同様の評価がされたものと考えられる。

〔19〕飼育禁止の管理組合規約は有効として、禁止後に飼育を始めた居住者の飼育禁止を認容

東京地判平成６年３月31日　判時1519・101

概要

≪事案の概要≫　前出〔１〕事例と同様のマンション（小鳥及び魚類以外の動物飼育が禁止されているマンション（以下「本件マンション」））で、違反者がいたので、改めて昭和61年の総会で、当時犬猫を飼育中の組合員でペットクラブを設立させ、犬猫一代限りにつき飼育を認める旨決議され、同年７月にクラブ結成、同年８月に申し出から漏れていた１名の追加加入が認められ、以後新規加入を認めず、毎年写真と犬については狂犬病予防注射済証等で個体確認をしていた。区分所有者Ｙら２名は、平成２年７月頃から自宅内で犬を飼育し始め、管理組合Xからの、飼育中止の要請に対し、一度は犬のもらい手を探す旨の書面を差し入れるなどしたが、その後も飼育を継続したため、Xは、同３年５月の総会決議に基づき、Ｙらに犬の飼育禁止等を求めた事案である。

≪判決の概要≫　Ｙらは、ペットクラブの趣旨は共同生活の利害調整を図りペットと共存するものである、平等原則に反し規約は無効などと反論したが、本判決は、クラブ会員でも新たな犬猫の飼育は禁止されていること、ペットクラブの趣旨は、自然消滅を期し厳格な管理の下に発足時の犬猫一代限りの飼育のみを承認するものであるとし、「区分所有者の共同の利益に反する行為」（区分所有法６条１項、同３項）に具体的にどのような事項を盛り込むかは団体の自治に委ねられており（同法30条１項）、本件訴訟提起が決議されている以上犬猫飼育を是認していると認めることは出来ないとして規約（細則）は有効とした上で、Ｙらが再三の飼育禁止の申し入れに応じなかったことは不法行為（民法709条）になるとして、弁護士費用のうちＹ一人あたり各40万円を損害と認め、Ｙらに対し、犬の飼育禁止と損害賠償を命じた。

コメント

　区分所有法が適用される集合住宅では、何よりも住民の共同の利益、住民自治、すなわち多数決原理が優先される。そのため、動物飼育禁止規約（細則）がある（あるいは、新たにできた）以上は、規約の内容がよほど不合理といえない限り、規約の効力が否定されることはない。前出〔４〕事例の後のコラムでも述べたが、最近の事例で正面からペット飼育禁止の規約の有効性が争われたものは見あたらない。今後、社会において、ペットの法的地位、あるいは、飼育者の利益をどう考えるか、国民の意識の変革が見られるかどうか注目したいところである。

マンションでの飼育一律禁止と海外（ドイツ）の状況を考える

今や、マンションでの暮らしは一般的なものとなり、特に都心部ではやむを得ない居住形態ともいえます。それにもかかわらず、飼育動物の種類や飼育方法、経緯などを一切問わず、補助犬を除くペット飼育を一律全面的に禁止するのは、不合理ではないかと思われます。しかしながら、集合住宅でのペット飼育をめぐる一連の裁判例を見ると、現行法の枠内で、一律禁止の違法性を争うのは、相当困難であるといわざるを得ません。

日本民法がお手本としたドイツでは、基本法（憲法）で、国家に動物保護義務が課されています。現在、ドイツ民法では、「動物は物ではない」と明記され、動物保護法では１条（目的）の中に動物の生命保護があげられています*。日本でも、憲法や民法などの上位規範で、動物の命そのものに対する何らかの保護を定めた規定がないと、これ以上の進展は難しいのかもしれないと感じることがあります。

他方で、動物保護と動物飼育利益とは必ずしも連動するものではありません。ドイツでも、マンションでのペット飼育禁止が無効とまではいえないとされているようです**。

〔１〕や〔19〕事例の判決文からは、現在ペット飼育は一般的なものとはいえず、通常の人は動物それ自体を嫌っているという評価が読み取れます。ですから、現行日本法の枠内でも、今後の社会事情の変化により、ペット飼育が当然のものと受け止められるほど一般化すれば、一律禁止は不合理で違法という判断がされるのではないかと考えられます。もちろん、そのためには、飼い主の意識向上が必須であり（犬の飼育を免許制にしているスイスなどの例も参考になるでしょう）、騒音、臭気対策、ペット嫌いの人への配慮といった設備が標準仕様になることも必要だろうと思います。

* 浦川道太郎「ドイツにおける動物保護法の生成と展開」（早法78巻４号195頁）（2003年）

**椿久美子「マンションとペット問題」（日本不動産学会誌19巻４号84頁）（2006年）

〔20〕飼育禁止特約違反の犬の飼育による契約解除を否定

東京北簡判昭和62年９月22日　判タ669・170、判タ706・74

概要

≪事案の概要≫　木造平屋の一軒家（建坪約19平方メートル）で長年内縁の妻Ｙと常時２匹程度の座敷犬（ペキニーズ種）を飼育し居住してきた賃借人Ａが昭和55年に死亡し、Ｙが新賃借人となり、その際の賃貸人Ｘら（相続紛争等で賃貸人として対応した者が何度か交代した）との賃貸借契約書には「…近隣の迷惑となるべき行為其の他犬猫等の動物を飼育してはならない」と印刷文字による記載がされ、同57年の更新時に犬猫の室内飼育禁止の特約が取り決められ、同59年の更新時には契約書に犬猫飼育禁止と記載され、その際ＸらはＹに犬を処分するよう言い、同61年、Ｘらが申し立てた家賃増額と犬の飼育禁止を求めた調停が不調に終わったのでＸらが飼育禁止特約違反などを理由に契約解除と建物明渡しなどを求めた事案である。

≪判決の概要≫　本判決は、飼育禁止特約は「一応有効に成立している」としながら、特約違反を理由に解除できるのは、賃借人が実質的に違反するような行為をし、そのため賃貸借契約関係の基礎となる賃貸人、賃借人間の信頼関係が破壊されるに至ったときに限ると解する（最判昭和50年２月20日参照）故、犬の飼育という形式的な違反だけではなく、さらに実質的に見て借家の経済的価値を損なうような不衛生的害悪を起こすおそれ、または近隣居住者の迷惑となる反社会的行為があったかによるところ、本件は、受胎能力のない愛玩用の座敷犬で、Ｙは犬を月１回風呂に入れ、食事、排泄処理の訓練が行き届いていると推認され、飼育により建物内の柱や畳などが損傷したことはなく、外部とは没交渉に近いので近隣居住者に不快の念を抱かせていることもないこと、子どものいないＹにとって２匹は唯一の慰みで特殊な感情を持っていることが認められるとして、受忍限度を超える被害があるとはいえず信頼関係違背はないとして、Ｘらの請求を棄却した。

コメント

賃貸人からの再三の飼育禁止の要請に応じなかったにもかかわらず、信頼関係の破壊なしとして解除が否定された事例である。所有関係が複雑なX側の事情もあり長年飼育が認められてきたと考えられること、古い一軒家で実質的な迷惑や被害がないこと、Yも犬も高齢であることなどの事情がYに有利に働いたことは間違いない。ただ、前出〔18〕事例などと比較すると、契約書の体裁などから、賃貸人、賃借人が飼育禁止特約を真剣に考慮していたとは考えられないといった違いがあるようである。たとえば本件で裁判所は、昭和55年の飼育禁止特約付き契約書について、「契約書全体を通じて借家人として義務的に遵守すべき事項を例文的に規定したもので、Yの借家環境からして共同生活の秩序を乱す行為として一定の動物の飼育が禁止されることのある集合住宅の場合（公団契約書の例）と異なり、X主張の如く、特殊な条件ないし義務を課したとは到底考えられない」としている。改めて、賃貸人、賃借人双方とも、重要な条項はそうとわかるよう手当てをするなど、契約書の記載の仕方には慎重になる必要があるといえる。

〔21〕猫の飼育方法が用法違反にあたるとして契約解除を認容

東京地判昭和62年3月2日　判時1262・117
（渋谷簡判昭和61年3月20日）

概要

≪事案の概要≫　昭和43年、都内目黒区の2階建て建物の一部（以下「本件建物」）を賃借した洋画家Y（控訴人）が、同45年頃、猫の絵を描くので1匹の捨て猫を飼い始め、その後順次飼育数が増え、同49年頃には8匹に達し、さらに野良猫のために建物の周囲に猫の餌を置き、近隣から賃貸人Xに苦情が寄せられ、Xが契約解除と明渡しを求めた事案である。

≪判決の概要≫　一審判決・控訴審判決（本判決）とも、Xの賃貸借契約解除を認めた。すなわち、本判決は、たとえ猫等の家畜の飼育を禁止する特約がなくとも、飼育によって当該建物を汚染、損傷し、近隣にも損害や迷惑をかけることにより賃貸人に苦情が寄せられるなどして賃貸人に容易に回復し難い損害を与えるときは、家畜の種類及び数、飼育態様及び期間並びに建物の使用状況、地域性などを考慮した上で、居住用目的の建物賃貸借で通常許容される範囲を明らかに逸脱し、信頼関係を破壊する程度に至った場合には、用方違反（用法違反と同義）として解除できるとした上で、Yの飼育が10年近くに渡っていること、同一建物の隣室に他の賃借人が居住し同一敷地内にはX家族も居住していること、

Ｙ自身は昭和58年頃にはよそで暮らし本件建物はもっぱら猫の飼育場所、アトリエなどとして使用していること、猫を放し飼いにして柱や壁などに損傷を生じさせ、不衛生な状態にしていることなどから、居住に付随して通常許容される限度を明らかに超えるものであるとし、また、近隣から苦情が寄せられてもＹが頑な態度をとっていたことなどから、契約当事者間の信頼関係は破綻しているとして、Ｘの請求を認めた。

コメント

本件は、動物飼育禁止特約のない建物賃貸借で、猫の飼育が用法違反に当たるとされ解除が認められた事例である。動物飼育が、居住用建物の使用方法に違反しているかどうかは、衛生面から見た飼育状況が特に重要といえる。本件では、猫が家の内外を自由に行き来出来る状態で放置され、猫による家屋の損傷や衛生害虫（ネコノミ）の発生が見られ、すぐ近くで他の賃借人や賃貸人Ｘが居住しているのに対して賃借人Ｙ自身は居住していないこと（人間が居住できる環境にないことが推測される事情といえる）にかんがみれば当然の判断であろう。騒音や悪臭も問題となりうるが、本件では隣室の居住者が悪臭は気にならないと陳述しており、悪臭の事実は推認されなかった。

〔22〕飼育禁止特約違反の飼育で契約解除を認容

新宿簡判昭和61年10月７日　判時1221・118

概要

≪事案の概要≫　昭和44年、アパート２階の一室（以下「貸室」）を賃借したＹは、犬猫の家畜を飼育してはならない旨の特約があるにもかかわらず、同50年頃から、付近の野良猫に餌を与え始め、アパートの廊下や階段、敷地内などで餌を与えたため、猫がアパートに居着くようになって貸室内に入ることもあり、発情期などの鳴き声がうるさく、糞尿や餌の残り、ネズミの死骸が転がるなど不衛生な状態になり、他の居住者や近隣に迷惑を及ぼしたが、賃貸人Ｘらからの再三の中止要求にも応じず同60年の契約解除通知到達後もこのような状態が続いた事案である。
≪判決の概要≫　本判決は、特約違反を理由に契約を解除できるのは、特約に違反したために賃貸借契約の基礎となる賃貸人、賃借人間の信頼関係が破壊されるに至ったときに限ると解されるところ（最判昭和50年

２月20日参照）、本件では、Ｙが長年野良猫に反復継続して餌を与えていることは飼育禁止特約に違反しているとした上で、他の居住者に迷惑を及ぼし、再三の中止要求にも応じず、契約解除の意思表示がされた後もＹは餌を与えていることなどから、Ｘ、Ｙ間の信頼関係は既に失われているとして、Ｘの契約解除を認め、Ｙに対し、貸室の明渡しと契約終了後の賃料相当損害金の支払いなどを命じた。

コメント

飼育が禁止されていること、他の居住者からも苦情が出ていること、複数の野良猫が自由にアパート内に出入りすることによる騒音、食べ物の残さ、糞尿の放置などによる悪臭、衛生害虫の発生、餌やりの期間などから、解除が認められたのは当然と考えられる事例である。前出〔６〕事例でもそうだが、集合住宅などで動物の飼育が禁止されている場合、自宅内に公然と猫を引き入れることはできないので、どうしても外で餌やりをすることが多くなり、その分、衛生面や騒音、悪臭による近隣への迷惑は余計に大きくなってしまうといえる。

〔23〕無断で鳩舎を建てて100羽以上の鳩を飼育した借家人への契約解除を認容

名古屋地判昭和60年12月20日　判時1185・134、判タ558・81

概要

≪事案の概要≫　木造３階建て店舗併用住宅１戸を借りてスナック・バーを経営し居住するＹが、契約から約２年後、屋上に鳩舎（床面積約16平方メートルの木造２階建て。以下「本件鳩舎」）を建て、レース鳩約100羽を飼育し始め、多数の鳩の鳴き声、臭気等で近隣住民から賃貸人Ｘへ苦情が絶えず、Ｘが契約解除に基づく建物明渡し、本件鳩舎の撤去等を求めた事案である。

≪判決の概要≫　Ｙは、亡くなった当初の賃貸人（Ｘの被相続人Ａ）から飼育の承諾を得ていたなどと反論したが、本判決は、本件鳩舎の規模が大きく、単に観賞用、愛玩用の鳥類を飼育するためのいわば鳥籠程度の工作物とはまったく異なることから、Ａがこのような構造物の設置を無条件で認めるとは通常考えられないこと（契約書には何ら記載がない）、契約から２年以上経ってからの設置であること（Ａ死亡後）などから事前の承諾は否定し、事後の追認についても、家賃の支払方法は振込みで、Y方とX自宅とは約400メートル離れていることなどからXがY方を見廻りした事情もなく追認したとは考えがたいとしてこれも否定した上で、本件鳩舎は（前提として、増築ではなく工作物と評価された）借家建物にボルトで連結され、建物敷地に基礎を置く柱を支えの一部とする点で敷地を利用していることは明らかで、本件鳩舎の規模を考慮すれば敷地利用方法を逸脱しており、現に近隣住民との間で軋轢が生じていることからも、多数の鳩の飼育は愛玩用小動物を少数飼育する場合とまったく異なり居住目的の建物賃貸借契約の内容として当然に許容されるものとはいえないとし、これら一つ一つの違反では解除原因たる背信行為にあたらないと考える余地もあるが、本件鳩舎設置と多数の鳩飼育を総合すれば背信行為といえるとして、Yに対し、本件鳩舎の除去、契約解除に基づく建物明渡しなどを命じた。

コメント

居住者保護の見地から、賃貸借契約においては一般的に、賃借人としての何らかの義務違反（たとえば、動物飼育禁止条項があるのに飼育した）があっても直ちに解除することはできず、相互の信頼関係を破壊する背信事由が必要である（最判昭和39年7月28日判タ165号76頁など）。本件では、賃借人による大規模な鳩舎の無断設置、近隣居住者の生活妨害等を総合的に見て背信性を肯定している。鳩の餌付け等の被害については、管理組合のある集合住宅や本件のような賃貸借物件の場合であれば明渡しを求めることも可能だが（前出〔17〕事例参照）、持ち家一軒家の場合は近隣住民とのトラブルが生じても法的解決は難しいのが現状である。

〔24〕公団住宅での猫の飼育態様悪化で、契約解除を認容

東京地判昭和60年10月22日　ジュリスト852・138

概要

《事案の概要》　昭和34年、住宅・都市整備公団Xの前身である日本住宅公団Aは、Y（一人暮らしの女性）に公団住宅の一室（以下「本件建物」）を賃貸した（以下「本件契約」）。当時の賃貸借契約書には、「小鳥、魚類及び猫以外の動物飼育のみが禁止」されていたので、Yは常時数匹の猫を飼育し、玄関ドアを開放して出入り自由にしていたところ、遅く

とも昭和54年頃から、Ｙの猫の飼育態様が悪化し、本件建物の内部及びその周囲に異様な悪臭が充満し、廊下、階段等に猫の糞尿放置、本件建物のベランダ、窓からの猫の毛の飛散、害虫の多数発生など、近隣居住者に著しい迷惑をかける状態になったとして、Ｘは、昭和59年３月～同60年５月にかけて４回以上に渡り飼育の是正を申し入れたが、Ｙが何ら応じないので、更に２回に渡り書面による是正勧告をしたがこれにも応じないので、同年７月に本件契約を解除し、本件建物の明渡しなどを求めた事案である。

≪判決の概要≫　Ｙが裁判期日に出頭せず反論書の提出もなかったので、自白が擬制され、本判決は、Ｘ主張事実を元に、Ｙの猫の飼育態様は、賃貸借契約書で無催告解除を認める条項である「共同生活の秩序を乱す行為があったとき」にあたること、Ｙが何らかの是正措置を講ずることはもはや期待できないから、賃貸借契約上の信頼関係は既に失われたものといわざるを得ないとして、Ｘの請求を認め、Ｙに対し、本件建物の明渡しなどを命じた。

コメント

公団住宅の発足当初（昭和30年）、「小鳥、魚類及び猫を除く動物を飼育しようとするとき」は承諾制として、猫の飼育は禁止していなかった。猫は原則屋内飼育なので、注意すれば共同生活上支障がないという判断に基づいたようだが、実際は、交尾期の鳴き声、臭気、不衛生などのトラブル、またどのような場合に承諾すべきか判断基準の困難などから、昭和40年度以降は、小鳥・魚類以外の動物飼育が禁止された（池田義和『公団住宅をめぐる管理－ペット飼育等近隣妨害問題を中心として』ジュリスト847号20頁より）。本件では、契約時、猫飼育は禁止されていなかった。飼育それ自体が問題ということではなく、飼育方法が他の居住者の受忍限度を超えるひどさだったという評価に基づく判断である（つまり、許可された飼育でも違法になる場合があるということである）。賃貸借契約においては、飼育禁止特約の有無は決定的な要因にはならない。居住用建物の用法に従った範囲の飼育かどうか、“飼い方”が問われるのである。“飼い方”については、近年、動物愛護法を根拠とした基準（家庭動物基準など）で飼い主責任と飼育方法が厳しく定められており、飼育者は注意が必要である。

〔25〕飼育禁止特約違反でペットショップ２階の居室の契約解除を認容

東京地判昭和59年10月４日　判時1153・176

概要

≪事案の概要≫　Ｘは、旧建物を取り毀し３階建てビルを新築するにあたり、旧建物１階をＸから賃借してペットショップを経営していたＹに、新築ビルの１階部分をペットショップとして賃貸し、これとは別に２階の居宅部分（以下「本件貸室」）もＹに賃貸した。本件貸室の賃貸借契約書には、①本件貸室を住居目的に利用する（居住目的とする用方）、②本件貸室内で犬、猫等の動物を飼育しない、③Ｙが上記①②に違反したときはＸは契約を解除できる、④犬猫等の病気、助産等緊急を要する場合にはＸの承諾を得て本件貸室で犬、猫等を飼育できる、という特約があったところ、Ｙは、間もなく、妻子とともに他に住居を購入して転居し、生活の本拠としては本件貸室を使用しなくなり、その後、本件貸室を犬、猫等の飼育及び飼料、器具等の保管場所として使用したため、Ｘが特約違反による契約解除と明渡し等を求めた事案である。

≪判決の概要≫　Ｙは、Ｘ主張の時期に１度だけ犬の助産のために犬を本件貸室に入れ、このとき猫の飼育をするため猫も本件貸室に収容したが、いずれも緊急を要しやむを得なかったのでＸの承諾を得られなかった事情があるから背信行為と認めるに足りない特段の事情があると反論したが、本判決は、Ｙの用方違反（用法違反と同義）は明らかとした上で、Ｙが犬、猫を本件貸室内に入れたのは１度だけとは認め難く、仮に当時このような緊急を要する事情があったとしても、事前はもとより事後も全くＸの承諾を得ていないこと、Ｘが犬、猫等の飼育を止めるよう申し入れ、止めないと契約を解除する旨の通知をした後も飼育を中止しなかったなどの事情を考えると、背信行為と認めるに足りない特段の事情があるとはいえないとして、Ｙに対し、本件貸室の明渡し及び契約解除後の使用料相当損害金の支払いを命じた。

コメント

本件は、一見、特約違反行為で簡単に解除が認められた事例に見えるかもしれないが、実際は、人が居住せず犬、猫だけが居室内で飼育されていたことが推測され、人の居住の用に供するという用法違反があることが信頼関係破壊の最大要因ではないかと思われる。飼育禁止特約のない〔21〕事例でも、賃借人一家が居住せずに猫の飼育場になっていたなどとして契約解除が認められている。賃貸人としては、居住目的の利用であること、動物飼育が禁止であること、これらが解除原因となることなどの条項を定めておくのが肝要である。他方、賃借人も、本件のような特約があるのなら、事前が無理でも事後に報告を行うなど、信頼関係を維持する姿勢を見せることが重要である。

〔26〕飼育禁止特約違反で契約解除を認容

東京地判昭和58年１月28日　判時1080・78

概要

≪事案の概要≫　賃貸人Ｙ（賃借権確認等請求本訴事件被告・建物明渡し等請求反訴事件原告）からマンションの一室（以下「本件貸室」）を賃借（以下「本件契約」）したＸ（反訴事件被告）が、契約書に「建物内において、風紀衛生上問題となる行為、近隣の迷惑となる行為及び犬猫等の家畜の飼育を禁止する。」旨の特約があるにもかかわらず、本件貸室内で猫を飼育したり野良猫に餌を与えるなどしたため、Ｙが特約違反による本件契約解除を行い、これに対して賃借権の確認を求めてＸが提訴し、Ｙも反訴をした事案である。

≪判決の概要≫　Ｘは、ＹがＸの猫飼育を知りながら４回も契約更新をしたことなどを理由に飼育禁止特約は排除されたなどの主張をしたが、本判決は、一般に猫の飼育自体について非難されるべきいわれはないが、多数居住者を擁する賃貸マンションでは、もし猫飼育が自由に許されたら、家屋内の柱や畳などが傷つけられる、猫の排泄物などのためにマンションの内外が不衛生になる、近隣居住者の中に不快な念を持つ者が出る、転居の際に捨てられた猫が居着いて野良猫化し居住者に被害を与えたり環境悪化に拍車をかけることなどが推測できるとして、飼育禁止特約の有効性を認めた上で、Ｙは４回の更新後に初めてＸの猫飼育を知ったのでＸ・Ｙ間で飼育禁止特約が排除されたことはないとし、Ｘが、敷地内で野良猫に餌を与えたり、修理で本件貸室に入った職人が二度と入りたくないと言うほど悪臭がひどいこと、他の居住者が密かに飼育して転居時に置いていった猫がマンション駐車場に住みついていたがこの猫に餌やりをしていたことなどから、猫飼育及び不衛生な行為を禁止した特約に違反しているとし、また、Ｘは猫の爪切り、排泄物処理はしていたがこれだけでは不十分で、室内での飼育、屋外での餌やりを止めるよう再三の申し入れにも応じなかったこと、Xが契約更新の際、特約の猫飼育禁止の「猫」の字を抹消して飼育が許されたかのような工作をしたことなどから、X・Y間の信頼関係は失われているとして、Yの本件契約解除を有効と認め、Xに対し、建物明渡し及び解除後の使用料相当損害金の支払いなどを命じた。

コメント

本件では、賃借人による契約条項の書換え、賃貸人からの申し入れに応じないなどの個別事情に加え、屋内外での猫の飼育状況がひどく、居住用共同住宅の環境衛生面でも問題が大きいと判断された。建物賃貸借では、賃借人が契約目的（居住用など）に沿った使用方法をしているかどうかは、賃料支払の有無につぐ、信頼関係破壊事由に直結する重要事項といえる。これは動物飼育や不衛生な行為を禁止する特約の有無にかかわらない（特約があれば法律構成としては特約違反ということになるが、特約がなくても用法違反となる）。なお、賃貸人としては、特約違反を発見したら速やかに（遅くとも次の更新時期には）特約違反の是正を申し入れておく必要がある。

2

2．その他の迷惑行為

〔1〕ブリーダー飼育の犬の騒音被害を否定

東京高判平成23年２月16日　判例集未登載
（東京地判平成22年８月30日）

概要

≪事案の概要≫　ワンルームマンション（以下「本件マンション」）１階の賃借人Ｘ（男性）が、隣接する木造住宅１階で小型犬（パピヨン種）の繁殖（ブリーディング）をして暮らすＹに対し、Ｙ飼育の小犬らが、朝、夕の食餌時などに鳴く鳴き声によって精神的苦痛を被ったなどとして不法行為（民法709条）による損害賠償（慰謝料300万円のほか弁護士費用）を求めた事案である。

≪判決の概要≫　一審判決は、敷地境界線上でのＹの犬の鳴き声が、Ｌ５値*60デシベルが上限のところ最大Ｌ５値が70デシベルであること、複数の犬が一斉に鳴き声を上げて規制基準値を超えるのは朝夕の食餌時間など一時的（５分、長くて10分間）であること、Ｘの管理会社を通じて苦情を受けたＹが、Ｙ建物の犬の部屋を二重窓にしたり、窓枠、天井、マンション側の壁などに可能な限りパネル、詰め物、遮音シートを設置、遮音カーテン設置などの防音工事を行い、その結果測定値も規制値をわずかに超える程度（60～65デシベル）にまで改善したこと、犬の鳴き声が気にならないとする近隣住民等もいることなどから、犬の鳴き声が社会生活上受忍すべき程度を超えてＸの平穏な生活を営む権利を侵害していないとしてＸの請求を棄却した。控訴審判決（本判決）も同様に、近隣に与える被害の程度が低いことは明らかで、条例の規制基準違反の程度も軽いこと、新宿高層ビルが建ち並ぶ大通りから少し入った商業地域で他の生活騒音も大きいという地域性、動物の鳴き声による騒音は受け手によって感じ方が大きく異なる半面、不可避的に発生するもので、飼育者が公法上の規制基準を超えていると認識できるようになった後、合理的な期間内に被害防止措置を講ぜず放置していた場合にその騒音が受忍限度を超えるとして不法行為を構成すると解されるところ、Ｙは20年来繁殖を行ってきて（飼育数は常時20匹未満）本件マンションの別の住人から一度苦情が来た以外は苦情がないなどとして、Ｘの控訴を棄却した（Ｘの上告棄却、不受理で確定）。

＊ 東京都環境確保条例では、騒音計の指示値が不規則かつ大幅に変動する場合などには騒音の大きさの値をＬ５値によるとしている。Ｌ５値は、測定時間における指示値の90パーセントの範囲の上限を示す数値。

コメント

規制値（基準値ではない）を超えているが受忍限度内と判断された事例である。受忍限度内とされた要素は、Ｙの先住性、地域性、Ｘの苦情に対してＹが真摯に応対し相当額の費用をかけて防音工事を行い一定の効果を得ていること、小犬の鳴き声は「相当耳障り」（控訴審判決）な鳴き声とはいえ規制値を大きくは超えていないこと、鳴く時刻や時間が限定されていること、早朝深夜ではないことなどである。そのほか、Ｘに賛同する周辺住民がいないこと、Ｘが他の隣人ともトラブルを抱えていることなど、Ｘ側の背景事情も裁判官の心証に影響した可能性は考えられる。本件の関連事件として、本件Ｘが、賃貸会社（民法611条１項の類推適用による賃料減額請求）及び仲介会社（仲介契約の債務不履行解除による原状回復請求権に基づく仲介手数料の返還請求）を被告とした訴訟で、東京地判平成23・５・19（ウエストロー）は、Ｘ主張の犬の鳴き声が受認限度を超えたといえず、居室に瑕疵があるとはいえないとして、Ｘの請求をいずれも棄却した。

〔２〕隣家からの猫の悪臭被害で、賃貸物件の空き室損害を認めた

東京地判平成23年７月29日　ウエストロー

概要

≪事案の概要≫　自宅（一戸建て所有建物）で猫を飼育するＹの隣接土地に、それぞれ一戸建てを所有して居住しているＸ１～Ｘ３が、Ｙ飼育の複数の猫の糞尿などによる悪臭で損害を被ったとして、不法行為（民法709条）に基づく損害賠償及び人格権に基づく悪臭発生の差止めを求めた事案である。

≪判決の概要≫　本判決は、平成15年以降Ｙが複数の猫を飼い、家の内外を自由に行き来させていたので、Ｘら敷地にもＹの猫が侵入するようになり、Ｘらは次第に糞尿やこれに起因する悪臭に悩まされるようになったと認定し、これに対してＹは消臭炭シートと記載された段ボールを購入した以外には、猫の侵入を防ぎ、悪臭を低下・消滅させるような

対策を何らとっていないとした上で、悪臭が受忍限度を超えているか否かは、公法上の基準を超えているかが重要であり、超えていれば特段の事情がない限り受忍限度を超えていると認めるのが相当であるところ、本件では平成22年８月にＸ１依頼の臭気測定士*による測定で、Ｘ１とＹ宅敷地の境界の臭気指数が「15」、同年９月に「17」と判定されており、これは、第１種低層住居専用地域での事業活動によって生じる悪臭の限度とされる基準の臭気指数「10」を大幅に上回り、Ｘ１が悪臭が原因で賃借物件に入居者が入らなくなったと主張する平成22年５月頃には悪臭が受忍限度を超えていたことは明らかで現在も継続中であるとし、事業活動によって生じる悪臭と猫の糞尿による悪臭の受忍限度を別異に扱う理由はないとして、Ｘ２、Ｘ３の居宅敷地とＹ宅地境界でも同様の悪臭が生じていると推認し、Ｘ１について空き室の家賃相当額108万円、慰謝料24万円、弁護士費用として15万円、Ｘ２、Ｘ３について慰謝料各24万円、弁護士費用各５万円の各賠償をＹに対して命じた。

*「臭気判定士」の間違いと思われる。

コメント

Ｘ１の主張をほぼ全面的に認め、空き室損害も認めた事例である。本件ではＹが答弁書を提出したものの、口頭弁論期日に一度も出頭しなかったこと、臭気判定士による測定が２回実施され、ともに規制基準を超えていたことなどが、Ｘら主張が認められた大きな要因と考えられる。従来型の悪臭といえば、工場から排出される特定物質によるものが多かったが、今後はますます本件のような、住宅地域における生活悪臭問題が増加すると思われる。悪臭は感覚公害である。臭いの元となる化学物質が特定していればよいが（工場で特定の化学物質を使っている場合など)、そうでない場合は客観的な評価は難しい。昨今では多くの自治体で、臭気判定士による臭気測定方法である「臭気指数規制方法」が用いられ、複雑多様な悪臭の実態をそのまま反映できるようになってきた。悪臭公害の事例は数が少ないが、損害賠償が認められた事例に、名古屋地一宮支判昭和54年９月５日判時938・９、製菓工場からの甘味臭に関する京都地判平成22年９月15日判タ1339・164などがある。

〔3〕野良猫への餌やりによる糞尿被害が受忍限度を超え違法として慰謝料各20万円

神戸地判平成15年６月11日　判時1892・112

概要

≪事案の概要≫　Ｘ１（女性）は、家主Ｙ１（女性）から、２階建て建物１階を借りて居酒屋（以下「本件店舗」）を営み、本件店舗北隣のＹ３、Ｙ４夫婦自宅を挟んだ建物でＸ２（Ｘ１の息子）と暮らしている。本件店舗西隣の自宅に夫Ｙ２と居住するＹ１は、猫を室内で飼育するほか、自宅周辺でも夫婦で野良猫に餌をやっているため、多数の野良猫がＹ１自宅や本件店舗付近を徘徊し糞尿による悪臭が漂うようになった。Ｘらは店舗経営に支障がある、ストレスによる血圧上昇で通院しているなどとして野良猫への給餌の中止を求め調停を申し立てたが、Ｙらは結託してＸらの行為を非難し餌やりも続けたため、Ｘらが人格権、営業権侵害に基づく損害賠償、名誉毀損に基づく原状回復措置（自宅前、自治会掲示板などへの謝罪広告）などを求めた事案である。

≪判決の概要≫　本判決は、Ｘらが猫嫌いであることを前提とすれば、受忍限度を超えているとし、「自分が野良猫に餌を与えることにより付近に野良猫が集まるようになり、その結果、野良猫の糞尿により猫嫌いの人が大きな不快感を味わっていることを認識できる場合には、野良猫への給餌を中止すべきであり、給餌を続ける行為は、野良猫による被害が受忍限度を超えるものである以上は違法である」として、Ｙ１、Ｙ２夫婦に対して、猫の糞尿による被害についての慰謝料としてＸ１、Ｘ２へ各20万円の賠償を命じた。

また、①Ｘらの調停申立てに対して、Ｙらが「訴え取下げの嘆願書」と題する書面に200名を超える近隣住民らの署名押印を求めたことにつき、Ｘらが根拠もなく一方的に裁判に訴えたという誤った印象を住民らに与える内容で、「その良識が疑われます」など侮辱的表現があるなど、Ｘらの社会的評価を低下させ名誉を毀損するとして、Ｙ１～Ｙ４各自に対しＸ１、Ｘ２へ慰謝料各30万円、②Ｙ１、Ｙ４が、仕事が深夜に及ぶＸらが就寝中であることを知りながら飼い犬（ヨークシャー・テリア種）を通路に出して鳴かせるなどした不法行為について各自に対しＸ１、Ｘ２へ慰謝料各５万円、③Ｙ４が、嫌がらせで音楽や言葉による騒音を発生させた不法行為についてＸ１、Ｘ２へ慰謝料各５万円、④Ｙ１、Ｙ４が、食品業者に働きかけてＸ１に本件店舗で使用する豆腐を売らないようにさせた営業妨害行為について各自Ｘ１、Ｘ２へ慰謝料各10万円、その他弁護士費用などの賠償を命じた。Ｘら主張の営業妨害による売上げ減少は否定した。また、名誉毀損に基づく原状回復措置についても、原状回復措置をしなければＸらの人格的価値に対する社会的、客観的な評価を回復できないとまではいえないとして否定した。

コメント

野良猫への餌やりによる糞尿等の迷惑行為について、不法行為の成立を認めたリーディングケースである。本判決は、猫によるふん尿、悪臭等の被害について、被害者が猫嫌いであることを前提とすれば、受忍限度を超えているとした。ペットの飼い主に対しては動物占有者責任（民法718条１項）が問われることが多いが、本件のように野良猫への給餌の場合、占有者概念の認定が難しく、一般の不法行為責任（民法709条）が追及される例が多いといえる。占有者認定にふみこまず、「餌づけ行為」そのものを不法行為と考えるわけである。本件は、家主を含む近隣２世帯（Ｙ３は元暴力団員という事情もあった）からＸ母子への嫌がらせという背景に、野良猫への餌やりが絡んだやや特殊なケースといえる。なおＸらは訴訟提起後、店舗営業を断念し、他方Ｙ１らは野良猫への給餌を中止した。そのような事情もあり、給餌中止までは求めなかったものと思われる。

〔４〕闘犬の吠え声による被害が受忍限度を超えるとして慰謝料30万円

浦和地判平成７年６月30日　判タ904・188

概要

≪事案の概要≫　平成元年、自己所有建物（木造２階建て共同住宅）の１階に引っ越してきたＸ（妻）と夫は、東側隣地の賃借人である土木建築工事請負会社Ｙ２社長Ｙ１が、昭和58年から趣味で飼育する闘鶏、闘犬（そのほかに囮となる猫を飼育）の鳴き声に悩まされ、闘鶏飼育は止めてもらったが、５頭の闘犬（いずれもアメリカン・ピットブルテリア種）による鳴き声に悩まされた。平成４年頃、野犬が侵入しＹ１の闘犬が吠え続ける事件があって以降、Ｘがさらに強く善処を求めたところ、Ｙ２は、Ｘ地との境界から21センチメートルの所に高さ5.4メートルの工作物（以下「本件塀」）を設置したため、Ｘ宅は日照、通風などが阻害されるとして本件塀の撤去及び犬の飼育禁止などを求めた事案である。

≪判決の概要≫　Ｙは、①Ｘの後住性（危険への接近）、②近隣商業地域、③野犬の進入路を塞ぐなど対応をしたと主張したが、本判決は、上記①について、Ｘ所有は昭和58年より前であるし、平成元年の居住開始時に騒音を知っていたわけではなく後住性は問題にならない、上記②について、閑静な住宅街ではないが住宅密集地で夜間の人口も多い、上記③について、野犬侵入を塞ぐ工事は不十分でいまだ野犬が出入りしうる状況であるとした上で、Ｙ１が趣味で５頭もの闘犬を夜間管理者もいないまま飼育していること、元来むやみに吠えず一定の訓練を施されている犬とはいえ時には深夜にもかなり長時間吠えること、交通騒音などと異なり吠え声は予測が困難であるから吠え声についての被害、被害感は物理的な大きさや時間的な長さだけで軽く考えることはできないなどとして、吠え声は受忍限度を超えるとし、Ｘの損害については、継続期間は約６年と長い反面、経済的な損害（病気治療、家で行う教室に生徒が来ないなどのＸ主張）は認められず、被害内容は日常生活の安らぎを乱され、安眠を妨げられることがあることを主としたもので、それも必ずしも毎日のように具体的な被害があるものでないとして慰謝料を30万円として、Ｙ１にその賠償を命じ、また、本件塀の高さはＸ住宅２階の窓まで完全に覆う高さで、東面からの採光が全面的に奪われて日照が阻害され通風もかなり阻害されていること、防音に効果はなく嫌がらせ目的（加害目的）が疑われ塀の設置は受忍限度を遙かに超えるとして、Ｘの人格権に基づき、地上２メートルを超える部分の本件塀の撤去などをＹ２に命じた。

コメント

都心の住宅地で、夜間管理者も防音設備も整えないまま５頭を屋外飼育するということは、闘犬の気質を考えれば飼育自体に無理があると思われ、Ｘの損害を認めた本判決は当然であろう。逆に、30万円の慰謝料と２メートルを超える部分の塀の撤去しか認められなかった背景には、Ｘ以外の他の近隣居住者の積極的な協力が得られなかったこと、騒音をのぞけばＹ１の犬の飼育に問題が見られなかったこと（むしろきちんと健康管理やしつけをしている）などが影響しているのではないかと思われる。本件と直接関係しないが、動物愛護の側面からは、囮として常に虐待的に飼育されている猫が気にかかる。闘犬飼育における問題点をいくつか提示する事例といえる。

〔5〕犬の鳴き声が受忍限度を超えるとして慰謝料各30万円と賃借人退去の損害を認めた

東京地判平成７年２月１日　判時1536・66

≪事案の概要≫　渋谷区松濤の閑静な住宅地に共同住宅を所有するＸ１は、その一室（302号室）に弟Ｘ２と居住し、また、Ｘ１の息子Ｘ３が賃貸人となり、一室（メゾネット式の102号室）を平成２年から月額賃料160万円でＡに賃貸していたが（居住者は外国人の個人）、平成５年、ＡはＸ１建物と道路を挟んだ向かい住宅に居住するＹ１～Ｙ３ら飼育の犬がうるさいとして５か月の契約期限を残して退去した（Ｘ１共同住宅にはほかにも４室あるが、302号室、102号室のみがＹ宅側に向いている）。Ｙ１は平成２年からオスの柴犬１匹を、Ｙ２は同年からメスのピレニアン・マウンテンドッグ（超大型犬）１匹を、同３年からオスの紀州犬１匹を、Ｙ３は同４年からメスのピレニアン・マウンテンドッグ１匹をそれぞれ飼育している。Ｘ１、Ｘ２は、犬の鳴き声による慰謝料を、Ｘ３は残期間の賃料相当額の損害などをＹらに求めた事案である。

≪判決の概要≫　本判決は、Ｘらが度々Ｙらや保健所へ苦情を申し立てていたのに改善がなかったこと、Ｙらの犬は、遅くとも平成３年１月（Ｙ３の犬は平成４年）から訴訟提起まで連日一定時間断続的に鳴き続け、夜間または朝方にかかることが多かったことなどから、鳴き声は近隣の受忍限度を超えたものであるとした上で、犬の飼い主は、住宅地で飼育する以上犬の鳴き方が異常なものとなって近隣のものに迷惑を及ぼさないよう、常に飼い犬に愛情を持って接し、規則正しく食事を与え、散歩に連れ出し運動不足にしない、日常生活におけるしつけをし、場合によっては訓練士をつけるなどの飼育上の注意義務を負うがＹらはこれを怠ったとして、不法行為責任（民法709条）を認め、Ｙらが現在犬小屋に防音設備を施したこと、犬の鳴き声というより近所づきあいのなさという人間対人間の問題が根本問題であることなどを考慮して、Ｙらに対し、Ｘ１、Ｘ２へ各30万円の慰謝料、Ｘ３へ実際に被った賃料差額の賠償を命じた。

コメント

近所づきあいのない閑静な高級住宅地で飼育される大型犬４頭の鳴き声がうるさいとして騒音被害が認められた事例である。柴犬、紀州犬のオス（いずれも去勢避妊措置の有無は不明）、超大型犬ピレニアン・マウンテンドッグ（グレート・ピレニーズ）２頭である。Ｙ宅の広さや防音状況は不明だが、十分な運動やしつけなどを施さない限り、ストレスにより問題行動を起こすことは想像に難くない。睡眠は人の健康を維持し、生きるために不可欠のものである。そのため、特に住宅街における早朝深夜の騒音は、安眠妨害を招き人格権を侵害する違法性の高い行為と評価される。特に声の大きい大型犬を飼育するには、近隣の理解を得るための近所づきあいが重要である。

〔６〕大型犬の子犬の鳴き声、ふん放置による悪臭、騒音が受忍限度を超えるとして慰謝料各10万円

京都地判平成３年１月24日　判時1403・91、判タ769・197

概要

≪事案の概要≫　賃借人Ｘ１は、賃貸人Ｙから２階建て建物の一部を借りてクリーニング店を経営し妻Ｘ２、長男Ｘ３と居住している。Ｙ一家も同じ建物に居住し、従前から、Ｘら居住部分に面する中庭で小型犬（マルチーズ種）や中型犬を飼育しＸらとの間で何ら問題はなかったが、昭和62年４月頃からＹが中庭で飼育し始めたシェパードの雑種の子犬の吠え声が大きく、Ｘが度々苦情を申し入れても改善されなかったのでＸらが慰謝料を求めた事案である。

≪判決の概要≫　本判決は、一般家庭における飼い犬の騒音（鳴き声）または悪臭による近隣者への生活利益の侵害が違法かどうかの基準となる受忍限度の解釈について、防犯目的が顕著である特段の場合を除き、副次的に防犯目的がある場合を含めて家庭犬の飼育は生活必需性が希薄なので受忍限度を狭く解すべき反面、近隣住民間の立場、態様の相互性、互換性から寛容・円滑な人間関係の形成が要求される点では広く解すべき要因もあるとして、本件は愛玩用で生活必需性は希薄なので受忍限度を狭く解すべき一方、それぞれ先代からの長いつきあいで同一建物で密着して生活し合い共同使用中の中庭での出来事という点で受忍限度は広く解すべきだが、被害状況は、子犬が毎日２回脱糞しＹが直ちに除去しないことも多く、堆積して悪臭を放つこともしばしばで、ハエが発生し

たり臭気が居住部分の室内に漂ったりしてクリーニング店の来客に指摘されることもある状態で、これは受忍限度を超えるとし、Ｙは犬の鳴き声による騒音、糞の放置による悪臭・ハエの発生の解消に真摯に努力しなかった飼育上の違法行為により、Ｘ１及びＸ２夫妻に肉体的・精神的損害を与えたとして、Ｙが昭和55年、同57年に賃借部分の明渡し請求や賃料増額要求をしたがＸ１が拒絶した背景から加害意欲が認められること、他方、Ｘ１にも挑発的な言辞や報復的な行為があること（嫌がらせでＹの娘の入浴中にガスの元栓を閉栓した）、Ｙが既に犬を他に譲り渡し、今後犬を飼育しないと誓約したことなどを考慮して、Ｙに対し、Ｘ１、Ｘ２に対する各10万円の慰謝料の支払いを命じた。Ｘ３については、中庭に面しない部屋で寝起きしていること、何ら被害内容などの主張立証がないとして請求を棄却した。

コメント

騒音・悪臭により近隣者に迷惑被害を及ぼした犬の飼い主責任が認められた事例である。本件紛争の背景には、賃貸借契約解消や賃料額を巡るトラブルがあり、そのためにＹが意図的に嫌がらせとして糞放置や鳴き声放置をしたのではないかとされた一方、Ｘにも、賃貸借のもめ事である上、Ｙ一家への嫌がらせもあったことから、Ｙの責任を認めつつも、被害者１人に対し10万円の慰謝料、Ｘ３の請求は否定する、といったいわば仲裁的な判断になったようである。紛争の実質は犬の飼育方法そのものが争いではないが、どのような事情があれ、飼い主としては近隣に迷惑をかけないような飼育方法を行う義務があることには変わりない。なお、本件については、判タ821・86で判例解説がある。

〔７〕サファリパークの営業停止、動物除去等を求めた住民らの請求を否定

静岡地沼津支判昭和61年３月５日　判タ594・61

概要

≪事案の概要≫　住民らＸが、県内に開園した自然動物公園『ライオン・サファリパーク』（以下「公園」）の動物の放し飼いによって、人格権、環境権が侵害されたとして、公園経営者Ｙ（株式会社）に対し、公園の営業停止、動物除去、施設の撤去等を求めた事案である。

≪判決の概要≫　本判決は、X主張の被害—人格権を根拠とする①水質汚染、②防災対策、③交通渋滞による交通機能阻害等、④環境権を根拠とする良好かつ快適な自然環境や教育文化的環境の破壊—について、次の通り、いまだ人格権侵害はないとして、また上記④の環境権については概念や範囲、権利性が不明確で私法上の差止請求権の根拠にならないとして、Xらの請求を棄却した。すなわち、上記①について、(イ)開園当初の全432頭羽について、家畜伝染病予防法の指定検疫動物は法定の検疫が、それ以外の動物（ライオン等）は自主検疫が行われており、検査制度が整っていること、(ロ)公園には専属獣医師３名、飼育係25名が勤務しすべての動物に「動物登録簿」、「飼育日誌」、「死亡報告」、「病理報告」が作られ、現在まで伝染病死亡例や人獣共通感染症の感染例もなく衛生管理がされていること、(ハ)市との間で排水処理について協定書などが作成され現在までの水質検査（年２回の立ち入り調査）で概ね基準内であることなどから、動物のし尿や処理水により地下水その他の生活用水を汚染またはそのおそれはない、上記②について、公園地盤は強固で震度６の烈震でも地割れや陥没の生ずるおそれはない、動物舎は鉄骨鉄筋コンクリートの耐震構造で猛獣が逃走するおそれはない、大規模地震対策特別措置法により義務付けられている地震防災応急計画の内容は県の指針に合う、上記③について、道路渋滞は特定日のある時間に限られ排気ガス等による健康被害は認められないとした。

コメント

ペット公害ではないが、多種・多頭の野生動物飼育による近隣とのトラブルで参考になるので紹介した。住民らが求めた、人の生命、身体への侵襲、日常生活への妨害等、人格的利益への侵害が否定された事例である。住民らはサファリパーク開園前から反対運動をしており、開園間もなく本訴を提起した。今後、経営難などから公園が管理を怠るなどして住民らの「危惧・不安」が具体的になれば、当然、人格権侵害が認められることもあろう。公園としてはいかに、当初予定された通りの管理体制を維持していくか、また今後、住民らの不安を払拭し理解を得られるよう、情報公開や対話をしていけるかが重要である。

〔8〕シェパード、マルチーズの吠え声が受忍限度を超えるとして慰謝料各30万円

横浜地判昭和61年2月18日　判時1195・118、判タ585・93
（鎌倉簡判昭和57年10月25日）

概要

≪事案の概要≫　昭和30年頃、ピアノ演奏等を職業とするX1（夫)、X2（妻）一家は、人里離れた鎌倉市内のY方隣地に引っ越してきたが、Y方では常時数頭の犬を飼育しており、同38年頃、Y両親が去りYが結婚した頃から犬の鳴き声がひどくなり、当時飼育の犬（スピッツ種、シェパード種）は甲高い声で昼夜時間に関係なくよく鳴き、特に、同49年頃飼育の『ジョニー』(シェパード種)、同49年に加わった犬（マルチーズ種）も甲高い声で鳴き続けたが、YはXらからの再三の注意に一切応じず、Xらはよそで避難生活をしたり防音工事をしたが効果がなく、神経衰弱状態になり、Yに対して、民法718条1項に基づき慰謝料を求めた事案である。

≪判決の概要≫　本判決（控訴審判決）は、犬は本来吠える動物であるが、無駄ぼえ抑止には、飼い主が愛情を持って、出来る限り犬と接する時間を持ち、決まった時間に食事を与え、定刻に運動をする習慣をつけるなど規則正しい生活の中でしつけをし、場合によっては、専門家に訓練を依頼するなどの飼育が肝要であるところ、Yが昭和54年に一年間シェパードの無駄吠え抑止訓練を警察犬訓練所に依頼した結果、その犬は人が通行する程度では鳴くことがなく、「ヤメ」の命令で制止可能な状態になったのだから、飼育上配慮していれば異常な鳴き声を防止できたはずであるとした上で、Yらが昼間ほとんど家におらず（Yはミキサー車運転手、妻は茶店の店番等)、犬を運動させることはほとんどなく、庭先に7～8メートルのけい留ロープにつないでいることはロープの長さに応じて犬の移動が可能だとしても、かえって吠えるようになることが認められるから、Yは保管義務を尽くしたとはいえないとし、Y反論の危険への接近の法理*または受忍限度論（Xらが居住したときには既にY方では犬を飼育していたのだから受忍すべきである）については、確かに、Xらは一定程度の犬の鳴き声による悪影響ないし被害はやむを得ないと容認し敢えて住居を選択したと推認されるが、容認していた被害内容は、鳴き声による精神的苦痛ないし生活妨害のごときものにすぎず、直接生命・身体に関わる程度のものではないとし、推測された被害程度を超えるとか、入居後に鳴き声の程度が格段に増大したとかい

う特段の事情が認められない限り、Ｘらは受忍すべきものであるが、『ジョニー』は特によく鳴く犬で、Ｙらが留守の時は一晩中でも吠え続けてＸらを悩ませ、マルチーズも甲高い声で鳴き続けその程度は一般家庭におけるものと大きく異なり、長時間連日のごとく深夜・早朝に及ぶなど極めて異常であり、Ｘらは神経衰弱状態となりＸ２は失神することもあったほどなのだから、推測された被害を大きく超え、特段の事情があったというべく、危険への接近の法理による免責は認められないとし、Ｙの控訴を棄却し、Ｙに対して、Ｘらそれぞれに慰謝料30万円の賠償を命じた原審（一審判決）を維持した。

＊ 一般に、危険に接近した者が危険の存在を認識しながら敢えてそれによる被害を容認していたときは、事情のいかんにより加害者の免責を認めるべき場合がないとはいえないという考え方（最判昭和56年12月16日大阪国際空港公害訴訟）。受認限度を判断する一要素として捉えている。免責の法理のほか、損害賠償額減額の法理として使われることもある。

コメント

民法709条ではなく718条１項（動物占有者責任）により騒音被害を認めた事例である。昭和30年頃のＸ入居時から30年近く、隣地Ｙ方では常に複数の犬が屋外で飼育されており、ほとんど散歩もさせず、日中、時には夜間も家人がいないというのであるから、犬の吠え声（騒音）は相当なものであったと推測される。Ｙの責任が認められたのは当然と考えるが、本件では、Ｘらからの警察への通報、防音工事、市役所、簡易裁判所への調停申し立ていずれも全く功を奏していない。もう少し効果的な法的アプローチがないものかと考えさせられる事案である。

〔９〕奈良公園の鹿について、大社を所有者、愛護会を占有者と認定

奈良地判昭和58年３月25日　判タ494・174

概要

≪事案の概要≫　奈良公園周辺に住むＸら（農家12名）が、奈良公園の鹿に農作物を荒らされたとして、宗教法人春日大社Ｙ１を鹿の所有者として、財団法人奈良の鹿愛護会Ｙ２を鹿の占有者として、損害賠償を求

めた事案である。

≪判決の概要≫　本判決は、まず、⑴奈良公園の鹿が所有権や占有権の対象となるかについて、多数の動物が柵などの物理的な管理もない形で群棲している場合、当該動物を排他的に支配しうる可能性があり、かつ、その者が排他的支配をしていることが必要であるところ、①奈良の鹿（当時おおむね1,000頭）は野生の鹿とは交流がなく、群棲地域がほぼ限定され、人影を見ても逃げず生息地域の住民や観光客などに馴化し、他の野生の鹿との識別が容易であること、②人が与える煎餅や鹿苑内での飼料、公園内の芝生などを餌とし、一定の場所を中心に回遊して生活するという定着性、帰巣性があること、③生息地域全域を巡視、巡察可能であり、生活の状況を把握出来ることなどから、放し飼いでも支配管理しうるので対象となるとした上で、⑵Ｙ１の所有について、①奈良市一円、奈良公園などを中心として群棲する奈良の鹿が、古くから春日大社の神鹿として扱われＹ１に帰属する動物と是認されてきたこと、②Ｙ１が天然記念物指定の申請書の所有者欄に自身の名を記載していること、鹿を他に分与した、つまりその意思によって他の者の支配下に終局的に移転させたのは（対価の有無を問わず）、処分権限が自身にあるとの認識があったといわざるを得ないことなどから、Ｙ１を所有者と認め、⑶Ｙ２の占有について、Ｙ２は奈良の鹿愛護に関する各種の施設をなすことを目的として設立された法人であり、鹿苑の設置、管理、奈良公園や鹿苑への追い上げ、フレンチホルンによる鹿寄せ、餌の支給、奈良市農業協同組合を通して鹿害の賠償をするなどして鹿の保護育成をしていること、Ｙ２の代表理事にはＹ１の代表役員が就任しＹ１敷地内に無償で事務所を設置しているなどＹ１と人的・物的に密接な繋がりを持っており、Ｙ１はＹ２を通して奈良の鹿の管理世話をしているといえるとして、Ｙ２を占有者と認め、その上で、⑷遅くとも昭和50年頃以降、奈良公園の鹿が超過密状態になり周辺地域の鹿害発生が顕著になり、それをＹらは認識していたのだから、Ｙらはそれぞれの立場から、鹿害防止のために適正頭数を調査、算出し、文化財保護委員会の許可を得て鹿を他へ移転させるなど常時適正頭数を保つべき義務、公園周辺の田畑の周囲に金網を張る、公園内の鹿に餌を支給するなど周辺への逸脱を防ぎ被害発生を防止する義務があったのにこれをしなかったのは所有者・占有者としての注意義務に違反するとして、Ｙ１には不法行為責任（民法709条）に基づき、Ｙ２には占有者責任（民法718条）に基づき、農業被害、弁護士費用の一部など合計二百数十万円の支払いを命じた。Ｘらが求めた慰謝料については否定した。

コメント

奈良公園の鹿について春日大社を鹿の所有者、大社の元で鹿の保護育成を行う愛護会を占有者と認めた画期的な判例である。春日大社が控訴した後の経過は不明である。本件は、一群の動物を他と容易に識別し、一定の帰巣性や回遊性があり、巡視により餌の状況、生育、生活状況などの把握が出来るのであれば、当該一群の動物を排他的に支配管理しているとして財産権の対象となること、その財産の所有者または占有者と認定される可能性があることを示したものである。「奈良公園の鹿」では、自他共に大社Ｙ１の所有を前提とし、大社Ｙ１が所有者らしい行動（処分、管理、鹿害への賠償など）をしてきたという歴史的背景があるので同列に論じるのは難しいが、地域猫などを巡る場面でも同様の議論があり得る。

〔10〕住民との公害防止協定に違反して鶏舎から悪臭などを発生させたことは違法

高知地判昭和56年12月23日　判時1056・233

概要

≪事案の概要≫　養鶏を営む農事組合Ｙと付近住民Ｘら（173名）との間で、鶏舎からの悪臭、騒音、汚水などの防止目的でとりかわした公害防止協定（以下単に「協定」）に基づき、Ｙに協定違反があるとしてＸらが協定に記載された違反行為と違反数ごとの予定損害金の支払いを求めた事案である。

≪判決の概要≫　Ｘらは、協定に基づきＹ方養鶏場に立ち入り調査を行った際、①悪臭防止のため鶏糞の乾燥は密閉された場所で行うと定められているのに開放された場所で行っていた、②養鶏羽数は最大８万羽と定められているのに９万4600羽飼育、③騒音防止のため鶏舎周囲に騒音遮蔽設備として１メートルごとに高さ４メートルの植林をすると定められているのにしていないなどの違反を主張したのに対し、Ｙは、⑴法令より厳しい義務を定めた協定自体が公序良俗違反で無効、⑵違約金条項（以下「本件違約金条項」）は、憲法22条１項（職業選択の自由）、同法29条１、２項（財産権の不可侵性）違反などとして争った。本判決は、上記⑴について、協定は契約自由の原則が支配する私人間で合意されたものであり法令以上の規制を合意したからといってこれを無効とする理由はない、上記⑵について、憲法22条１項等は私人間に直接適用されないこと、当時Yの前身（Y代表者個人）が農林漁業金融公庫から多額の融資を受ける際に融資先から住民との公害防止協定を求められ、10か月間の度重なる交渉の末締結された経過などから本件違約金条項はYの憲法上の権利を不当に妨げる公序良俗違反の契約とはいえないとし、上記①～③について、Xらが立入り調査時に違反を指摘した際、Yは工場で働く人のため窓を密閉することは不可能と言ったこと（調査時だけではなく常に開けているということ）、裁判所の検証で樹木の高さは2.6メートル内外であったことなどから、Yの協定違反を認め、Yに対し、予定損害金算出方法に従った損害金700万円の賠償等を命じた。

コメント

公害防止協定は、公害防止を目的として事業者と行政、または事業者と住民との間で締結するものである。その法的性質については、道義的責任を約束するいわゆる紳士協定に過ぎず法的拘束力はないとする見解（本件Yの主張）、契約としての効力を認める見解などがある。法的拘束力の有無については、結局は協定の内容から読み取るしかなく、本件のような具体的な内容であれば当然契約と考え法的拘束力を認めるべきである。当事者間で真摯に話し合って取り決めた合意は守られなければならない。なお、公害防止協定の法的拘束力を認めた近時の判例がある（最判平成21年７月10日）。

〔11〕悪臭が流れないよう牛舎の窓の開放禁止を求めた近隣住民の仮処分の申立てを却下

横浜地小田原支決昭和55年６月９日　判時997・147

概要

≪事案の概要≫　被申立人Yは、酪農の盛んな都市計画法上の市街化調整区域で酪農を営んできた。申立人Xら（８名）は、昭和43年以降Y土地隣接地（以下「Xら宅地」）を購入して建物を建て居住している。Yは昭和53年頃、旧牛舎の大幅な増改築を行い、新牛舎（以下「本件牛舎」）を完成させたが、Xら宅地に、排泄物の匂い、ハエ等の飛来、特に本件牛舎北側の窓を開放することによる悪臭が流れ込むとして、Xらが本件牛舎北側窓の開放禁止の仮処分命令を求めた事案である。

≪判決の概要≫　本決定は、①先住関係（Yが先に酪農業をしていた地域にXらが越してきた）、②酪農の盛んな地域であるなどの地域性、③

臭気は悪臭防止法による規制地域の基準値を超えているとは推認できないこと（但し規制地域の指定はされていない）、④本件牛舎が旧牛舎よりも、排泄物処理、浄化槽、ハエなどの発生抑制のための自動消毒装置設置、牛の頭数の減少などにより、設備的に改善されていること、⑤乳牛は体内での熱の発生量が多い割に熱の放出が苦手で、高温多湿の日本では乳量の低下にとどまらず病気を誘発し死亡することもあり得るという性質を有し、夏場の牛舎の換気は不可欠であること、⑥ハエが影響を及ぼしていると認められなくもないが、Ｘら宅地周辺に他の多数の畜舎などがあることから本件牛舎に起因するとはいえないことなどから、Ｙは本件牛舎建築に際して配置などにつきいささか配慮を欠いているとしながらも（最も近いＸ土地との境界線から約１メートル隔たっているのみ）、本件牛舎からの悪臭等による侵害が受忍限度を超えているということはできないとして、Ｘらの申立てを却下した。

コメント

Ｘら自宅南側から約50～60メートルの場所にあるＹ牛舎が換気のために北側窓を開放することで悪臭が自宅に流れ込むとして、Ｙに、牛舎北側窓の開放禁止を求め、認められなかった事例である。悪臭、騒音、振動などいわゆる公害型のトラブルについては、社会生活上お互い通常我慢しなければならない限度（受忍限度）を超えているかどうかが違法性を決定するといえる。受忍限度の判断では、地域性、先住性等が重要な指標となる。また、本件は悪臭防止法上の規制地域ではないが、この基準値をも超えていないとされた。行政上の規制値や基準値は民事責任を直接発生させるものではないが、客観的なメルクマールとして重視される。

〔12〕豚舎の悪臭などの不快が受忍限度を超え違法とされて慰謝料認容

新潟地判昭和43年３月27日　判時520・16、別冊ジュリスト65・118

概要

≪事案の概要≫　純農村地域で、農業のかたわら養豚業を営むＹが、隣地Ｘ宅から８メートルの場所に、間口14.54メートル、奥行き6.3メートル、収容力50頭の規模の新豚舎（以下「本件豚舎」）を建設したところ、本件豚舎から流れる悪臭や豚の鳴き声、ハエなどがＸ宅に流入するようになり、Xは、定年退職により在宅時間が多くなったこともありノイローゼ症状に伴う睡眠障害を起こすに至ったとして、慰謝料を求めた事案である。

≪判決の概要≫　本判決は、風向きは朝のうち本件豚舎からX宅に向かって吹き、夕方になると逆方向に変わるが、あいにくX宅が南東向きに建てられ窓が本件豚舎に向かって開いているため、特に夏期は本件豚舎からの特有の悪臭が強く流れ込み、風がなくとも臭いは立ちこめ、発生したハエが飛んでくる、豚が餌を食べるときなどに発する鳴き声が聞こえ、ハエはXが設置した防虫網である程度防げても悪臭や鳴き声は防げず「いかんともしがたい生活妨害」になっているとし、Yは、本件豚舎で養豚をすればこのような不快さをXの生活に与えるであろうことは経験上からも予見していたとした上で、ただし、窓を開けて過ごす4月～11月の不快の程度が高く、継続的で、この期間に限り受忍限度を超えて違法であるとして、Xのノイローゼは同人特有の要因（高血圧で神経質な性格で、徹底した清潔好き）に基づく疑いもあるとして損害から除外し、Yに対して、1か月につき4,000円（合計1万6,000円余）の慰謝料の賠償を命じた。

コメント

本判決では、「Yが自己の営利を目的としながらXの困惑を考慮の中に入れていなかった」、「X宅と相当の距離を置かない限り」「避けられない」、「Yが農作業のかたわら本件豚舎の手入れをしているにすぎない現在の管理状態ではなおさらである」などと言及されており、Yには、豚舎拡張のための新設場所をあえてX宅に近接して何らの配慮も見られないことや、豚舎の衛生管理も不十分であることが窺える。このような事情から、純農村地帯ではあるが、一定の違法性を認めたものと思われる。Yに改善が見られなければ、今後もXの慰謝料請求が認められると考えられる。

〔13〕明白かつ急迫の衛生上の危険を理由に犬3匹以上の飼育禁止の仮処分命令

東京地決平成7年11月7日　判例集未登載

≪事案の概要≫　被申立人Yは、23区内の木造2階建ての2階に居住し、1階の一部をそれぞれ申立人X1～X3に賃貸し、X1は居酒屋を、X2は茶葉の販売を、X3はスナックをそれぞれ経営しかつ居住しており、申立人X4は隣接ビルの一室を事務所兼居宅とし、申立人X5は同ビルの一室を居宅とし、申立人X6は同ビルの一室を事務所として使用している。自宅で犬猫を飼育するYは次第に著しく頭数を増やし、十分な世話や清掃をせず、悪臭、ノミが発生するなどしたため、X1～X3は賃借目的物の正常な使用収益を求める権利に基づき、またXら全員は人格権ないし環境権に基づき、Yに対し、過剰な頭数の犬の飼育禁止を求めた事案である。

≪判決の概要≫　本決定は、①Yの飼育頭数は正確には不明だが多数の犬を飼育して犬の糞尿の始末などを十分にせず一見して極めて不潔な状態に置いていること、X1～X3は天井から滲み出してくる糞尿及び大量に発生するノミのために生活上、営業上迷惑を被り、夜半に犬が断続的に吠え続けるため安眠を妨害されることもあること、とりわけ悪臭に関しては、平成7年9月の測定でY自宅直近のポイントでの数値が東京都公害防止条例（現環境確保条例）の基準値を大きく上回り、近くの参考値と比べ著しく突出していること、臭気強度は6段階による評価で5（強烈な臭い）であること、基準値であっても受忍限度を判断する上での客観的な指針となるとして、Yの犬の飼育により受忍限度を超えた悪臭が発生しているとし、②XらがYに、再三に渡り犬の飼育について善処方を申し入れ、保健所からの注意もあったのに、Yがこれを無視し、飼育態様を全く改善しない以上、飼育自体の制限もやむを得ないとし、一般居住用建物内で十分な世話をせず多数の犬を飼っているという特異な事例で、悪臭の程度からも明白かつ急迫の衛生上などの危険が生じるなど保全の必要性があるとして、Yに対し、居宅内で3匹以上の犬の飼育禁止を命じた。

コメント

本案（訴訟）によらずに被申立人に一定の義務を課す仮処分については、申立人の権利（被保全権利）のほか、訴訟を待てない緊急性（必要性）の要件を満たす必要がある。しかし、本件は2階居住の大家Yが算定不能なほど多数の犬猫を集めて十分な世話をせずに放置し、床（1階の天井）から糞尿などが滲み出し、ベランダや建物周辺等に大量のノミが発生し、悪臭をまき散らしたという惨憺たるもので、1階の賃借人、近接ビル居住者Xらの申立てが認められたのは当然であろう。その後の本案については訴え提起の有無を含め不明である。管理能力以上の物をためこむ、いわゆる「ホーダー」については、精神疾患を抱えているケースもあり、法的解決は難しいのが現状である。近時アニマルホーダーの問題も増加傾向にある。動物虐待防止の側面からも、動物愛護法25条（多頭飼育に起因した生活環境保全のための措置）、同44条2項（ネグレクト等による虐待）等の活用が期待される。

〔14〕受忍限度を超えるおそれはないとして、公害予防を目的とした豚舎建築禁止の仮処分の申立てを却下

福岡地久留米支決昭和52年9月22日　判時887・105、判タ363・295

概要

≪事案の概要≫　農業と養豚業を営むYは、養豚への熱意がある後継者（長男）のために繁殖豚の豚舎（以下「本件豚舎」）建設に着手したところ、付近住民Xら（83名）が、①糞尿など汚水の垂れ流し、②悪臭、③騒音、④ハエ・蚊などの害虫発生、⑤これらによる健康被害などの発生が確実であるとして、豚舎建築禁止の仮処分を求めた事案である。

≪判決の概要≫　本決定は、本件豚舎建設地は市内ではあるが純然たる農村地帯で、最も近い民家と約78メートル、部落とは150メートル離れたY所有地の中心であるとした上で、上記①について、糞尿処理方式は、豚房におがくずを敷いて糞尿を吸着させ、これに発酵菌を添加して発酵させ、熟成したものを堆肥（全く悪臭がせず）として使用する「長本式プラント」であり、設計通りの処理機能を発揮させるには、おがくず確保と養豚家の環境汚染防止に対する熱意、態度が重要であるところ、Yは長男を著名な研究所で一年研修させ、環境汚染防止を考えて立地を選んだこと、Yが養豚農家のリーダー的地位にあること、各種法的手続きを経、市農林課や県農林事務所の強い指導下にあることなどからその態

度熱意は十分期待できるとし、おがくず確保は十分で将来の不足も考えられないこと、もしおがくずに吸着されない汚水は、雨水とは別個の排出溝に流れ、周辺土地へ垂れ流す蓋然性はほとんどないと推認し、上記②について、悪臭防止法上の規制基準を下回る同じ方式の他施設よりも処理方法が改善されているので、規制基準を大きく下回ることが予想される、上記③について、繁殖豚なので、一房一頭で飼育し豚同士の争いがなく、多数飼育する子豚も同腹なので争いが少なく、肥育豚（肉豚）のように鳴き声もない、民家との距離からも騒音値はかなり減少する、上記④について、糞の発酵温度は60～80℃（ウジは50℃で死滅）で、餌もちゅう芥ではなく配合飼料なのでハエの発生生育はなく発生源は考えられない、上記⑤について、従って①～④を前提とした健康被害も認められないとして、本件豚舎建設での諸影響は受忍限度を超えているとはいえないとして、Xらの申立てを却下した。本件豚舎の建築に建築許可前に着工された違法はあるが、結果を左右するものではないとした。

コメント

本決定では、最終的に堆肥となる「長本式プラント」という糞尿処理方式を高く評価し、Yらはこれをきちんと管理して稼働できると考えられるから問題ないとしている。環境汚染防止の最新技術を導入し関係諸機関の応援を受け、地域産業に意欲を持つ若者を保護しようという姿勢が感じられる内容である。地産地消が叫ばれる昨今、住宅地域と畜産業・農業地が近接することも増えると思われ、いわゆる嫌悪施設と呼ばれるような施設との共存の必要性も高くなると考えられる。適正な維持管理がされていることの情報を地域住民と共有することで理解を得、コミュニケーションを図っていくことが重要であろう。

〔15〕皮革の廃棄物であるニベの悪臭がひどいとして搬入禁止・撤去の仮処分命令

神戸地姫路支決昭和46年８月16日　判時653・104

概要

《事案の概要》　被申立人Yは、いわゆる農村地帯で、昭和45年８月頃、土地（以下「本件土地」）を取得し同年10月頃から、皮革の廃棄物であるニベを皮革業者から買い取っては本件土地を集積場として使用し、その量が約10トン位に達すると大型トラックで運び出しウナギの餌として出荷していた。申立人Xらは本件土地に近接して土地または建物を所有して古くから家族とともに居住していたが、Yが集積場として使用し始めて以来その強烈な悪臭のため日夜精神的・肉体的に苦痛を被っているとして、悪臭物の搬入禁止・撤去の仮処分を求めた事案である。

≪判決の概要≫　本決定は、Yが本件土地周辺のブロック塀を改善整備し、積み替え作業のみ行い集積場としては使用しないなどの改善策を申し出たが、これを履行しないこと、また、本件土地は大型トラックに積み替えるまでの一時的な集積場所とするにすぎないのであれば、Xらに臭気による多大な苦痛を与えてまで本件土地を現在のような形で使用しなければならない必然性には疑問があること、本件土地周辺の環境、Xらが受ける被害の程度などから、Yが現在のような形で本件土地の使用を継続する限りその臭気によりXらの受ける被害は明らかに受忍限度を超えているとして、緊急の必要性もあるとし、Yに対して、本件土地に、ニベ、その他皮革廃棄物を持ち込んではならない、また、既に持ち込んだ物の撤去などを命じた。

コメント

本決定に対してはYが異議申立てを行ったが、その後の経過は不明である。農村地帯とはいえ、周辺住民が多数いる場所で、突然土地を購入してやってきたYが（土地はY妻名義で取得）、ニベなどの皮革の廃棄物の集積場として使用し、強烈な臭気を発していることなどから、受忍限度を超えることは問題なく認められたものと考えられる。本決定では、Yが自分から申し出た改善方法を完全に実施すれば大幅に被害が減少できる可能性があるとしており、そのような改善をYに促している。現在では廃棄物処理法（昭和45年成立）の平成３年改正により、産業廃棄物の収集運搬業としての許可が必要である。

第3章

交通事故とペット（飼い主が加害者または被害者になった場合）

交通事故とペット

近時、交通事故にペットが関係するケースがしばしば見られます。態様は様々です。加害者または被害者運転の自動車に同乗中のペットの死傷、飼い主の保管方法の不備から公道に飛び出したペットを避けようとしての交通事故、飼い主と散歩中、脇見運転の車にはねられてのペットの死傷など。不法行為責任（民法709条）の追及という争われ方がほとんどですが*、保管方法に問題がある場合は動物占有者責任（民法718条１項）もあわせて問題になり得ます。

本章の裁判例については、第１章２「動物の保管中の事故」で紹介してもよかったのですが、事例数が多いことや、交通事故特有の損害額算定が参考になることなどから、第３章で交通事故に関係する裁判例としてまとめて紹介することにしました。

* あるいは、民法の特別法である自動車損害賠償保障法３条（運行供用者責任）によることもあります。

3

〔1〕同乗ペットに重い後遺障害で慰謝料20万円を認めた上で、乗車方法で過失相殺

名古屋高判平成20年９月30日　ウエストロー
（名古屋地判平成20年４月25日　ウエストロー）

概要

≪事案の概要≫　Ｘ１（被控訴人）が普通乗用自動車を運転して交差点赤信号で停車中、Ｙ２会社被用者Ｙ１運転の大型貨物自動車に追突され（以下「本件事故」）、同乗のＸ１の飼い犬『ラブ』（Ｘ２と共有の８歳のラブラドール・レトリバー種）が第２腰椎圧迫骨折の傷害を負い、後肢麻痺及び排尿障害の後遺障害を負った事案である。

≪判決の概要≫　一審判決は、『ラブ』の介護付添費、将来の雑費・付添費等は慰謝料算定事由に過ぎないとして否定したものの、『ラブ』の治療費76万円余、慰謝料（Ｘ１：50万円、Ｘ２：30万円）を認めたが、控訴審判決（本判決）は以下のとおり、損害額を大幅に減らした上、過失相殺を行った。損害については、動物が物であることを前提にすれば、不法行為時の時価相当額を念頭に置いた上で、当面の治療や生命の確保、維持に必要不可欠なものについて相当なものを考えなければならないとして、『ラブ』の購入費用６万5,000円を念頭に、後肢麻痺などから必要となった車イス製作料（２万5,000円）のほか、受傷部の化膿による高熱での入院治療費等ごく一部の治療費のみを相当損害として認め、慰謝料については、近時愛玩動物が家族の一員であるかのように飼い主にとってかけがえのない存在になっていることが少なくないことは広く公知の事実なので、請求できるとした上で、子どものいないＸらが『ラブ』を我が子のように愛情を注いで飼育しかけがえのない存在になっていたこと、『ラブ』が本件事故で後肢麻痺を負い、自力で排尿、排便が出来ず日常的かつ頻繁に圧迫排尿などの手当を要するほか、膀胱炎や褥瘡なども生じていることから、死亡に近いと評価して、Ｘ各自に20万円の慰謝料を認め、半面、自動車に動物を乗せて運転する者は、予想される危険回避、損害拡大防止のために、「犬用シートベルトなど動物の体を固定するための装置を装着させるなどの措置を講ずる義務を負う」ところ、Ｘ１は『ラブ』を横に伏せたような姿勢で寝かせ、助手席に座ったＸ１の母親が『ラブ』の様子を監視していたにすぎないから過失があるとして、１割の過失相殺を行い、Ｙらに対し、連帯して、Ｘら各自に26万円余の支払いを命じた。

コメント

一審ではＸらは、動物愛護法を根拠にペットを保護する飼い主の義務の反面として飼い主には動物の診療や付添看護が求められているなどとして付添費等の損害賠償も求めたが、過去・将来分いずれも慰謝料算定で考慮すれば十分であるとして認められなかった。続く控訴審（本判決）ではさらに、動物は物である以上、時価相当額を基準としてただ生命を有する物として必要な限度での損害が認められるに過ぎないという厳しい評価がされた。

〔２〕散歩中、犬が車にはねられ死亡した事故で慰謝料５万円

東京高判平成16年２月26日　交民37・１・１
（水戸地龍ヶ崎支判平成15年９月22日）

概要

≪事案の概要≫　両側に縁石線で区画された歩道が設置されている片側一車線の道路で、車道の両側には外側線が引かれ、外側線と歩道の縁石線との間隔は両側とも約３メートルあり、その縁石線と車道外側線の間を、早朝、飼い犬『ゴン』を連れて散歩中の女性Ａ（63歳）が、後ろから来た酒気帯び及び居眠り運転をしていたＹ運転の普通乗用自動車（以下「Ｙ車」）にはねられ、『ゴン』もろとも死亡した事案である。

≪判決の概要≫　一審、控訴審（本判決）とも、Ａの夫Ｘ１について、『ゴン』の葬儀費用２万7,000円及びその死亡による慰謝料５万円を認めた（子どもたちＸ２、Ｘ３は飼い主ではないとして否定された）。本判決では、そのほか、Ａの慰謝料等が増額され、本人分2,000万円、夫固有の慰謝料400万円、子２名の固有の慰謝料各200万円、逸失利益、弁護士費用の一部、葬儀費用などの損害が認められた。また、事故状況について、『ゴン』の死体が歩道縁石線から約0.6メートルの所に横たわっていること、プラスチック破片が歩道縁石線と車道外側線の間に散乱している状況などから、事故はＹ車が車道外側線をはみ出して進行し、歩道縁石線と車道外側線との間でＡと『ゴン』にほぼ同時に衝突したとし、歩行者は原則として歩道を通行しなければならないから、この点Ａが歩道を通行しなければならないとする道交法に違反していることは明らかだが（道交法上、歩道縁石線と車道外側線との間は車道に該当する）、Ｙの無謀運転という重過失に比べＡの過失は極めて軽いとして、過失相殺は否定した。

コメント

Ｙは本件事故に関して業務上過失致死等の罪により懲役１年の実刑判決を受けて服役中死亡したため、正確には、本件のＹ（被告）は運転男性の遺族だが、ここでは便宜上運転男性をＹと表示した。近時飼い犬が不法行為により死亡した場合の損害には、犬死亡により飼い主が被る精神的苦痛を慰謝するための飼い主の慰謝料、犬の火葬費用などは認められるようになってきたといえる。しかし、その内容（金額）を見ると、犬の時価相当額を基準にしているといえ、結局のところ「物」としての価値を大きく離れた評価はされていないようである。

〔３〕馬とオートバイの衝突事故で飼い主の占有者責任を肯定

札幌高判昭和56年４月27日　交民14・２・348
（札幌地判昭和53年３月27日　交民11・２・453）

概要

≪事案の概要≫　10月中旬午後５時半頃、原動機付き自転車（以下「Ｘ車両」）を運転していた高校生男子Ｘ（反訴被告）が、Ｙ（反訴原告）妻Ａが牧場から厩舎に収容しようとしていた競走馬（アラブ系当歳馬*。以下「本件馬」）と衝突し、Ｘは重度身体障害者となり本件馬は即死した。Ｘと両親が賠償を求め、Ｙも本件馬の賠償を求めて反訴した事案である。

≪判決の概要≫　一審判決はＹの動物占有者責任を認め、Ｘに対して1,950万円余の支払いを（Ｘの過失５割を相殺）、Ｘ両親各自に固有の慰謝料として50万円の支払いを命じ（別事件）、他方ＸにはＹに対して本件馬の損害として71万円余の支払いを（Ｙの過失５割を相殺）命じた。双方控訴の本判決は、現場は県道で交通量も多く当時暗闇になっていたこと、馬の習性として夜間は落ち着きがなくなりわずかの物音にも驚き暴走するところ、Ａは10頭に手綱もつけずに馬の後を追っていたもので到底各馬の動向に注意し制御できる態勢になく、本件馬がおそらくＸ車両の爆音に驚いて道道に飛び出し、Ｘ車両の強烈なライトに目がくらみ立ち止まったままでいるところにＸ車両が衝突したとし、このような危険な誘導方法では早晩事故の発生が予測されたところで、Ａは「相当の保管」（民法718条１項但書）をしていたといえないばかりか、本件事故は本件馬を何ら制御できない状態のまま交差点に進入するにまかせる誘導方法をしたＡの過失により生じたとし、Ｘの治療費、近親者付添費、付添看護料（将来分については、本件では合理的な根拠をもって算定できないとして慰謝料で考慮するとした）、慰謝料、逸失利益（労働能力喪失100パーセントと判断して4,000万円余）、弁護士費用の一部等の損害を認め、Xの過失（前方不注視のまま法定速度を超える速度で走行し衝突寸前まで本件馬に気づかなかった）を30パーセントとして相殺した。Yが求めた本件馬の損害（一審は財産的損害100万円、慰謝料30万円を認容）は、財産的損害を80万円に減額し、慰謝料は、不慮の死による幾ばくかの精神的苦痛はあっても商品としての価格相当損害の賠償で償われ別に慰謝料がなければ償えない損害とはいえないとして否定した。

*「当歳馬」とは0歳のことである。

コメント

北海道では馬をめぐる事例が多いが、馬は愛玩動物であるほかに経済動物でもあるため、損害額の算定で参考になる事例が多い。本判決では、動物占有者責任の免責要件である「相当の保管」（民法718条1項但書）についても言及している。すなわち、馬は概ね温順で、道路上を進行する際も概ね先頭馬に追従して道路左側端部を進行する習性があるとしても、昨今の道路交通事情に照らし、常に信頼して対処しうる程の確実な性質、習性とはいえないから、占有者は事故発生を未然に防止すべく道路上の馬の行動を有効、適切に制御する態勢を常に保持することが必要であるとしている。

〔4〕交通事故で休場した競走馬の逸失利益は予見可能として肯定

東京高判昭和55年5月29日　ウエストロー

（宇都宮地足利支判昭和53年6月8日　ウエストロー）

概要

≪事案の概要≫　Xが、所有競走馬（『サピリア号』。3歳）を普通貨物自動車（以下「X車」）に載せて輸送中、時速15～16キロメートルで青信号交差点（以下「本件交差点」）を直進したところ、Y2会社所有の普通乗用自動車（以下「Y車」）を運転するY1が赤信号を無視し脇見運転をして時速40～50キロメートルで本件交差点に進入しX車に衝突、横転させ（以下「本件事故」）、Xに全治数日を要する打撲傷、X車に相当の損傷、『サピリア号』に休療日数約10か月を要する全身打撲傷を負わせた事案である。

≪判決の概要≫　一審・控訴審（本判決）とも本件事故はＹ１の一方的な過失によるとして、Ｙ１には民法709条により、Ｙ２には同法715条（使用者責任）及び自動車損害賠償保障法３条（運行供用者責任）により、各自に、Ｘの診療費、Ｘ車の修理費、『サピリア号』の診療費（78万円余）、休場による逸失利益（一審判決は455万円余。本判決は473万円余）、弁護士費用等合計605万円余（一審判決は577万円余）の賠償を命じた。Ｙらは、①競走馬の逸失利益は特別損害で予見不能、②逸失利益は算定不能と反論したが、本判決は上記①について、特別事情による損害（特別損害）は、加害者が損害発生につき予見可能性がある場合のみ責任を負うが、自動車が交通機関として著しく発達、重要な役割を果たしている今日、貨物自動車で家畜等の輸送が行われているのは公知の事実だから、<u>自動車相互間の事故では具体的事情の予見は不要であり、抽象的に貨物自動車であることの予見があれば十分</u>とし、上記②について、逸失利益は、『サピリア号』の休場中の出場可能回数（本件事故前後の出走回数、最盛期にかかる４歳直前であったことなどから推認）や賞金額（実績をもとに算出した１回あたりの賞金額から出走奨励金*を付加し、馬主が調教師、騎手、厩務員に渡す慣例の２割分を控除し、１回平均30万円余とした）を相当程度の蓋然性で算出しうるとした。

* 持ち馬をレースに出走させた場合に、賞金とは別に馬主に払われる手当（本件では１回につき３万2,000円、このほか在厩馬手当5,000円）

コメント

被害者側に過失のない交通事故で、貨物自動車搭載の競走馬が負傷し、10か月間のレース欠場などによる損害額（逸失利益）について争われた事例である。経済動物の損害算定について参考になるものとして紹介した。競走馬については、その年齢や賞歴、将来の種オスとしての効用などから逸失利益が算定されるといえる。本判決では、損害算定について、一審判決よりも更にきめ細かな主張立証、認定がされている。Ｘが求めた『サピリア号』負傷による慰謝料は否定された。

〔5〕盲導犬死亡の損害について、盲導犬の育成費用を基礎に260万円と算定

名古屋地判平成22年３月５日　判時2079・83

概要

≪事案の概要≫　視覚障害者Ｘ１は、Ｘ２（盲導犬の訓練、育成及び普及等を目的とする財団法人）が無償貸与する盲導犬『サフィー』と、青信号の交差点を横断中、何らの安全確認をせずに右折進行してきたＹ１会社被用者Ｙ２運転の大型貨物自動車の前部に衝突され、骨折、気脳症、硬膜下血腫等の傷害を負い、『サフィー』は死亡した事案である。

≪判決の概要≫　本判決は、盲導犬の価値について、身体障害者補助犬法等による社会福祉事業として行われ道交法上の白杖のような単なる歩行補助具以上の社会的価値があると認知されていること、視覚障害者の経済力にかかわらず無償貸与され市場取引の対象でないことなどから、育成費用（育成に直接従事する訓練士の人件費、犬の購入費、飼育費及び医療費等盲導犬育成に直接関係する費用のみ）を基礎に考えるのが相当であるとした上で、盲導犬が社会的価値ある能力（決められた以外の物を食べない、不服従*など自律的な判断能力など）を発揮できるのは、限定された犬種から優秀な血統の子犬を選びパピーウォーカーの家庭での約10か月間の養育を経て適正評価された犬のみが訓練犬として選別され、約１年間の専門的な訓練を施した結果であり、育成率は４割に満たないこと、訓練開始前に適正を見極めるのは困難であることなどから、失格となった訓練犬も含めすべての訓練犬に要した費用の合計額を完成頭数で除した金額を盲導犬１頭あたりの育成費用と考えるべきとして、基礎となる『サフィー』の育成費用を453万円余とし、５年近く盲導犬として活躍しているから残余活動期間を約5.13年として『サフィー』死亡によるＸ２の損害を260万円と算定し、これに火葬料４万円、弁護士費用として30万円等の合計額の賠償をＹらに命じた。Ｘ１が求めた『サフィー』死亡による精神的損害については、Ｘ１とＹとの間で既になされた示談当時、Ｘ１が慰謝料を請求しうる損害として予想し得なかったとはいえず、Ｙらもこれを含めた金額と認識していたことから、示談は『サフィー』死亡による精神的損害を対象外とした合意ではなかったとして、否定した。

* 赤信号では主人（ユーザー）の命令でも渡らないなど、危険と判断すれば主人の命令にも従わないこと

コメント

失われた盲導犬という「物」の価値について、時価相当額によらず、最終的に盲導犬となれなかった失格犬の分も含めた育成費用を元に損害額を算定した、画期的な裁判例といえる。ただし、X２が求めた無形損害（慰謝料）は法人であることを理由に否定され、またX１（ユーザー）自身の盲導犬を失ったことに対する精神的損害（慰謝料）も既に示談で解決済みとして否定された。仮に、示談で解決済みでないとされた場合、本判決の、「物」としての損害額以上にどの程度の慰謝料額が認められたのか気になるところであるが、認められてもせいぜい微々たる金額ではないかと考えられる。

〔6〕飛び出した犬に驚いて転倒したバイクの事故で飼い主の占有者責任肯定

京都地判平成19年８月９日　ウエストロー

概要

≪事案の概要≫　午後７時頃、X（30代前半の男性）は、普通自動二輪車（以下「本件車両」）を運転してY宅前の道路を進行していたところ、Y宅内で鎖につないで飼育されている犬（以下「本件犬」）が、道路に面し開いたままになっていた勝手口のドアから鎖をつけたまま外に出て道路に飛び出したため、驚いてバランスを崩し、道路左脇のガードレールに車両の側部を、電柱に車両の前部を、それぞれ衝突させ、Xは本件車両ごと転倒して、左足挫創、頭部打撲、前胸部擦過傷の傷害を負った事案である。

≪判決の概要≫　本判決は、本件犬がXに接触まではしていないと認定したが、Yは飼い主として犬が自宅前の道路を走行する車両の運転者を驚かせるなどしてその進行を妨げないようにするための配慮（Y宅前の勝手口を閉めておくなど）を欠いた過失があるとして、占有者責任（民法718条１項）、不法行為責任（民法709条）を認めた。損害については、X主張の接骨院治療については主治医の指示または承認に基づいていないことなどから事故との相当因果関係を否定し、休業損害証明に基づく休業損害（賃金センサスより低い）を認め、治療費、通院交通費、通院慰謝料、弁護士費用、車両の修理費等合計25万円余の賠償をYに対して命じた。

コメント

道路に飛び出した飼い犬が原因で起きた交通事故について、占有者責任及び通常の不法行為責任が認められた事例である。近時、交通事故にペットが絡むケースはしばしば散見される。同乗中のペットの死傷、ペットに引きずられての転倒による事故など態様は様々である。飼い主が運転者や歩行者として飼い犬を連れているときに交通事故に遭うという場合でなくても、本件のように、不適切な犬の保管により事故が起きれば、責任を負うことになる。本件ではXには幸い後遺症などは残らず損害も大きくなかったが、交通事故の損害は巨額になることが多い。飼い主としては十分注意が必要である。

〔7〕事故の原因となったセラピー犬の死亡による慰謝料を認定

大阪地判平成18年３月22日　判時1938・97
（大阪簡判平成17年８月26日）

概要

≪事案の概要≫　幹線道路に面した自宅兼店舗（以下「店舗」）でウナギ屋を営むＹ（反訴原告・控訴人）は、深夜、飼い犬２匹（１歳のパピヨン種のオス、約７か月齢のシーズー種のオス）を散歩から連れ帰り店舗内でリードを外していたところ、店の片付けをしていたＹの母（占有補助者と認定）がウナギ台を店舗内に入れようとして戸を開けた隙間から２匹が飛び出し、交差点（以下「本件交差点」）横断歩道を渡り始め、横断歩道の信号が赤色に変わったところへ、Ｘ（反訴被告・被控訴人）が、普通乗用自動車（以下「Ｘ車」）を運転して本件交差点に差し掛かり、急停止した先行タクシーを追い越し、時速約50キロメートルで本件交差点に進入して２匹に衝突し、パピヨン犬はＸ車ラジエーターグリルに挟まり死亡、シーズー犬は座骨骨折の重傷を負った事案である。

≪判決の概要≫　ＸがＹの占有者責任（民法718条１項）に基づき自動車の修理費用等の賠償を求めたのに対し、ＹはＸの不法行為（民法709条）により愛犬が死傷したとして反訴した。一審判決はＹの占有者責任を認め、Ｙの反訴を棄却した。これに対し本判決は、飼い犬のけい留を義務づけている大阪市条例をまつまでもなく交通量の多い幹線道路に店舗が面していることから、Ｙは、けい留を外した犬が屋外に飛び出さないようにすべき注意義務、屋外に走り出したのを認識した以上２匹が車道に出ないよう捕まえるべき注意義務があったとしてＹの責任を認め、他方、Xは、前方のタクシーの減速と白い小さな物体を認識しており、減速することで周囲の交通に危険が生ずるおそれもなかったのだから認識時点で減速すべき注意義務があったのにこれを怠ったとして、本件事故発生にXに２割、Yに８割の過失があるとし、２匹はYのうつ病治療のためのセラピー犬として飼育されていたことなどを理由に慰謝料10万円のほか、治療費、火葬代等のYの損害を認定した上で、過失相殺を行い、YにはXへ20万円余の賠償を、XにはYへ８万円余の賠償をそれぞれ命じた。

コメント

一審判決は、専ら所有者に管理責任のある飼い犬に対しては、人間の子どもが飛び出してきたときと同じような高度な注意義務を運転者に課すことは出来ない（後出〔14〕事例参照）という理解を前提としている。これに対して本判決は、先行のタクシーが犬に気づいて急停止していること、Xが白い物体を認識していたことなどから、Xには減速すべき義務があったとしている。子犬の体高の低さ、深夜の幹線道路という点からはXの責任を認めるのは酷とも思える半面、事故現場が交差点あるいは横断歩道上であること、Xがタクシーの前を横切ったパピヨン犬をスーパーのレジ袋と思った（のにあえて轢いたと考えられる）などを考えれば、体高が低い人間（幼児など）の可能性もあったということもでき、Xにも相当の過失があったといえる。本件は限界事例として参考になる。

〔８〕自動車同士の衝突で、同乗ペットの治療費を損害と認定

東京地判平成18年１月24日　自動車保険ジャーナル1641・13

概要

≪事案の概要≫　午前９時頃、X１会社代表者X２は、X１所有の自家用普通乗用自動車（車種BMW735ｉ。以下「X車」）を運転して、幅員約６メートルの一方通行路を時速約30キロメートルで走行し、進行方向左端に停車中のY運転の自家用普通乗用自動車（車種スバル・レガシィ。以下「Y車」）の右側方を通過しようとしたところ、Yが、通路に面した自宅車庫にY車を入れようと左折後退を開始し、Y車を道路右側に進出させたため、Y車の右前部角部分がX車の左側面部分に接触し、その

結果、X車には左側面の左フロントフェンダーの後部から左リアバンパーにかけての凹損及び擦過痕が生じ（修理費用179万5,080円）、また、X２は、助手席に籠を置きその中に飼い犬（以下「犬」）を入れ同乗させていたところ、Y車との接触時に強めにブレーキをかけた際籠が落ち、犬が事故後約２～３時間後におう吐し動物病院で軽度打撲と診断された事案である。

≪判決の概要≫　本判決は、事故態様について、衝突位置、衝突直前にY車が後退を開始したことなどから、X２がYの左折後退を予測することは不可能であるとして事故は専らYの過失によるとした上、X車の評価損について、中古車市場では事故歴があると取引価格が低下するのは避けられず、本件では本質的構造部分の損傷ではなく修理可能だが軽微ともいえないこと、新車登録から４か月に過ぎないことなどから、修理費の３割を評価損と認め、犬の治療費については、獣医師に通院を要するとされた期間（約１か月）の通院費３万円余のみを損害と認め、不法行為責任（民法709条）に基づき、Yに対して、X１への256万円余の、X２への３万円余の各賠償を命じた。

コメント

交通事故により助手席に乗せていた犬が籠ごと床に転落して負傷したとして、犬の治療費を相当損害と認めた事例である。Yの車庫入れのための左折後退に100パーセントの過失を認めた点、中古車（物）の評価方法などでも興味深い裁判例である。犬の乗車方法に問題があれば、被害者飼い主に過失相殺がされたり（〔１〕事例参照）、加害者の責任を問えない可能性もある。本件は籠（犬用のケージと思われる）に乗せているので問題はないが、犬をケージに入れない場合は、シートベルトで固定するなどの措置が必要と思われる。

〔９〕交通事故で犬の世話ができなくなった繁殖業者の預託料を損害と認定

名古屋地判平成16年９月15日　ウエストロー

≪事案の概要≫　犬（キャバリア種）の自家繁殖犬舎を経営するXは、普通乗用自動車を運転し渋滞で一時停止中、後方から走行してきたY運転の普通貨物自動車に追突された事故（以下「本件事故」）で入院（155

日間）治療を要したため、X自身の治療費、休業損害等のほか、①犬の飼育依頼代金（預託料)、②妊娠中の犬の世話ができずに子犬が死亡したことによる逸失利益などの損害賠償を求めた事案である。

≪判決の概要≫　本判決は、本件事故と相当因果関係のある入院は症状固定と判断されるまでの90日間であるとした上で、Xの治療費（198万円余)、入院雑費（3万円余)、傷害慰謝料（90万円)、弁護士費用分（48万円）のほか、休業損害については、賃金センサスの平均賃金を元に計算した96万円余を認め（Xが確定申告手続を行っていないことからX主張の金額は否定)、事業上の損害である犬の飼育依頼代金（上記①）については、Xが成犬22頭を同犬種を専門に飼育するAに一頭あたり一日2万2,157円の料金を払って預けたこと、少なくともその2割相当は経費として控除するのが相当であることから、現実にAに支払った料金の2割を控除した199万円余を認め（得べかりし利益ではなく実際に支払った損害であるから休業損害とは異なると評価)、上記②の子犬分の逸失利益（得べかりし利益）については、世話できなかったことと子犬の死亡との因果関係が明確でないことや、休業損害と別に認められるものではないことなどから否定し、合計518万円余を損害として認め、Yに対して、その賠償を命じた。

コメント

交通事故で傷害を負ったXが、入院治療のために自家繁殖犬舎の犬の飼育が困難となり、他の飼育家に犬を預けた預託料のうち、2割を経費として控除した金額が、事故と相当因果関係のある事業上の損害として認められた事例である。入院により妊娠中の犬の世話ができずに子犬が死亡したという逸失利益の主張については、休業損害として評価済みであるとして否定された。実際に支払った金額の評価と異なり、得べかりし利益（消極的損害）の評価は困難である。また、休業損害のもととなる収入額の立証についても、Xは確定申告を行っていなかったので賃金センサスをもとに計算された。なお、事故前の実際の収入額を基礎とするのが原則であるから、仮に賃金センサスより低収入であればそれが計算の根拠額となる。

〔10〕散歩中の飼い犬に自動車が衝突した事故で飼い犬の治療費などの損害認定

大阪地判平成15年７月30日　交民36・４・1008

概 要

≪事案の概要≫　午後11時過ぎ、信号による交通整理の行われていない繁華街の交差点（以下「本件交差点」）で、普通乗用自動車（以下「Ｙ車」）を運転中のＹが本件交差点に進入してきた別の車両を避けようとして、本件交差点角のＸ２建物端にＸ２の飼い犬（ゴールデン・レトリーバー種。以下「本件犬」）と一緒に立っていた女性Ｘ１をＹ車のボンネットの上に跳ね上げ、そのままＸ２建物の玄関に突っ込み、本件犬が、頭部打撲、左側胸部裂傷、消化器内損傷等の傷害を負った事案である。

≪判決の概要≫　本判決は、本件犬の治療費、救急動物病院に行く際に利用したタクシーの料金など６万円余を事故と相当因果関係のある損害として認め、事故で首輪が破損したので新しく買い替えた首輪の代金4,800円については、証拠上、破損した首輪の時価額の推認が出来ないとして否定した。このほか、Ｘ１の治療費、通院慰謝料、休業損害、弁護士費用等、Ｘ２の家屋修繕費用、正月を挟んだ１か月以上にわたり表玄関にベニヤ板を打ち付けた状態で過ごすことで生活上及び家業上の不便を被ったことによる慰謝料20万円、弁護士費用等の損害も認め、Ｙに対して、それぞれ賠償を命じた。

コメント

本件では、Ｙ車と衝突した飼い犬の損害について、事故による負傷の治療に直接かかった費用のほか、夜間救急病院へタクシーで行くのもやむを得ないとして（大型犬でもあることから）タクシー代が認められた。ペットの死傷による損害については、直接要した治療費、やむを得ない少額な費用については近時問題なく認められるといえるが、ペットの時価相当額を大きく上回る損害が発生した場合、それが当該加害行為と相当な因果関係のある損害として認められるかは難しい問題である。本来、相当因果関係の有無と被害物（ペット）の価値は直接は関係しないと考えられるが、裁判ではどうしても物の価値（価額）を基準とする傾向がある。ペットの死傷に伴い高額な治療費や後遺症が残った場合の介護費等がかかることは、近時では通常予測できる範囲内ではないかと考えられ、ペット死傷に伴いどこまでの損害が認められるかは、なお流動的な問題である。

〔11〕交通事故で猫の世話ができなくなった一人暮らしの被害者の猫の世話代を損害と認定

京都地判平成15年1月31日　自動車保険ジャーナル1485・23

概要

≪事案の概要≫　横断歩道を自転車で横断中のX（50代の女性）が、Y運転の乗用車に衝突され、左脛骨高原骨折、左膝外側半月板損傷、腰部打撲の傷害を負い、人工骨や自家骨移植の手術を含む5か月間の入院、その後約9か月の通院を要したため、後遺障害、休業損害等のほか、自分の入院期間中飼い猫の世話を頼んだ知人に謝礼として支払った15万円の賠償を求めた事案である。

≪判決の概要≫　本判決は、Xが一人暮らしで5か月の入院期間中、住居であるマンションで飼っていた猫の世話を知人に依頼した事実、知人には、猫の餌代とは別に15万円（月3万円）を世話代として支払った事実を認めた上、月3万円の金額は、ペットショップなどに預けた場合の費用と対比して社会的に相当なものと認められるとして、交通事故と相当因果関係のある損害として認め、そのほか、Xの入院雑費、通院や通勤時のタクシー代、休業損害、逸失利益、傷害慰謝料、後遺障害慰謝料、弁護士費用等を損害として認め、Yに対して、合計980万円余の賠償を命じた。

コメント

一人暮らしで猫を飼育しているXが入院中、知人に猫の世話を頼み、支払った世話代月額3万円（合計15万円）を損害として認めた事例である。なお、餌代などの必要経費は、事故がなくてもかかる費用なので、事故と因果関係のある損害とは認められない。次の〔12〕事例でも、高齢世帯2人暮らしでの入院期間中の愛犬預託費用（ただし半額）が認められている。相当損害の中に、飼育動物の預託や世話の費用についても認められることが一般的になってきたといえる。ただし、金額については、実際の支出額が、一般的なペットホテル料金よりも低額かほぼ同額であれば全額認められるが、実際の相場よりやや高い場合などは、全額認められるのは難しいかもしれない。

〔12〕交通事故で犬の世話ができなくなった被害者（二人暮らし）の愛犬預託料を損害と認定

横浜地判平成６年６月６日　ウエストロー

概要

≪事案の概要≫　バスに乗車中、停車駅で下りようとしたのにバスの運転手が気付かず出発し、急発進したため転倒して左大腿骨頸部内側骨折等の傷害を負い、約１年６か月の入院を余儀なくされたＸ１（72歳の女性）が、後遺障害、休業損害等のほか、自分の入院期間中飼い犬２匹を警察犬訓練所に預託した費用についても損害としてバス会社Ｙに賠償を求めた事案である。

≪判決の概要≫　本判決は、Ｘ１と同居する夫Ｘ２が入院期間中常にＸ１に付添うなどして犬の世話を全く出来ないといった事情もないこと、Ｘ１でなければ犬の世話を出来ないという事情もないことから、愛犬預託費用として支出した額の約半分にあたる65万円の限度で事故との相当因果関係を認め、そのほか、Ｘ１が求めた退院後症状固定時までの付添費用（家政婦への賃金を含む）については、その実質は日常家事労働を満足にできないことへの対価であるから家事労働分は休業損害ないし逸失利益として考慮すべきであるとして、独自の損害としては否定し（入院中の付添費用は肯定）、また、Ｘ１が求めた会社の監査役として得ていた収入をもとにした休業損害については、Ｘ１は名目上の監査役に過ぎないとして家事従事者としての休業損害のみを認め、そのほか、入・通院や後遺障害による慰謝料（逸失利益は否定）、弁護士費用の一部等を損害として認め、Ｙに対して、Ｘ１へは1,754万円余を、Ｘ２へは82歳という老齢の身で生活が一変し極めて多大の精神的苦痛を被ったし今後も被り続けることは推認に難くないとして100万円（自己固有の慰謝料）の各賠償を命じた。

コメント

入院期間中の愛犬預託費用の半額が事故と相当因果関係のある損害として認められた事例である。本件２匹については、警察犬訓練所に預けた点から大型犬とも思われるが、夫婦の年齢を考慮すると小型犬とも考えられ、判決からは犬種や飼育状況は一切不明である。元気に暮らしている老夫婦が事故や病気をきっかけに生活が一変し、肉体的にも精神的にも回復不能となる例は散見される。高齢者の事故は今後も増加すると思われるが、被害者が高齢者の場合、持病の影響で損害評価が難しい例が多いこと（素因として損害額から控除するかどうかの判断）、高齢ゆえに手術による積極的な治療方法ができない例もあるなど、損害評価が難しく、ケースバイケースになるため、損害の予測も難しいといえる。

〔13〕飼犬に襲われ飛び出した道路上で交通事故にあった子どもに対し、飼い主と運転者の連帯責任肯定

大阪地判昭和51年７月15日　判時836・85

≪事案の概要≫　10歳の女児Ｘ１は、登校途中、Ｙ２経営の文房具店（以下「店舗」）に立ち寄ったが閉まっていたので開けてもらおうと、店舗奥にあるＹ２自宅に向かったところ、Ｙ１の飼い犬『太郎』が突然吠えながら襲いかかってきたので、店舗前の側溝を超えて約80センチメートル下の道路（以下「本件道路」）に飛び降りたところ、Ｙ３運転の普通貨物自動車に跳ねられ、頭部挫創、頭蓋骨骨折等の傷害を負い、後遺症として顔面中央に複雑な創痕（最大のもの5.2センチメートル）や変色が残り、外貌に著しい醜状（後遺障害等級７級12号）を残した事案である。

≪判決の概要≫　本判決は、Ｙ１を『太郎』の占有者（民法718条１項）と認めた上で、Ｘ１がほかの避難場所がいくらでもあったのに本件道路に飛び降りたことについて、『太郎』は以前も付近の住民に吠えついたり追いかけて咬みついたことがあり、Ｘ１も数回吠えつかれ追われたことがあったので平素から『太郎』を恐れていたこと、Ｘ１の年齢等から、突然面前から『太郎』が激しく吠えながら襲いかかってきたのに極度に驚愕して逃げ戻り本件道路に飛び降りたのは誠にやむを得ない成り行きといわざるを得ず、その原因は『太郎』側にあるというべきで、しかもかかる状態で道路上に飛び降りた者が交通事故に遭遇することも犬の占有者にとって通常予測し得ないことではないから、『太郎』がＸ１に吠えつき襲いかかったことと事故との間には相当因果関係があるとして、Ｘ１の損害（逸失利益630万円余、慰謝料300万円、治療費、眼鏡や洋服、靴等の損害）について、Ｙ１に対し、運転者Ｙ３（前方注視義務及び事故発生回避措置義務違反の過失があるとされた）と連帯して、786万円

余の支払いを命じた。X２、X３（両親）固有の慰謝料は否定した。

コメント

文房具店店主Y２は、飼い主Y１の姉で、『太郎』の元飼い主である。本件では、Y２に対して、『太郎』のどう猛さを熟知していたのに、当日、『太郎』が自分に付いてきたのに放置したまま自宅に入ったなどとして不法行為責任が追及されたが、当日このような事実があったとは認められないとしてY２の責任は否定された。従前咬みつき事故を起こした犬をけい留もせずに何の囲いもない屋外に放置していれば、事故があった際、占有者責任（民法718条１項）を負うのは当然である。人間が驚いた時にどのような反応をするかは、特に子どもの場合突飛な逃走経路を取ることもあり、本件のような事態は予測可能な範囲と言わざるを得ない。

〔14〕犬の交通事故死による慰謝料２万円

東京地判昭和40年11月26日　判時427・17

概要

≪事案の概要≫　午後７時半過ぎ、歩車道の区別なく交通が頻繁な路上で、Xの被用者A（女性）がXの飼い犬『アクター号』（ダックスフンド種のオス）を散歩中、綱を短く約50センチメートルに持ち道路を横断しようと立っていたところ、突然Aの右側から進行して来たY会社の被用者B運転のタクシー車がAの足下から約50センチメートル道路中央に寄った辺りにいた『アクター号』と接触し、鳴き声に驚いたAが綱を引いたが間に合わず、『アクター号』は即死、Aが大声を上げ複数の通行人がタクシーの窓を叩いたが、Bは逃去した事案である。

≪判決の概要≫　本判決は、自動車運転者に、一般に、道路上の犬に対して歩行中の人（特に子ども）に対する程高度な注意義務を負わせることはできないが、みだりに犬の生命を奪ってよいわけではなく、ことに人の所有する畜犬は法律上財産権の客体として危害を加えないようにする一般的な注意義務があるとしてBの過失を認め、損害については、『アクター号』の購入費用は６万5,000円だが購入後チャンピオン賞を獲得したので種オスとして相当多額の交配料を得ることができる点を考慮し時価を10万円とし、しかし一般に畜犬とくに平常屋内で愛玩用に供される小型高級犬を散歩させるときは、出来る限り車両交通量の少ない安全な場所と時間を選ぶべきで、やむなく本件のような道路を通行する場合は、犬と車両の接触を避けるため終始細心の注意を払うべきで、この種の犬を道路における危険から守るための主たる注意義務者は運転者ではなく犬の同行者ないし保管者にあるから、被害者側の過失を考え、時価の３割（３万円）の限度を損害とし、その他ＹがＡの言い逃れを楯に事故を言いがかりと主張してＸの被害感情を刺激していることなどから、慰謝料２万円を認め、不法行為責任（民法709条）に基づき、Ｙに対して、合計５万円の賠償を命じた。

コメント

本件は、ペットの時価について、購入価格を上回る金額が認められ（微々たる金額でかつ過失相殺もされたが）、加害者の応対の悪さから、被害感情を刺激されたとしてさらに慰謝料が認められた（これも微々たる金額ではあるが）。出典によれば、ペットの交通事故死による損害賠償請求事件については、東京控訴院判決（明44（ネ)55号事件）で犬が自動車にはねられた事故で犬の価格500円の賠償を認めたものがある（判時427・17の判例特報記事より）。

〔15〕前方に犬と人を認めた場合の貨物自動車運転者の注意義務

宮崎地都城支判昭和35年７月28日　判時235・30、判タ108・91

概要

≪事案の概要≫　Ｙ会社の雇人Ａは、貨物自動車を運転して全く見通しのきかない山道のカーブにさしかかったところ、進行方向右側にＸ所有の犬（３歳のオスのポインター種。以下「猟犬」）が側溝中をゆっくり進んでくるのに気づいたが、同時に、左前方に同一方向に進行する二人乗りの自転車一台を発見したので注意をそちらに移し、警笛を鳴らすと同時に徐行して自転車の右側から追い越したが、その直後にハンドルに衝撃を感じて停止すると、猟犬の頭部及び腹部に自動車の前車輪を乗り上げて轢き殺したことがわかった。Ｘが不法行為（民法709条、715条１項）に基づき猟犬の時価相当額（20万円）の一部（15万円）を損害として賠償を求めた事案である。

≪判決の概要≫　本判決は、Ａが猟犬に気づきながら視野から失った理由は、自転車に危害を加えないよう注意を配ったことにあること、犬が私法上保護を受けるのは、犬が生物であるため人と同様生命を尊厳されなければならないからではなく、ただ人の財産権の対象である物として保護されるにとどまり、これは財産権の対象とならないいわゆる野犬が轢殺されようと撲殺されようとそのこと自体法的な非難は加えられないことから明らかであるとして、はるかに重大な法益である人の生命身体に危害を加えないよう注意するのあまり、劣後する財産権の対象としての犬にさしたる注意を向けなかった運転者は責められるべきではないとし、また、直ちに急停車をして両方の法益の安全をはかるべきという反論もありうるが、貨物自動車の果たす迅速な輸送という社会的機能を考えると、直ちに急停車して両者への加害を避けることまで運転者に要求するのは過酷であるとして、Xの請求を棄却した。

コメント

本件猟犬は、猪ワナにかかっていたところを他人に助け出されて一人（匹）山を下り帰宅途中に事故にあったようである。人や動物の生命を論じるときに、「道路輸送の社会的機能」を比較に持ち出すような価値判断は、現在ではさすがになされないだろうと考える。また本件は動物愛護法の制定（昭和48年）前の判決であるから、少なくとも現在では、犬が法的に生命を尊厳されないなどということはなく、野良犬であっても「愛護動物」として法的な保護を受けるのは当然である。

愛護団体を巡る裁判

近年、動物愛護団体の活動をめぐり、寄付金詐欺や里親詐欺（団体が加害者、被害者双方含め）、あるいは、団体内部の紛争といったトラブル事例が散見されます。これらの事例については、直接動物そのものに関わる訴訟ではないので、本書ではあまり取り上げていませんが、ここで幾つかを簡単にご紹介します。

〈愛護団体への寄付金返還請求を否定した事例〉

動物救助活動目的での支援金の募集に応じたボランティアら（X）が、愛護団体（Y）は目的に沿った活動をしていないなどとして、Yに支援金の返還等を求めた事案です。これに対して大阪高判平成23年12月９日は、Xの寄付は、一定の目的（犬の救済）のための寄付とはいえるものの、すべてをその目的に限定した負担付き贈与契約とまではいえないなどとして、Xの返還請求は否定しましたが、Yには信義則上の説明・報告義務（贈与契約に付随する義務）違反があるとして、Yに対し、Xら各自への慰謝料（１万円～20万円）の支払いを命じました。

〈愛護団体から里親への犬の返還申立てを否定した事例〉

自治体の動物愛護にかかるセンターから犬を引受け里親に譲渡する活動をしている愛護団体Xが、センターから引き受けた小犬について、里親希望者Yに面接の上、小犬を引き渡し、その「お試し期間」中に、元の飼い主が見つかったとしてYに小犬の返還を要求し引取りに来たが、Yが、納得できる理由がないとして小犬の引渡しを拒絶したため、Yに小犬の返還を求め、引渡断行の仮処分を申立てた事案です。これに対して東京地決平成27年３月31日は、小犬は迷い犬の可能性がありXに所有権があるとはいえないこと、XからYへの正式譲渡が認められるために将来にわたるX・Y間の信頼関係が必要だとしても、また、その信頼関係がなくなったとしても（Xは、要求をのまないということは信頼関係がなくなったといえると主張）、それは主にXに原因があること（合理的な説明もなく一方的に返還を要求）、小犬引渡しから既に半年近く経過していることなどを理由に、Xには、被保全権利（請求権）も緊急を要する必要性もいずれも認められないとして、Xの申立てを却下しました。

第4章

獣医療過誤が問題となった事例

獣医師の民事責任

不法行為責任と債務不履行責任

獣医療過誤事件は近年増加傾向にあるといえます。背景には、飼い主（消費者）の権利意識の高まりや獣医療費用の高額化などがあると考えられます。

獣医療過誤事件において、獣医師や動物病院の民事責任は、通常、不法行為責任（民法709条）あるいは債務不履行責任（民法415条）として問責されます。これは人間の医療の場合と同様です。

飼い主が自分のペットの診療を獣医師に依頼し獣医師がこれを引き受ける契約は、事務の委託である準委任契約（民法656条。委任の規定を準用）と考えられます。したがって、獣医師は、善良な管理者としての注意義務（同644条。善管注意義務）をもってペットの診療等に当たる義務があります。

善管注意義務とは、事務を委託された者（受任者）の職業や社会的地位に応じて通常期待される注意義務です。獣医療過誤訴訟では、この善管注意義務の程度、すなわち獣医療水準が重要です。当時の同レベルの獣医師において、一般的・抽象的にどの程度の注意義務が期待されていたのか、そしてこの水準と比較して劣っていたのかによって、注意義務違反の有無が判断されます。

これに加え、高度医療化、専門化が進む昨今は、当該獣医師に高度な治療が期待されていたか、という契約当事者間の合意内容（病院の形態等による黙示の合意を含め）も重要な要素となります。

不法行為責任と債務不履行責任の違い

不法行為責任の場合、立証責任は被害者（多くは原告飼い主）にあるので、被害者の側で、加害獣医師らの故意または過失（注意義務違反）を立証する必要があります。これに対して債務不履行責任の場合、立証責任は、事実上、債務者にあり、獣医師が注意義務違反がなかったことを立証（反証）しなければなりません。

また、不法行為責任は、被害者が損害及び加害者を知ったときから３年、または不法行為時から20年経つと請求できなくなるのに対して、債務不履行責任は10年間請求できます*。

このような違いはありますが、実務上は、「不法行為責任または債務不履行責任に基づき」として両方とも主張されることが多いようです。

* 第189回国会に提出された「民法の一部を改正する法律案」（提出日平成27年３月31日）では、債務不履行責任は、債権者（被害者）が権利を行使できることを知った時から５年、または、権利を行使できる時から10年間請求できることに変更されています（改正案166条１項）。

会社の責任

加害獣医師が勤務獣医師である場合、あるいは、会社経営の病院の場合、加害獣医師に対する不法行為責任の追及とあわせて、経営獣医師または経営会社に対して使用者責任（民法715条１項）や債務不履行責任が追及されることが多いです。

相当因果関係

行為と結果との間には「因果関係」（ある事実が、それに先行する他の事実に起因するという関係）が必要ですが、一般的な見解では、因果関係は、社会通念上相当なもの、すなわち「相当因果関係」のあるものでなければならないとされています。

何が相当かについては種々の考え方がありますが、民法の損害賠償については、通常生ずべき損害（通常損害）をもって相当因果関係のある損害と考えます。当事者にとって、通常、予見可能な事情によって生じた損害という意味です。

したがって、獣医療過誤において、獣医師の責任が肯定されるためには、生じた結果（損害）が、当該獣医師の過失行為によって、通常生ずべき、当事者にとって予見可能な損害であることが必要です。なお、通常損害といえなくても、当事者が知っていた、あるいは、予見可能な特別事情による損害（特別損害）については、損害賠償請求ができます（第１章１〔24〕事例など参照）。

また、たとえば死亡結果との因果関係の証明がされなくても、医療水準にかなった医療が行われていたならばその死亡の時点においてなお生存していた相当程度の可能性の存在が証明されるときは、因果関係があると解されます（最判平成12年９月22日民集54・７・2574参照）。医師の過失がなかったとしても結果が避けられなかった場合には因果関係はないということになります（本章〔３〕事例など参照）。

獣医師の刑事責任、行政上の責任（行政処分）

刑事責任

獣医療過誤においても、行為の態様、結果の重大性等によっては、獣医師に刑事責任の追及や行政処分が行われることがあります。獣医師が動物を手術する場合、動物の体にメスを入れ、切ったり縫ったりしますから、これらの行為は、器物損壊（刑法261条）、動物殺傷（動物愛護法44条１項）などの犯罪の構成要件にはあたるわけです。しかし、動物の治療のためという目的の正当性、国家資格を有する獣医師が獣医療水準に従った適切な方法で行うという行為の相当性から、正当業務行為（刑法35条）として違法性が阻却されるので犯罪にはなりません。したがって、もし、目的の正当性、手段の相当性がなければ、それは単なる殺傷行為として犯罪が成立するのです。

この理は人間の医療の場合ももちろん同様です。

行政上の責任（行政処分）

獣医師法８条は、応招義務*に違反した者、届出義務に違反した者、罰金以上の刑に処せられた者、獣医師道に対する重大な背反行為もしくは獣医事に関する不正の行為があった者又は著しく徳性を欠くことが明らかな者、獣医師としての品位を著しく損ねた者については、獣医師免許の取消し又は業務停止処分に処することができると規定しています。

しかし、獣医師法に基づく行政処分の多くは、獣医療業務とは直接関係のない、医薬品の違法な扱いや（「麻薬及び向精神薬取締法」違反、「医薬品、医療機器等の品質、有効性及び安全性の確保等に関する法律」違反など）、痴漢行為などの刑事犯罪によるものがほとんどです。背景には、動物に関する刑事事件の立件の困難に加え、所管庁（農林水産省）が、獣医療業務の内容の是非を判断できない、あるいは、避けていることにもよるのではないかと考えられます。

* 開業獣医師は、飼育動物の診療を求められた場合、正当な理由がなければ診療を拒むことができない（獣医師法19条）。

獣医師への社会的な期待

獣医師と獣医師会について

獣医師資格は、動物に関する業務を行う上でほぼ唯一の国家資格です。国家資格を有する獣医師の団体として、公益社団法人日本獣医師会があります。日本獣医師会は、各獣医師が地域獣医師会に所属し、地域獣医師会が日本獣医師会の会員を構成するという構造になっています。獣医師会は任意団体なので、獣医師の加入は義務ではありません。開業獣医師に限れば、加入率の実際は６～７割前後といわれています。

これに対して、たとえば同じく国家資格である弁護士の場合、日本弁護士連合会と各都道府県弁護士会の両方に必ず加入しなければなりません。これは、弁護士の使命（国民の基本的人権を守る）から、弁護士の業務が必然的に国家と対立せざるを得ないため、国からの独立と弁護士団体自治が強く要請されるからと考えられています。弁護士会は、個々の弁護士の業務内容に問題があるとして請求を受けた場合、審理をした上で、当該弁護士に対して、戒告、営業停止、退会命令、除名の懲戒権を行使することができます。

獣医師会など何らかの制度設計への期待

獣医師会の役割について安易に弁護士会など他業種と比較できるものではありませんが、何らかの役割を期待されていることは確かです。獣医師会には自治権、懲戒権などはなく、個々の獣医療紛争が獣医師会に持ち込まれても、任意で解決あっせんをする場合があり得るにとどまり、問題とされた獣医師が獣医師会を脱会してしまえばそれさえもほぼ不可能でしょう。強制加入の是非や、団体内部の制度設計（民主的手続の徹底など）の課題もあるにせよ、獣医師同士の交流の機会、医療水準の均一化確保のため、何らかの制度を作る必要性を感じます。

本章〔６〕の事件後、獣医師国家試験に動物愛護法など獣医師倫理の分野が新設されたといわれていますが、資格取得後は自ら研鑽に努める獣医師とそうでない者との間で能力的に大きな差があるといわざるを得ません。自治体や企業等に勤務していた獣医師資格者が、引退後、開業獣医師に転ずる場合の技術面における公的な手当などもありません。

獣医師は法律上、保健衛生分野などで非常に多岐にわたる任務を担っています。獣医療制度について今後の課題は多く、制度の充実を期待したいところです。

本章では、特に記載がない限り、ＸがＹに対して、債務不履行責任（民法415条）又は不法行為責任（同709条）に基づき損害賠償を求めた事案である。

4

〔1〕狂犬病予防接種による副作用事故で医師の責任肯定

最判昭和39年11月24日　判時397・34、判タ170・127
（東京高判昭和36年12月20日 ／ 千葉地判昭和33年７月８日）

概要

≪事案の概要≫　中学生Ｘ（男子）は、近所のＢ宅前で、突然飛び出してきたＢ飼育のシェパード犬（以下「本件犬」）に右膝関節裏側（ふくらはぎ）を咬みつかれ、近くの開業医Ｙの診察を受け、Ｙから、直ちに予防接種を14日間連続接種する必要があり本件犬が狂犬か確かめてからでは手遅れになると言われ、翌日から連日14回に渡り人体用狂犬病予防ワクチン（不活化）の注射を受けたところ、約１週間後、具合が悪くなり高熱が続き、水を恐れ泡を出し重体となり他病院に入院し、知能上の後遺症を残す可能性がある狂犬病予防接種後麻痺症になった事案である。
≪判決の概要≫　Ｙは、当時近隣で狂犬病の発生があったので、犬が過去半年以内に予防注射をした確証がない限り注射すべきであると主張したが、一審判決は、医学界の現状と所見について、①狂犬病は罹病すれば治療法はなく100パーセント死亡するが、狂犬の唾液中にある病原体は、狂犬の臨床的症状が現れる４～５日前に出るからこの頃以後に咬傷を受けると狂犬病の危険があること、従って犬にかまれて狂犬病になる率は非常に少ないこと、②狂犬病の潜伏期（頭部に近い方が潜伏期間が短いという咬傷部位による違いがあるが、最短８日位～最長数年に及び、統計上31日～80日が比較的多い）と注射により免疫が完成するのは注射完了後２週間を要するとされていることからなるべく早く注射すべきであること、③不活化ワクチン予防注射の場合、低率ではあるが狂犬病予防接種後麻痺症の発生は避けられず、重いと死亡或いは知能上の欠陥を将来に残す恐ろしい病気で、いまだ有効的確な治療はないことを示した。その上で、Ｙは約半年前にもＢ宅の女中が本件犬に咬まれたのを診察して予防注射をしており本件犬について予備知識を持っていたこと、本件犬は狂犬病予防注射をしているといわれたことから本件犬が狂犬であるとの疑いはほとんどなかったと見るのが常識であること、確証が得られないならＢから証明書を取ってくるよう指示すべきなのにしていないこと、Ｙは以前も犬に咬まれた自分の子どもらに対し、咬んだ犬の予防注射の有無にかかわらず直ちに予防注射を実施していることから、Ｙは狂犬病発病を恐れるあまり、注射による後麻痺症の危険についてはほとんど考慮していないことが伺え、Ｘに安易に全く無用の注射を実施し、これにより後麻痺症が発生した以上責任は免れないとして、Yに対し、治療費のほか慰謝料10万円などの賠償を命じた。Yは上訴したが、控訴審、上告審（最高裁）もこれを支持した。

コメント

獣医療事例ではないが、狂犬病予防に関する事例なので本章で紹介した。狂犬病は、発症すると致死率ほぼ100パーセントの恐ろしい病気である。国内では1960年代を最後に発症例はないが（外国帰りの人の発症例はある）、本件当時はまだ散発しており、本件は、発症をおそれた医師がとりあえず予防注射を接種したが、ワクチンの影響で後遺症が残り、医師に責任ありとされたものである。なお、明治判例であるが、獣医師の鑑定を信じて人医が予防接種をしなかったため、犬に咬まれた少年が死亡し、獣医師が有罪となった事例がある（第７章〔５〕事例）。狂犬病のおそれと、ワクチン後遺症のおそれとどちらを優先するか、医師にとっては難しい判断だが、本件では、連続注射中にXが気分を悪くしたことがあったこと、２回目以降の注射を看護師任せにしていたこと、同じ犬に咬まれた人を診察したこともあり、狂犬病予防注射済みの犬かどうかを簡単に調べられたこと、普段から漫然と過剰な予防注射を行っていたこと、当時治療法もない後麻痺症の危険について医師業界でも問題になっていたのにこの危険を考えなかったことなどから、責任が認められたと考えられ、妥当な判断であろう。

〔２〕飼い犬の死亡で、入院、転院などをさせた動物病院の責任を否定

東京高判平成22年10月７日　ウエストロー
（東京地判平成22年４月15日　ウエストロー）

概要

《事案の概要》　X（控訴人）は、飼い犬（ポメラニアン種。以下「飼い犬」）を連れてY病院（被控訴人）を受診し僧帽弁閉鎖不全症と診断され、その約３か月後別の病院で気管虚脱と甲状腺機能の低下が見られるとされ、その約８か月後さらに別の病院を受診して肺水腫と診断され、それぞれ投薬治療を行っていた。さらにその約５か月後の夜間、Xは飼い犬の呼吸が荒いなどとしてYを受診し、諸検査の結果、Yは、肺水腫、腎不全と診断して飼い犬を入院させたが、Xに、以前受診したことのある他病院A（〔３〕の事件被告）での治療を希望するか尋ねたところ、

ＸがＡでの治療を希望したため、翌日Ａに転院させたが、転院翌日Ａを退院、その翌々日に再びＡに入院、その翌日に飼い犬が死亡したため、Ｘが、最初の入院先Ｙに対し、①Ｙに入院及びＡに転院させる必要がないのにさせた過失、②カルテ記載漏れの過失などにより損害を被ったとして、治療費、慰謝料などの損害賠償を請求した事案である。

≪判決の概要≫　本判決は、上記①について、Ｙが、当時の飼い犬の症状、検査結果等から、肺水腫と診断し治療のために入院が必要と判断したことは何ら不適切ではなく、転院についてもＸの同意があり合理的であるとし、上記②について、カルテの記載内容が転院先での投薬内容を決定するものではないから、ＹがカルテにＸの申出どおりの記載をしなかったことが直ちに過失にあたるとはいえないとし、そのほかのＸ主張（検査をしなかったことなどが医療水準を逸脱する違法な措置、説明義務違反）も否定して、Ｘの請求を棄却し、控訴審もこれを支持した。

コメント

本件及び次の〔３〕事例は、死亡ペットの飼い主が、入院先、転院先の獣医師らを相手に、細かな診断や投薬、治療の過失の一つひとつを争った事案である。本件は、最初の入院先の動物病院に対する事件である。本判決は、獣医師らの行為のいくつかについて、多少問題があるにせよ、いずれも獣医療水準を逸脱するほどのものではないとして獣医師らの責任を否定した。転院先の動物病院と獣医師らを被告（本件ではＡと記した）としたのが次の〔３〕事例である。

〔３〕原審を変更して転院先病院に説明義務違反ありとした

東京高判平成22年10月７日　ウエストロー
（東京地判平成22年４月15日　ウエストロー）

概要

≪事案の概要≫　前出〔２〕の事件のＸが、転院先の病院Ｙ１（会社）に対しては診療契約の債務不履行（民法415条）または不法行為（同715条）に基づき、勤務獣医師Ｙ２、Ｙ３に対しては、薬剤や薬量の誤り、説明義務違反などの過失による不法行為（同709条）などに基づき損害賠償を求めた事案である。

≪判決の概要≫　一審判決は、Ｙらの診断、治療などに問題はなく、細かい検査結果の説明がないとしても、どう診断、治療するかという重要な点を説明している以上説明義務違反もないとしてXの請求を棄却した。これに対して本判決は、Yらは X に、ストレスの大きい入院生活より自宅で酸素療法を続ける方が好ましい、食欲がなくおう吐するようであれば点滴治療に通院してもらうことなどを説明してXに退院を了解してもらったが、飼い犬が退院後間もなく死亡する危険があることを説明しておらず、Xとしては、飼い犬が重篤であることまでは容易に判断し得たが、自宅療養で対応可能と受け止め、間もなく死に至る危険があるとまで考えなかったのも無理はなく、Yらの判断（自宅療養）に誤りがないとしても、このような状況下で入院治療を続けるか退院して自宅での治療に切り替えるかの選択はXが決定すべきことで、その決定に必要な情報の一つとして、間もなく死に至る危険があることを明確に告げる必要があったとして、説明義務違反を認め、ただ、説明があっても死は免れなかったとして死亡との因果関係は否定し（Yらは退院時本件犬の心不全、肺水腫などが間もなく死亡してもおかしくない重篤な状態だったことを認識している）、慰謝料5万円、弁護士費用として1万円の損害を認め、Yらに、連帯して6万円の賠償を命じた。

コメント

本件及び前出〔2〕事例は、死亡ペットの飼い主が、入院先、転院先の獣医師らを相手に、細かな診断や投薬、治療の過失の一つひとつを争った事案である。本件は、転院先の獣医師らが退院を勧める時の説明として、犬が間もなく死ぬことを認識しながら飼い主にこれを明確に告げずに在宅治療を勧めその決定をさせたことが、Xの意思決定を害したとして、獣医師らに説明義務違反を認めたものである。説明の有無にかかわらず結果（死亡）は避けられなかったとして死亡との因果関係は否定した。本件Xはあちこちの病院を回っているようであり、複数の獣医師が転院や退院を促していることからみても、獣医師との信頼関係を築くのが難しかった様子がうかがわれる。

〔4〕原審を変更して病院に説明義務違反なしとした

名古屋高判平成21年11月19日　ウエストロー
（名古屋地判平成21年２月25日　ウエストロー）

概要

≪事案の概要≫　Ｘ１～Ｘ３（反訴被告、被控訴人）飼育の犬（ウェルシュ・コーギー種。以下「飼い犬」）が、Ｙ（反訴原告、控訴人）経営の動物病院で腹腔内陰睾丸腫瘍摘出手術（以下「本件手術」）を受けたが退院後自宅で死亡したため、ＸらがＹの医療過誤、説明義務違反に基づく賠償を求めたのに対し、Ｙが未払診療報酬請求の反訴を起こした事案である。

≪判決の概要≫　一審判決は、死因はＹ主張のとおり重度の貧血症とした上で、Ｙらは、Ｘらに対し、本件手術及び術後の治療に必要な輸血の血液を確保できないこと、及び、それに伴う問題を説明し、Ｘらがどの病院で治療させるか判断できるよう説明する義務があったのに怠ったとして、Ｙに対し、説明義務違反による慰謝料各７万円（３名で21万円）等の賠償を命じ、Ｙの反訴請求については、既払額以外に別途費用が要る旨の説明はなくこの部分の診療報酬の合意は成立していないとして棄却した。

これに対して控訴審判決（本判決）は、獣医師は、治療としての輸血の必要性を説明し、輸血可能な転院先を紹介することで、術後の治療としての輸血に関する準備・治療上の義務を履行したとし、獣医師が本件手術の前後複数回にわたって、疾患の原因、治療の見込み（生命の危険があり、手術及び相当量の輸血等が必要なことなど)、Ｙ病院の輸血の態勢と、輸血可能な他の病院に転院することや安楽死を含めた治療などの選択肢について十分な説明を行ったとして、説明義務違反を否定した。また原審が否定した診療報酬について、獣医師は術前、手術及び最低限必要な入院費用の概算を説明しているから、必要相当額の診療報酬を支払う旨の黙示の診療契約が締結されたとして、Ｘらに対し、連帯して15万円の賠償を命じた。

コメント

一審判決では獣医師の説明が不十分とされたが、さらなる審理が尽くされた控訴審（本判決）では一転、獣医師は十分説明したと評価された。一審の審理（当事者の尋問など）が不十分だったのではないかと思われる。また、報酬について本判決は、獣医師が事前に、概算で13万円位と説明しており、手術の結果が予想できず、その後の治療内容が未確定な段階では、必要な治療費の金額を契約時に正確に算定するのは困難だから、当事者は、相当額の診療報酬を支払う旨のいわゆる出来高払いの合意をするのが自然でありかつその必要性があると判示している。概算と大きな相違もないことから、妥当な評価と考える。

〔5〕検査義務、高次医療機関への転院義務などに違反したとして40万円の慰謝料等を認めた

東京高判平成20年9月26日　判タ1322・208
（横浜地判平成18年6月15日　判タ1254・216）

概要

≪事案の概要≫　Xは、平成14年4月14日、出来物がある飼い犬（12歳位のミニチュア・ダックスフンド種のメス。『葉子』）をＹ１（会社）経営の動物病院獣医師Ｙ２に受診させ、入院、同年5月9日、他へ転院させたが、間質性肺炎及びDIC＊に罹患し、一時瀕死の状態になった事案である。

≪判決の概要≫　一審判決は転院義務違反等についてＹらの責任を認め、本判決も次の通りこれを支持し、損害額を増額した。すなわち、Ｙ２には、入院後4日目頃までには細菌培養検査を行うべき注意義務があったし、その結果本件出来物が無菌であること、すなわち細菌感染由来でないことが確認された場合には、犬種（ダックスが好発犬種であること）、抗生物質投与の効果がないことなどから、無菌性結節性皮下脂肪織炎を疑うべきであったし、またその診断ができないならば高次医療機関に直ちに転医させるべきであったとし、Ｙ２は多剤耐性の大腸菌と推認される菌が検出されてから相当期間が経過し、『葉子』が40度を超える高熱を発し、白血球数が異常数値を示した初診後17日目頃までには、プレドニゾロン（ステロイド剤）を処方（投与）するか、高次医療機関へ転院させるべき注意義務があり、そうすれば遅くとも5月1日以前に無菌性結節性皮下脂肪織炎の診断をすることが十分可能で直ちにプレドニゾロンを投与し、間質性肺炎及びDICに罹患することはなく、1週間程度で退院できる程に治癒していたとして、『葉子』が一時瀕死の状態になったことなどを考慮して慰謝料40万円（一審の20万円を増額）、後医での治療費、入院中に見舞いに行った際の交通費の一部、弁護士費用7万円など合計63万円余を連帯して支払うようＹらに命じた。後遺症につ

いては因果関係を否定した。
なお、本判決は、獣医師の善管注意義務について次の通り判示した。すなわち、獣医師は準委任契約である診療契約に基づき、善良なる管理者としての注意義務を尽くして動物の診療にあたる義務を負担すること、この注意義務の基準となるべきは、診療当時の臨床獣医学の実践における医療水準であること、医療水準は、診療にあたった獣医師が診療当時有すべき医療上の知見であり、当該獣医師の専門分野、所属する医療機関の性格などの諸事情から判断されるべきである（人の医療についての最判平成７年６月９日）こと、自ら医療水準に応じた診療ができないときは医療水準に応じた診療をすることができる医療機関に転院することについて説明すべき義務を負い、それが診療契約に基づく獣医師の債務の内容となると判示し、ただ獣医療においては健康保険制度がなく医療費が高額になりがちであること、飼い主とペットの関わり方が様々であることなどから医療内容は飼い主の意向によって大きく左右されるため、獣医師は、①飼い主に診療内容決定にあたり特に高額の治療費を要する場面では意向を確認する必要があり、その前提として、飼い主に、動物の病状、治療方針、予後、診療料金などを説明する必要があり、②動物の生命、身体に軽微でない結果を発生させる可能性のある療法の実施にも同意を得る必要があり、その前提として説明する必要がある、③副作用のおそれのある薬剤投与についても悪しき結果が生ずるのを避け、適切で的確な療養状況確保のために説明義務（療養方法としての説明義務）を負う、④その他飼い主の求めに応じて診療経過治療結果についても説明義務を負うとした。

＊ 播種性（はしゅせい）血管内凝固症候群（DIC）：本来、出血箇所でのみ生じるべき血液凝固反応が、全身の血管内で無秩序に起こる症候群。血栓と出血の症状がみられる（判決文中の説明より）。

コメント

本件は、飼い犬の初診時には債務不履行はないが、その後入院させた時点では獣医師に検査義務があるのにそれを約２週間漫然と放置していたことが医療水準を逸脱する善管注意義務違反であるとされたものである。判決文中の最判平成７年６月９日は人間の医療についての判例であるが、これを獣医療に置き換え、医療水準をもとに説明義務の範囲について明らかにした点でも参考になる。

〔6〕獣医師による詐欺、動物傷害連続事件で慰謝料50万円などを認めた

東京高判平成19年12月25日　判例集未登載
（東京地判平成19年３月22日　ウエストロー）

概要

ここで紹介する１～５事件は、弁論終結前に併合されたが別事件なのでそれぞれ解説する。以下は一審判決（本判決）であるが、控訴審判決もこれを支持してＹの控訴を棄却、Ｙの上告却下により確定した。

【１事件】Ｘ１（被控訴人、以下のＸについても同）は、平成15年12月、開業したばかりのＹ（控訴人、以下同）病院のペットホテルに飼い犬（１歳のミニチュア・ダックスフンド種のメス。『クリスティ』）を６日間預けたところ、『クリスティ』は痩せこけて異臭を放つ状態で戻り、帰宅後、嘔吐・下痢を繰り返し、Ｙ病院を受診するが適切な対応がないまま、他病院で肝臓異常が判明し、約半年後に死亡した事案である。

本判決は、Ｙが、『クリスティ』を預かり中に、糞便検査でサナダムシを発見したので駆虫したなど虚偽の説明をしてＸ１に治療費を払わせており、詐欺（不法行為）にあたるとして、Ｘ１が支払った数千円の治療費の賠償をＹに命じた。

【２事件】Ｘ２は、平成16年、飼育しているチンチラ（小型の齧歯（げっし）類。10歳のオス。『トン』）が便秘気味なので、夜間、24時間開業やエキゾチックペットの診療の権威であるようにインターネットで宣伝しているＹ病院を訪れたところ、Ｙから検査入院が必要と言われ『トン』を預け、翌日Ｙから『トン』が死にそうなので緊急手術が必要と言われて了承したが、術後『トン』は衰弱し、高額不明朗な治療費を払わないと退院させないと「留置権」を主張するＹと押し問答の末退院させ他病院に入院させたが、数日後衰弱などにより死亡した事案である。

本判決は、『トン』は手術適応になかったのに、Ｙは虚偽の事実を告げてＸ２と契約を締結し、これは治療費を得る意図があったと推認され詐欺（不法行為）にあたり、手術は正当な業務行為とはいえず動物傷害（不法行為）にあたるとして、Ｘ２がＹ及び転院先（後医）へ支払った治療費等、慰謝料50万円（葬儀費用は慰謝料算定で考慮）、弁護士費用として10万円の合計64万円余の賠償をＹに命じた。

【３事件】Ｘ３は、平成16年、飼育しているフェレット（小型のイタチ類。４歳のメス。『しゅう』）がおう吐するなどしたので、Ｙ病院に診療を依頼したところ、Ｙは、検査入院が必要として『しゅう』を預かり、

その夜、X３が旅行で遠方にいることを知っていたYは、緊急手術をしないと『しゅう』が死ぬとX３の携帯電話に連絡して手術の承諾を得て手術し、翌日、X３に腸重積で小腸部分を切開したと説明したがX３は不審に思いYに転院を申し出ると高額な治療費を払わないと返さないと「留置権」を主張され、やむなくX３は、高額な代金と引換えに転院させたが、『しゅう』は荒い縫合痕から腸が飛び出ていて他病院（後医）で緊急手術を行い命は取り留めたが急性腎不全に陥り、慢性腎不全の後遺症が残った事案である。

本判決は、Yがペット保険会社に提出した診断書、専門家証言などから、『しゅう』は手術適応にないのが明らかなのに、Yが虚偽の事実を告げて契約を締結した詐欺（不法行為）にあたることなどから正当な業務行為とはいえず動物傷害（不法行為）にあたること、後遺症とYの手術との因果関係については（Yは後医の手術が原因として因果関係を争った）、急性腎不全及び肝不全は、Yまたは後医の手術自体の侵襲、またはいずれかの際の脱水等による腎臓への血流量の維持困難、いずれかの手術の麻酔による影響のいずれかまたはそれらが複合作用して生じたと推認できるとして、後医の手術はYの手術が原因で必要だったことからYの手術行為と後遺障害には因果関係があるとして、X３がY及び後医へ支払った医療費等全額のほか、慰謝料について、<u>飼い主のペットに対する愛情はペットの財産的価値を超えて保護されるべきものである</u>ところ、『しゅう』が急性腎不全と急性肝不全を経た後、慢性腎不全が残存したこと、一時は救命も困難な状態であったのを長期間の療養で脱したが、その治療に費やしたX３の負担は著しいものであったこと、<u>Yの不法行為の態様が詐欺や動物傷害という故意に基づくもので本来ペットの生命身体を守るべき獣医師が、飼い主のペットに対する愛情を利用して詐欺行為を働き、多額の治療費等を負担させ、適切な治療行為を施すどころか後遺障害を負わせたことは、獣医師に対する、飼い主や社会の信頼を裏切るものであり、Yの行為が計画的、常習的であることも考慮すると極めて悪質</u>として30万円を認め、そのほか弁護士費用として15万円の合計130万円余の賠償をYに命じた。

【４事件】X４は、平成16年、他病院で慢性腎不全などが疑われている飼い犬（15歳のメスのスコッチ・テリア種。『モモ子』）が夜間痙攣を起こしたので、24時間治療の宣伝をしているY病院に診療を依頼したところ、Yが、Y病院でなら４～５日で改善し退院できると説明したので、『モモ子』を預けたが、X４は、その２日後、宣伝とは異なる、不衛生な保管状態や対応に不信感が募り、『モモ子』を退院させに行くとYに連絡したところ、直後にYからX４の携帯電話に『モモ子』が今心肺停止したので蘇生中という連絡が入り、その数分後にY病院に到着すると、

既に『モモ子』は冷たい状態になっていたが、Ｙは、高額不明朗な追加代金を払わないと死体を返さないと「留置権」を主張し、Ｘ４は代金を支払った事案である。

本判決は、『モモ子』は、客観的にはＹ初診時に既に重篤な慢性腎不全によって死亡の危機に瀕した状態だったのに、Ｙは、診療契約時、『モモ子』の重篤な状態に気づいていたか、または、『モモ子』の症状が重篤か否か、それに対する適切な治療は何かについて診断し、治療をする意思はなかったのに、改善すると虚偽の事実を告げていることから、治療費を得る意図があったと容易に推認でき、詐欺（不法行為）にあたるとした上で、飼い主は、ペットが重篤な疾病や寿命等によって死を迎えるにあたって、ペットを自宅で看取るか、動物病院で看取るかを選択し、かつ、その死亡を見守るべき立場であったのに、Ｙの詐欺行為で、Ｘ４が主体的に自宅等で看取り、その死亡を見守る利益が害され、その上、Ｘ４にとっては『モモ子』がどのような経緯で正確にはいつ死亡したかもわからない状況とされたものであるところ、その利益も法律上保護されるとして、死亡を見守る利益が侵害されたこととの因果関係を認め、慰謝料30万円、Ｘ４がＹに支払った代金、弁護士費用として10万円の合計59万円余の賠償をＹに命じた。

【５事件】Ｘ５は、平成16年、飼い猫（11歳のオス。『チビ』）が自宅階段から落ち手足を出血したので、Ｙ病院に診療を依頼したところ、Ｙから手術が必要なので預かると言われて『チビ』を預けたが、直後から、他にも損傷があったので手術代が高くなった、ICU に入れたなどと言われ長期入院をさせられ不信感が募り、Ｘ５は、Ｙとの押し問答の末、追加代金の支払いと引き換えに『チビ』を退院させ別病院に連れて行ったが、『チビ』は間もなく肥満細胞腫で死亡した事案である（Ｙは、Ｘ４の息子がＹ病院に面会に来た際、お母さん（Ｘ５）から送られたFAXが薄いので署名してくれと、代金額を変えた誓約書に署名させ、それをもとに高額な代金（35万円程）を請求した）。

本判決は、Ｙが骨折について、副木固定及び手術を実施する意思がなかったのに、手術を実施するとの虚偽の事実を告げて入院を勧め、その承諾を得ており、治療費を得る意図があったと推認でき詐欺（不法行為）にあたるとし、手術の必要性は全くないのに、アブセス手術と称して、『チビ』の左前足部と胸部を切開して縫合する手術を施したことは正当な業務行為とはいえず不法行為（動物傷害）にあたること、退院に際してＸ５に暴行を加え全治２週間の傷害を負わせたのも不法行為にあたるとして、Ｙに支払った一部代金、慰謝料30万円、弁護士費用として15万円の合計60万円余の賠償をＹに命じた。

本判決は、上記１～５事件に対する共通事項として、カルテ等は通常信用性が類型的に高いものとされているが、本件Yの各カルテはその体裁上、信用性は類型的に低いと解さざるを得ず、さらに客観的な事実に明らかに反している点や矛盾ないし不自然な点が多数あり、全体として極めて信用性に乏しいと評価した。

コメント

本件は、Xらのペットが Y の「診療」を受けて死亡または後遺障害を負ったことについて、①診療契約締結時、治療意思がないのに虚偽の事実を告げて締結させた詐欺行為、②動物傷害行為の２つの不法行為を認めた上で、Yへの既払い治療費等の損害のほか、上記【２事件】については死亡との、上記【３事件】については後遺障害との、上記【４事件】については飼い主のペットの死亡を見守る利益の侵害との因果関係を認めた。後出の〔18〕事件と同種、同一のYに対する事件である。

本件一連の事件は、被害者が続出し、裁判所に陳述書を提出した被害者だけで31名。被害後にペットを持ち込まれた動物病院（後医）など20名以上の獣医師が、Yの行為は通常の獣医療水準から考えても極端で獣医師全体の社会的信用に関わるなどとして、同様に裁判所に陳述書を提出した。Y動物病院では開業以来度々警察沙汰になり、一審判決後も、連日のように被害者が出て警察署に被害が申告されたが、所轄警察署は動かず、本判決後も本件Xら及び〔18〕事件Xの告訴を受理しなかった。しかし、本判決を受けて、所管の農水省は獣医師法に基づき、Yに３年間の業務停止の行政処分を行った（その後同種別件（暴行傷害容疑）でさらに２年間の業務停止処分）。獣医療業務の適正をめぐっての免許取消処分は前例重視の行政ではなおハードルが高いといえる。本事件を契機に、獣医師国家試験には獣医師倫理の項目が入ったといわれている。

〔７〕老犬の手術による死亡で、慰謝料各自に35万円

東京高判平成19年９月27日　判時1990・21
（宇都宮地足利支判平成19年２月１日　ウエストロー）

概要

≪事案の概要≫　Xら（３名）は、Y１経営の動物病院に飼い犬（15歳の柴犬のメス。以下「本件犬」）を受診させたところ、Y１勤務獣医師Y２は、①子宮蓄膿症治療のための卵巣子宮全摘出、②口腔内腫瘍治療

のための（腫瘤が悪性かどうかの生検を兼ねた）下顎骨切除、③乳腺腫瘍切除の３か所の手術が必要としこれらを同時に行ったが、術後本件犬が死亡した事案である。

≪判決の概要≫　一審判決は、上記①手術は子宮蓄膿症の診断と手術の緊急性判断が慎重さを欠き不適正、上記②手術は生検を行わない単に切除のみを目的とし不適当（Ｙは生検に付さなかった）、上記③手術は簡易で付随的なものだが良性で手術の必要性はなかったとし、手術と死亡との因果関係を肯定、Ｙ１（民法715条）、Ｙ２（同709条）の不法行為責任を認めた。Ｘ、Ｙ双方が控訴した本判決は概ね原審を支持した上で慰謝料を増額した。すなわち、Ｙ２は、Ｘらが手術に消極的なのを熟知していたのだから慎重に判断すべきだったのに、麻酔の危険性を考えるあまり同時手術の危険性を考慮せず本件犬が死亡したとし、また説明義務違反について、獣医師は、原則として飼い主の意思に反する医療行為を行ってはならず、飼い主が医療行為の内容や危険性等を十分理解した上で意思決定できるよう必要な範囲の事柄を事前に説明する必要があり、人間と飼い犬の生命が問題となる場合とでは医師または獣医師が負う説明義務は全く同一の基準が適用されるべきではないにしても、一定の場合には、説明の不履行が説明義務違反になるとして、上記③手術は説明と同意を欠くとし、Ｙらに連帯して、治療費相当額、Ｘ１人あたり慰謝料35万円（合計105万円）、弁護士費用の賠償等を命じた。Ｘら主張の新たな犬の購入費は、本件犬は老犬で客観的に財産的価値はないとして否定した。

コメント

手術には麻酔による危険が伴う。麻酔の危険性を考え一回の手術で複数箇所の手術を同時に行うという考え方もあろうが、本件では犬が15歳と高齢であること、飼い主が手術に消極的であること、下顎骨切除が無目的であることなどからＹ１病院の責任が認められた。また、本件ではＹ２が保管期間内にカルテを違法に廃棄していた。カルテ記載義務や保管義務（３年間）違反はそれぞれ20万円以下の罰金刑にあたるが（獣医師法21条、29条）、刑事責任が問われることはほぼなく、民事責任においてもほとんど考慮されていないのが実状である。獣医師が動物を扱うほぼ唯一の国家資格であることにかんがみ、もう少し法を厳格に運用してもらいたいと考える。

〔8〕「ばん馬」手術ミスによる死亡で、馬の交換価値をもとに損害額を算定

札幌高判平成19年3月9日　判タ1250・285
（釧路地北見支判平成18年4月17日　判タ1250・293）

概要

≪事案の概要≫　北海道市営競馬組合が行う地方競馬（ばんえい競馬）の競走馬（ばん馬）『キタミハクリキ号』（当時4歳のオス馬。以下「本件馬」）が喘鳴症に罹患していたので、馬主X（本件馬を500万円で購入した）は、農業協同組合Y運営の診療所で権威のA獣医師に本件馬の咽頭形成手術を受けさせたところ、Aが縫合針等を残置し、本件馬は術後、排膿や結合組織の肥厚が生じるなどして呼吸困難となり安楽死された事案である。

≪判決の概要≫　一審判決は、Aに過失があるとしてYの使用者責任（民法715条）を認め、2,000万円余の支払いを命じたが、これを不服としたX、Y双方が控訴した。本判決は概ね原審を支持した上、Xの損害額を増額した。すなわち、本件馬の呼吸困難（左側咽頭部周囲全域に及ぶ結合組織の肥厚）の原因は、残置針のみではなく、通常よりも長時間に及んだ手術の術中感染（ある部位に菌が付着してそこを感染源として症状が悪化する感染症）、残置糸から免疫力が低下したことなどによるとした上で（Yは、血行感染—ある部位で発生した菌が血液を介して菌が体に回り感染症が広がる—を主張したが、血行感染であれば最終的には敗血症から多臓器不全などを起こす可能性があるのに本件馬は呼吸器以外の症状がなかったとして否定された）、死亡逸失利益について、本件馬は通算40戦12勝（勝率3割）という極めて高い勝率のばん馬であり、これをもとに8歳（平均引退時期）までの得べかりし利益を計算し、そこから加齢による走力低下などを考慮して2割減額し784万円余と計算し、そのほか治療費や輸送費、休業損害、種牡馬（しゅぼば）としての価値822万円余、弁護士費用200万円の合計2,051万円余の賠償をYに命じた。

コメント

競走馬の逸失利益（得べかりし利益）をどう算定すべきかが争点となった事例である。Xは将来の賞金獲得可能性を考慮すべきであると主張したが、本判決は交換価値によるべきであるとした。将来の賞金獲得可能性を考慮するのは、過剰なフィクションを裁判に持ち込むこ

とになるとする見解もある（村越啓悦「競走馬に関する基礎知識と法律問題」判タ1198・64)。なおＹは、本事件後ばんえい競馬が事実上廃止され死亡逸失利益は考慮できないと反論したが、本事件当時には、近い将来廃止されるという具体的事由が客観的に予測されていたという特段の事情はないとして否定された。

〔９〕左前足の腫瘤切除の手術前の説明義務違反で慰謝料を認めた

名古屋高金沢支判平成17年５月30日　判タ1217・294
（金沢地小松支判平成15年11月20日）

概要

≪事案の概要≫　Ｘ１、Ｘ２夫婦は、獣医師Ｙ１に、左前足に腫瘤がある飼い犬（13歳のメスのゴールデン・レトリーバー種。以下「本件犬」）を受診させ、Ｙ１の勧めに従い手術を受けさせたが、術後１か月半程で本件犬が死亡した事案である。

≪判決の概要≫　一審判決は、ＸらのＹ１、Ｙ２（Ｙ１の妻）に対する①治療義務違反、②説明義務違反の債務不履行または不法行為に基づく請求をいずれも棄却したが、本判決は、一転Ｙ１の責任を認めた。上記①について、Ｙ１は腫瘤の悪性、良性の別を診断するため生検を行うべきだったのにしなかった、上記②について、飼い主は、ペットにいかなる治療を受けさせるかにつき自己決定権を有し、これを獣医師から見れば、飼い主がいかなる治療を選択するかにつき必要な情報を提供すべき義務があり、説明の範囲は、飼い主がペットに当該治療方法を受けさせるか否かにつき熟慮し、決断することを援助するに足りるものでなければならず、具体的には、当該疾患の診断（病名、病状）、実施予定の治療方法の内容、その治療に伴う危険性、他に選択可能な治療方法があればその内容と利害損失、予後などに及ぶとし、Ｙ１が手術前、悪性、良性いずれでも摘出しかないこと、もともと後ろ足の悪かった本件犬の歩行に支障を来すおそれがあることを説明するにとどまり、手術に伴う危険性として、本件腫瘤が悪性で、術後再発したら断脚しかないことを説明しなかったとして、説明されていればＸらは本件犬に手術を受けさせず保存的な治療をし、術後１か月半程度で死ぬことはなかったと推認して、Ｙに対し、手術費、術後の当該術部に対する治療費（７万円)、慰謝料各15万円（２人で30万円)、弁護士費用分５万円の賠償等を命じた。Ｘらが求めた、抗ガン剤治療や民間療法の費用、獣医師資格のないＹ２

への請求は否定された。

コメント

獣医師の説明義務は飼い主の自己決定権のために必要とした上で、特に手術前の説明義務の範囲について詳細に検討した高裁判例である。実務上も参考になると思われる。獣医師の過失による不法行為責任、債務不履行責任（善管注意義務違反）を考えるには、獣医療水準が重要となるが、本判決でも、「小動物の臨床腫瘍学」などの文献をもとに、獣医学の知見として、術前に生検を実施する必要性があるとし、実施可能だったのにしなかった点について過失を認定している。本判決については、判例評釈があるのでそちらも参照されたい（浦川道太郎「ペットに対する医療事故と獣医師の責任」判タ1234・55）。

獣医師の説明義務

獣医師には、飼い主がペットに獣医療行為を受けさせるに際し、飼い主に対して、当該医療行為の必要性や相当性についてわかりやすく説明する義務があります（インフォームドコンセント。民法656条、645条、獣医師法20条）。

獣医師が説明義務に違反した場合、説明を受けていればそのような判断（手術を選択した・しないなど）はしなかったとして、飼い主に慰謝料損害が認められることがあります。〔9〕高裁判例を見ても、医師の説明義務は患者（ペットの場合は飼い主）の自己決定権のためにあるとして、広く認められる傾向が読みとれます。説明義務違反を認める裁判例は増加していると考えられます。

しかし、このような自己決定権を根拠として医師の説明義務を広範囲に認める見解に疑問を呈し、医師の説明義務は、診療契約（法的性質は準委任契約）上の報告義務（民法656条、645条から導かれる、患者の利益のために必要な報告をすべき義務）にすぎないとする見解もあります。この見解では、医師の説明義務違反を否定した最判平7・4・25民集49・4・1163、最判平13・11・27判時1769・56などを分析し、医師の説明義務の範囲は、確立された医療水準の範囲を原則とし、それ以外の事柄については原則として説明義務を負わないが、患者が明示的に説明を求めた事項や患者が当該医師の下で医療行為を受けるか否か選択するのに重大な影響を与えることが客観的に明らかな事項については、説明義務を負うとしています（近藤昌昭＝石川紘紹「医師の説明義務」判時2257・3、我妻学による同論文への「コメント」判時2257・14参照）。

説明義務が、結果的に、患者（あるいは飼い主）の自己決定権に資する面があることは確かです。しかし、そのこととは峻別し、あくまで契約の一内容と捉えて、個別事情を元に医師の説明義務の範囲を決定すべきなのではないかと思います。説明義務の範囲を一義的に決めるのは困難ですが、当事者のやり取りの状況、当時の時代背景（本人へのガン告知が一般的だったかどうかなど）、医師の属性（高度医療病院か、主治医か、専門医かなど）などの個別具体的な事情を吟味して決めることになると思います。

患者（飼い主）としては、「医師は患者からの質問にはすべて答えるべきであり、いかなる内容についても説明しなければならない」、「説明がなかったから選択の機会を得ることが出来なかった」、などと安易に説明義務違反を主張しても、通るものではないと考えるべきでしょう。

なお、本人訴訟の事例ですが、カルテ開示、処方薬の説明義務違反等を争い、原告（飼い主）が敗訴したもの（東京地判平成24年7月19日ウエストロー）もあります。

〔10〕ヘルニアと子宮蓄膿症の２度の手術や入院治療で死亡した犬について獣医師の責任否定

横浜地判平成24年８月21日　判例集未登載

概要

≪事案の概要≫　Ｘ１、Ｘ２は、約半年前にヘルニアと診断されリハビリ治療を終えていた飼い犬（７歳のメスのミニチュア・ダックスフンド種。『みゅう』）が頻尿を起こすのでＹ病院に診療を依頼したところ、椎間板ヘルニアで手術が必要と診断され、手術（片側椎弓切除術）を受けさせた。退院から約１か月後、『みゅう』に血尿などの症状が出たのでＹ病院を受診したところ、子宮蓄膿症で手術が必要と診断され、子宮摘出手術を受け、さらに退院から約１か月後、体調不良でＹ病院を受診したところ、今度はクッシング症候群との診断を受け入退院を繰り返したが、『みゅう』は間もなく死亡した事案である。

≪判決の概要≫　Ｘらは、Ｙが、①２度も不要な手術をしたこと、②漫然とステロイドを投与したことやストレスなどでクッシング症候群（副腎皮質機能亢進症）を発症し、その治療薬（トリロスタン）の副作用でアジソン病（副腎皮質機能低下症）になり死亡したこと、③トリロスタン投与について説明義務違反があることなどを主張したが、本判決は、上記①について、Ｙが、レントゲンの結果胸椎間の圧迫を認めて椎間板ヘルニアと診断し手術をしたことは問題なく、超音波検査の結果、卵巣腫大や子宮拡大等の状態を確認して子宮蓄膿症と診断し手術をしたことも問題ないとし、上記②について、『みゅう』は医原性（薬剤投与が原因）のクッシング症候群を発症していたとは認められない、また、アジソン病を発症していたとは直ちに認められないとし、上記③について、Ｙは通常行っているとおりの説明をしたから説明義務違反はないとして、Ｙの過失をいずれも否定し、Ｘらの請求を棄却した。

コメント

７歳の犬に対し、１か月程の間隔で、椎間板ヘルニアの手術、子宮蓄膿症の手術と２度の手術を行い、間もなく死亡したという事例である。麻酔を伴う手術や入退院を繰り返す治療自体による衰弱死の可能性もあると思われるが、手術や入通院中の治療に、明らかな獣医療過誤は見あたらないと評価されたようである（ただし本件は控訴されている）。判決文によると予算面からの飼い主の希望もあったようであるが、ヘルニアの確定診断にMRI検査を行っていない。また子宮蓄膿症の手術で採った卵巣がない、カルテ記載やカルテ保存義務違反があるなど獣医師側の問題があり、事実関係が不明朗な部分もある。民事訴訟では、カルテ記載・保存義務違反等刑事罰を伴う違反行為が獣医師に不利な事情としてほとんど評価されないのが気になる。

〔11〕手術中の死亡で、獣医師の責任否定

東京地判平成25年10月16日　ウエストロー

概要

≪事案の概要≫　Ｘ１、Ｘ２、Ｘ３（Ｘ１とＸ２の子ども）は、食物を摂取せずおう吐を繰り返す飼い犬（ヨークシャー・テリア種、『ハッピー』）をかかりつけのＳ動物病院に連れて行ったところ、肝臓や脾臓の腫大の可能性があり試験的開腹手術が必要との説明を受け経過観察をすることにしたが、翌日血便症状が出たため、Ｄ動物病院に連れていったところ（Ｓ病院休診日のため）、腸閉塞、腫瘤、副腎皮質機能亢進症の疑いと診断され、超音波検査等の精密検査を勧められた。翌明け方、

『ハッピー』が再びおう吐し血便症状が出たため、X１、X２は、インターネット広告で救急受付をしているYに連絡の上、受診した。Yは、『ハッピー』のレントゲン検査により、消化管の不透過性が亢進していることを確認し、腸閉塞、腫瘍、炎症性腸疾患等の除外診断のため、バリウム（硫酸バリウム）を投与して消化管バリウム造影検査を実施したところ、間もなく『ハッピー』が多量のバリウムをおう吐し、胃内残存の少量のバリウムも十二指腸へ移行しないことから、X１に電話をしその旨説明して、重篤な状態であること、対症療法を継続し、確定診断には試験的開腹手術が必要であること、内科的治療でも予後は不良で近い将来死亡の可能性がある旨の説明をし、X１の同意を得て、試験的開腹手術を行った。麻酔前投与薬を投与し、開腹し、開腹所見を把握し、手術を終えたが、覚醒前に口腔内検査をしたところ、歯牙に歯石が沈着し重篤な歯周病を発症していることを確認したので歯石を除去し全ての歯牙を抜去した。手術説明後、入院治療を継続したが、手術翌日死亡した事案である。

≪判決の概要≫　Xらは、①手術や抜歯に同意していない、②消化管バリウム造影検査は禁忌である、③麻酔前投与をしなかった、術中モニタリングしなかった、その他説明義務違反などを争い、Yの債務不履行又は不法行為責任を追及したが、本判決は以下の通り、Xらの請求を棄却した。すなわち、上記①について、Xらが結局は手術に同意していること、説明も受けていることなどの事実を認定した上で、Xらの同意を得ずに抜歯をしたことについては、麻酔下でなければ口腔内検査は不可能で、事前に抜歯の必要性を判断するのは困難であること、歯周病は肝臓病、心臓病などの全身性疾患の発症の要因となり得ること、覚醒時に歯牙が脱落し、畜犬がこれを誤嚥する危険性もあることなどを考慮すると抜歯は必要不可欠な診療行為であるとし、上記②について、小動物へのバリウム投与は、消化管牙孔等の急性腹症を示唆する所見が確認される場合は禁忌とされているがそのような所見はなかったこと、上記③について、術中モニターによるモニタリングをしていたことなどの事実を認定し、説明義務も果たしているとした。

コメント

飼い犬が術後死亡したことについて、飼い主（ただし所有者については争いがあった）が獣医師の注意義務違反、説明義務違反を追及したがいずれも認められなかった事例である。犬の年齢は不明だが、おそらくある程度高齢な犬と考えられる。本件では、極めて短期間の間に３軒の動物病院を受診し、いずれもほぼ同じような診断と今後の治療方針が示されていること、Ｙの実際の治療内容などからも、特に問題は見て取れない。事前説明もないまま全部の歯を抜くという行為は、素人である飼い主には驚愕ではあったと思われるが、少なくとも裁判所は、必須の治療行為であり、事前説明できないのもやむを得ないとして、適切な治療行為であったと判示している。

〔12〕歯石除去施術後の２匹死亡で、獣医師の不法行為責任肯定

東京地判平成24年12月20日　ウエストロー

概要

≪事案の概要≫　Ｘら（２名）は、Ｙ獣医師に飼い犬４匹（チワワ種）の歯石除去施術（以下「本件施術」）を受けさせたところ、うち２匹（親犬とともに飼っている姉妹犬で、当時４～５歳。それぞれの呼称『桜』、『愛』）が、本件施術後、間もなく、呼吸停止して死亡した事案である。

≪判決の概要≫　本判決は、Ｙが使用した全身麻酔薬「ラピノベット」及び「ソムノペンチル」について、前者は国内の臨床試験で77例中67例の犬に無呼吸が認められ、呼吸抑制、循環器系の抑制等の副作用があり得ること、後者は、同様の重篤な副作用が高率で発生するとされており、気道確保、人工換気、酸素吸入の準備をし、異常があれば気管内挿管や適切な治療をすべきであるとされていることからすれば、獣医師は、これらを投与する際は、上記準備をした上で、投与後、患畜を継続的に監視し、異常があれば適切な措置を迅速に実施する注意義務を負うのが相当であるとした上で、本件では、Ｙは本件施術前、『桜』と『愛』の体重も測定せず、何らの準備もしていなかったことなどから、これら注意義務を怠ったとした。死亡との因果関係については、麻酔剤投与後『桜』と『愛』がほどなくして呼吸が停止し死亡したこと、いずれも特に既往症はなく健康であったこと、全身麻酔剤には重篤な副作用があり得ることからすれば、『桜』と『愛』の死亡は全身麻酔剤の副作用によるものであると認め、呼吸停止などに備えた準備をして異常発見時、迅速に気管内挿管を実施するまたは治療を開始するなどしていれば、死亡は回避出来たとして因果関係を認めた。損害については、２匹の取得価格（各５万円）の事情のほか、『桜』については、４年弱家族のように暮らしてきたことから慰謝料30万円（Ｘら合計）とし、『愛』について

は、飼育期間（２週間）は短いものの、母犬の子犬であることから当初より家族のような感情を抱くことも自然であるとして慰謝料を同額とし、これに葬儀費用４万円、弁護士費用等の支払いをＹに命じた。

コメント

４匹のチワワのうち２匹が麻酔直後、施術中に死亡し、Ｙ獣医師の不法行為責任が認められた事例である。債務不履行責任ではなく不法行為責任が認められたということは、Ｙの注意義務違反が著しいと評価されたと考えられる。複数匹が術中に死亡している事情も、責任を肯定する方向に作用したと思われる。判決文からは詳細な背景事情は不明であるが、Ｙは主治医だったようであり、Ｘの犬は、過去５年間だけでもＹにより25回も麻酔を伴う施術を行っているというくだりがある。以下は私見だが、薬剤投与や手術による侵襲行為が、超小型犬であるチワワに与える影響の大きさを考えると、過剰診療ではないかと思われる（過剰診療については、獣医師、飼い主それぞれの方針があり一概に評価できない問題を含んではいるが）。また、Ｙは一人で対応していたようであり、麻酔を伴う手術を常時一人で行っていたとすれば、手術に伴う監視、緊急時の措置等の体制が不十分であった可能性も考えられる。

〔13〕手術後に腹膜炎で死亡した犬について獣医師の責任否定

東京地判平成24年６月14日　ウエストロー

概要

≪事案の概要≫　Ｘ１、Ｘ２夫婦は、Ｙ１（会社）経営の動物病院に、食欲不振の飼い犬（マルチーズ種。以下「本件犬」）を受診させ、Ｙ１院長獣医師Ｙ２の勧めに従い、内視鏡が届かないところに膿瘍性病変がある可能性を考え開腹検査手術を受けさせたが、本件犬は、術後約１週間で腹水が少量貯まり、同約２週間で大量の腹水が貯まり、Ｙ２は腹膜炎を疑い本件犬の開腹手術を行い空腸部分にある穿孔病変を切除したが、この２度目の手術の約６日後に腹膜炎で死亡した事案である。

≪判決の概要≫　Ｘらは、①検査手術で穿孔が生じて腹膜炎になったとし、検査手術後１週間の時点で腹膜炎を疑い適切な検査をすべきだった検査義務違反、②検査手術に際し、リンパ急性腸炎は予後が悪く生存期間が半年から１年というケースがあることを説明すべきだった説明義務違反などを主張し、不法行為等に基づき賠償を求めるとともに、Ｙ２に対して治療費を支払う義務がないことの確認を求めた。本判決は、上記①について、検査手術後１週間の段階では腹膜炎の典型的症状である大量の腹水がなく、また、おう吐症状はあったがこれは以前からなので本件犬がもともと罹患していたリンパ球性腸炎によるとも考えられ、腹膜炎を疑うべき所見があったといえないこと、２度目の手術で採取した細胞の病理検査の結果（繊維素化膿性腸炎）から、腹膜炎の発症時期は２回目の手術の前日（大量の腹水が発見）直前と考えられ、穿孔部位は病理検査に隣接した時期（２回目の手術）に生じた急性のものと考えられるとして否定し、上記②について、リンパ急性腸炎の治療効果は個体差が大きく、一般的に予後不良ともいえない（予後をことさら悲観的に説明するのはかえって誤った判断材料を提供することになる）などとして否定し、Ｙらに義務違反がない以上Ｙらには Ｘらへの報酬請求権があるとして、Ｘらの請求をいずれも棄却した。

コメント

術後腹膜炎で死亡した犬に対する検査義務違反及び説明義務違反がいずれも否定された事例である。術後の腹膜炎では、手術の不備を疑うのは合理的と思われるが（後出〔30〕事例参照）、本件腹膜炎は繊維素化膿性の炎症（すなわち、血管に形成された血栓により血管が壊死・破綻して出血し、酸素不足で限局的に壊死を起こし、壊死部に好中球が浸潤することで起こったもの）とされ、血栓形成の原因は特定困難だが、検査手術（小腸の一部切断摘出）事体が血栓形成を誘発するとは考えられないとＹらは反論し、結局、急性に血栓が形成された医学的原因は不明なままだった。

〔14〕猫伝染性腹膜炎（FIP）で死亡した猫について獣医師の責任否定

東京地判平成24年６月７日　ウエストロー

概要

≪事案の概要≫　Ｘは、風邪様症状の飼い猫（約10歳のオス。以下「本件猫」）を、Ｙ１（会社）経営の動物病院に連れて行き、Ｙ１獣医師Ｙ２から、重度の脱水や削痩などで点滴治療の必要があるといわれ入院させたところ、FIP（猫伝染性腹膜炎）*とわかりインターフェロンなどの治療を受けたが、入院13日後に死亡した事案である。

≪判決の概要≫　Xは、Yらが、①入院4日目にはFIPと診断していたのに説明をしなかった、②インターフェロンは不必要な実験的治療、③貧血の対処措置の誤り、不要な検査などにより、治療選択の機会を失い、本件猫の死期が早まったなどとして慰謝料等の賠償を求めた。本判決は、上記①について、本件猫はもともと非常に状態が悪く、諸検査で、腹水、猫免疫不全ウィルス感染症（FIV）陽性、腎臓リンパ腫の疑い、交通事故による内部臓器損傷の可能性、免疫不全によるトキソプラズマ症の疑いなどがあり、FIPに特異な症状と検査結果はなかったこと、猫コロナウィルス遺伝子検査結果は陰性であり（陽性ならFIPが確定）、Yらの治療過程は、FIPの知見上合理的であること（罹患猫の臨床症状及び検査結果はFIPに特異的ではないため、確定診断には多くの所見を集め、類似の他の疾患の可能性を除外する必要がある。）、Y2は入院4日目にFIPの可能性や急変の可能性を説明していることなどから否定し、上記②について、FIP罹患の猫の予後は非常に悪く、そもそも完治のための確立した治療法はないこと、延命のためにインターフェロンなどの治療を行うのは獣医師の裁量に基づく判断として許容されるとし、上記③について、昔と異なり、輸血前に必ずクロスマッチテスト（重篤な不適合反応を示さないか供血猫との試験を行うこと）を行うよう勧める研究者もいてYらはこれに従い、4回テストを実施したが不適合で輸血できなかったこと、検査に要する血液は1回に1ccに過ぎないことなどから検査や措置に問題はないとして、Xの請求を棄却した。

　＊FIPについては後出〔21〕事例の＊参照

コメント

　死因はFIPだが、本件猫はFIV（いわゆる猫エイズ）にも罹患し、腎臓や尿の異常値、腹水貯留など非常に悪い状態だった。Yらは、一つ一つ可能性をつぶし、FIPとの確信を得てインターフェロン治療を開始したものの、効果が出ない間に貧血の進行などから全身状態が悪化し死亡した。飼い主としては、入院後検査続きのすえ10日あまりで死亡したのだから、自宅での看取りの利益などを考えると納得がいかなかったのではないかと思われる。猫は、犬以上に体調不良を表に出さないため、飼い主が気づいた時には病気が相当進行していることも多く、入院や検査による負荷で一気に悪化して死亡する可能性も高いと考えられる。特に老齢猫の治療においては獣医師と飼い主のコミュニケーションが大切である。

〔15〕フェレット３匹の死亡について獣医師の責任否定

１事件：東京地判平成21年１月19日　ウエストロー
２事件：東京地判平成23年５月26日　ウエストロー
３・４事件：東京地判平成24年５月30日　ウエストロー

概要

１事件は飼い主Ｘから獣医師個人に対する説明回答請求事件、２事件は院長獣医師及び勤務の担当獣医師に対する、３事件は勤務の担当獣医師らに対する、４事件は動物病院経営会社に対する、Ｘからの損害賠償請求事件であるが、実質は同一事件なのでまとめて紹介し、以下まとめてＹと表記する。

Ｘは、飼育しているフェレット（小型のイタチ類）３匹（当時４歳のメスの『キュー』。同５歳のオスの『カボ』。同４歳のオスの『きい』）を平成17年中に、それぞれ、Ｙに診療を依頼したところ、通院を経て、平成17年７月～同18年３月にかけてそれぞれ死亡した事案である。

【１事件について】本判決は、獣医師の準委任事務に基づく報告義務は、一般的なものであり、飼い主の質問にすべて答える義務や書面による回答義務まで定めているものではないとしてＸの請求を棄却した。

【２事件について】本判決は、『キュー』死亡について、エキゾチックアニマルの分野では、抗ガン剤治療を行うことが獣医療水準の点から獣医師に義務付けられるとまではいえないなどとしてＹの注意義務違反を否定し、『カボ』死亡について、『カボ』の斜頸は、身体所見から脳の異常や感染症に由来する異常である可能性を除外して前庭傷害（内耳の神経の炎症）と判断し治療方針を決定できたのだから、これ以上検査をする義務があったとはいえないなどとしてＹの注意義務違反を否定し、『きい』死亡について、『きい』が咳をしていたのでレントゲン撮影を行い、肺水腫を伴う心肥大と診断し投薬治療をしており、それ以上の検査をする義務があったとはいえないし、投薬の乱用などもなかったとしてＹの注意義務違反を否定し、そのほかＸが主張した治療義務違反、説明義務違反、転院義務違反などいずれも認められないとして、Ｘの請求を棄却した。

【３・４事件について】本判決は、Ｘ主張の『キュー』に対するステロイド投与の適否、『カボ』の椎間板ヘルニアに対する治療の適否、『きい』の心臓疾患及び悪性リンパ腫に対するステロイド投与の適否について、【２事件】の認定をもとにいずれも問題ないとしてＸの請求を棄却した。

コメント

ペットのフェレット3匹の死亡という実質的に同一の事件について、Yに4度も訴訟が提起された（筆者が確認できた範囲で）。診療内容の説明回答請求が棄却され（1事件）、死亡について医療過誤による賠償と診療契約の錯誤無効による不当利得返還請求権に基づく支払った診療費相当の返還請求が棄却され（2事件）、さらに、異なる過失行為と構成して賠償請求を求めて棄却された（3・4事件）。Yの過失行為を別に構成することで、実質的にはYとしては複数回、同一事件について被告とされたわけである。詳しい背景事情は不明だが、本件がいずれも原告本人訴訟（代理人である弁護士がつかない）だったことも影響しているのかもしれない。

エキゾチックアニマルの診療は難しいといわれている。本件Y動物病院はエキゾチックアニマルに詳しいとされる有名な病院ではあるが、それでもなお、犬や猫と同じようなレベルの治療は獣医療水準上求められない、と評価されている。犬や猫と並び古くから飼育されている小鳥の治療についても、内科的治療としては結局保温と水分補給が重要とされているようであり、獣医療の高度化が進んでいるとはいえ、やはり小動物の治療は難しいと考えられる。

〔16〕大型犬の足の手術後のMRSA感染で獣医師の責任否定

東京地判平成24年1月25日　ウエストロー

概要

≪事案の概要≫　X1、X2夫婦は、飼い犬（7歳10か月のメスのラブラドール・レトリーバー種。以下「本件犬」）をY1（会社）経営動物病院の獣医師Y2に診療を依頼したところ、Y2は、本件犬が前十字靱帯の部分断裂を起こしているとしてTPLO手術（脛骨後傾角水平化手術。以下「本件手術」）を行ったが、退院直後に本件犬が細菌感染（MRSA）を生じ（以下「本件感染」）、Y病院に再入院後、当事者の話し合いのもと転院させ、転院先の病院で治療を受けた事案である。

≪判決の概要≫　Xらが、①本件手術の必要性がなかった、②本件手術内容の説明がなかった、③本件手術中に細菌感染を生じさせたとして、Y2に対しては不法行為（民法709条）に基づき、Y1に対しては使用者責任（民法715条）及び債務不履行（民法415条）に基づき損害賠償請求をした。本判決は、上記①について、当時本件犬は前十字靱帯の部分断裂を起こしており、本件手術の適応があったと認め、上記②について、カルテなどの記載からＹ２は術前に手術内容の説明を行っていると考えられること、上記③について、細菌培養検査の結果や手術後の退院で一旦Ｘら自宅に本件犬が戻っていることなどの経過から、本件感染が手術中ないしは手術後のＹ１での入院中に生じたと認めることはできないなどとして、Ｙらの過失をいずれも否定し、Ｘらの請求を棄却した。

コメント

手術適応が認められていること、MRSA 感染原因の特定が困難であること、Ｙ２らの措置として特に問題となる点が見られないことなどから、Ｙらの責任が否定された事例である。

人間の医療の場合でもそうですが、ペットの診療でも手術に際して、獣医師から飼い主に、獣医師の免責を約した誓約書の差し入れを要求されることが多くなりました。

手術前に、「手術により万一ペットが死亡しても一切責任を追及しません。」といった内容の誓約書あるいは同意書に署名した場合、獣医師にミスがあっても飼い主は一切責任を問えないのでしょうか？もちろん、そんなことはありません。獣医師に診療上の注意義務違反があれば、誓約書を差し入れたからといってそれだけで免責されるものではありません。

人間の医療についてですが、誓約書の効力が問題となった判例で、手術結果について一切の異議を述べない旨の誓約書を差し入れても、このような誓約書は単なる例文の類であり医師の過失に基づく損害賠償責任まで免責する効力はないとされています（最判昭和43年７月16日判時527・51）。

そもそも、全面的な免責条項は消費者契約法により無効とされます（消費者契約法８条１項）。

では誓約書にはどのような意味があるのでしょうか？

誓約書を差し入れることの意味は、獣医師が手術前に説明をしたことを証明したり、不慮の事故の際は責任は負わない旨を注意喚起する意味などがあります。また、誓約書の内容が単なる例文をあげたようなものにとどまらず、個別ケースに応じた具体的な取り決めといえる場合は、当事者間の合意として意味を持つと考えられます。

たとえば、飼い主の強い希望で難しい治療を行う場合に、期待されるような結果が出なくても獣医師に責任追及しないとすることなどが考えられます。個別具体的な取り決めをするという意味では、同意書や協議書を作成しておくのは、トラブル防止の点から双方にとって大変意義があると思います。

〔17〕高血糖のメス犬が避妊手術後に死亡した事案で獣医師の責任肯定

名古屋地判平成21年10月27日　ウエストロー

概要

≪事案の概要≫　Ｘ１、Ｘ２夫婦は、飼い犬（ミニチュア・ダックスフンド種の１歳のメス。以下「本件犬」）に避妊手術を受けさせるため、Ｙ動物病院を受診し、血液検査等実施後、手術（以下「本件手術」）が行われ、夕方引取りに行ったが、麻酔からの覚醒が悪いなどの説明を受け、退院後（本件手術から約30時間経過後）に死亡した事案である。

≪判決の概要≫　本判決は、術前検査における重度の高血糖（277mg/dl）、麻酔からの覚醒が遅いことなどから、本件犬は糖尿病だった可能性が高いとし、術後の血中カリウム値が低く低カリウム血症であることから、死亡の機序としては、重度の高血糖状態で本件手術を実施したため、ストレスが血糖上昇ホルモンの分泌を促しさらに高血糖状態になりケトアシドーシスに陥り、低カリウム血症となり低カリウム血症が重度に進行して呼吸停止または心不全に至った可能性が最も高いとし、①高血糖の犬に対し緊急性のない本件手術を行ったことについて、Ｙは高血糖の原因を興奮による一過性のものと判断し、探索しなかった、②本件手術前に高血糖状態の犬に手術を行えば一定の危険があることを説明すべき義務があるのにＹはこれを怠ったとし、以上から、Ｙには、本件手術後の低カリウム血症に対する管理を怠った過失、重度の高血糖状態である犬には手術に一定の危険があることなどの説明を怠った過失があるとし、本件犬の財産的価値として６万円、治療費、葬儀費用、慰謝料（Ｘ各20万円）、弁護士費用の一部などを損害として認め、Ｙに対して、Ｘ各自に27万円余の賠償を命じた。

コメント

避妊手術後間もなく死亡した１歳のメス犬について、術前検査で高血糖を示していたことから、若年性の糖尿病を疑い、それに適した手術後の管理と手術前の飼い主への説明を行い、また、手術前に異常値を起こしている病気の原因の探索をすべきだったのに、これらをせずに緊急性のない避妊手術を行ったとして、獣医師の不法行為責任を肯定した事例である。死亡機序について、詳細に主張、立証されており、すっきりとした構成になっている。人間の医療過誤と同様に詳細な事実認定がされるようになってきたことを実感させる事例である。

〔18〕獣医師による詐欺、動物傷害事件で慰謝料100万円

東京地八王子支判平成20年11月14日　判例集未登載

概要

≪事案の概要≫　Xは、飼い犬（当時１歳のミニチュア・ダックスフント種。『ぽてち』）の診療を動物病院を経営する獣医師Yに依頼したところ、Yはレントゲン検査、糞便検査、血液検査などを行った結果、『ぽてち』はパスツレラ菌に感染しているので検査入院の必要があると言うのでXは『ぽてち』を預けたが、数時間後に『ぽてち』は死亡し、YはXに、パスツレラ菌が肺に溜まり肺炎を起こし呼吸困難で死亡したと説明した事案である。

≪判決の概要≫　本判決は、Yへの診療の前日、『ぽてち』には別の病院で呼吸器症状は見られなかったこと、パスツレラ菌の感染の確定診断を迅速にできる検査法はないと考えられることなどから、Yが虚偽の検査結果をもとに検査入院するようXに虚偽の事実を申し向け、これを信じたXから『ぽてち』を預かったとした上で、剖検診断書の内容（異物が気管支にあったことなど）、専門家証人の証言（解剖学的見地からも獣医学的見地からも誤嚥の可能性はなく異物の状態からして人為的に詰められたと解釈するほかないとする内容など）をふまえ、Yが、薄いビニール層状にして丸めたものを『ぽてち』の気管支に押し込み、呼吸困難による肺の重度の鬱血により『ぽてち』を死亡させたと認定した上で、損害については、Yの行為は言語道断の行為であること、Xが心因性ストレスから成人喘息を患い勤務先を辞めたこと、Yが同種事案の詐欺及び動物傷害行為などの不法行為に基づく損害賠償請求訴訟でも敗訴判決

を受けていること（前出〔６〕事件）から、計画的・常習的であるとして、慰謝料を100万円とし、ＸがＹに支払った費用、弁護士費用の一部などの合計115万円余の賠償をＹに命じた。

コメント

本件は、前出〔６〕事件判決後、同様のＹに対して提起された事件である。平成15年12月に東京都下で動物病院を開業したＹ獣医師のもとに持ち込まれたペットが、原因不明のまま次々と死亡あるいは生還しても後遺症を残すなどした一連の事件のひとつである。獣医療過誤事件というよりは、獣医療業務に名を借りた、詐欺事件、動物虐待事件である。詳細は前出〔６〕事例のコメントを参照されたい。

〔19〕ロシアンブルー猫の目について悪質な治療ミスありとして獣医師の責任肯定

東京地判平成20年６月18日　ウエストロー

概要

≪事案の概要≫　Ｘは、飼い猫（ロシアンブルー種。『ジル』）の右目下瞼が腫れているので、Ｙ獣医師を受診したところ、Ｙは、検査のため預かる必要があるとして『ジル』を預かり、麻酔をかけ、右眼角膜上に脱出している組織を発見して絹糸で組織を巻き込み右目に固定するという施術を行い（以下「本件施術」）、Ｘに通院を指示したが、不審に思ったＸは、Ａ動物病院に『ジル』を連れて行き、Ａから眼科専門のＢ動物病院を紹介され、Ｂ病院ではＹの施術を不適切として『ジル』の右目から上記絹糸を離脱させる手術を行った事案である。

≪判決の概要≫　本判決は、Ｙの治療について、角膜の穿孔があり、角膜から虹彩を含む組織が脱出していた場合、獣医師としては、虹彩を前房内に押し戻すか、それが不可能な場合は脱出部分を切除して角膜を縫合する手術を行うか、自らそれを行うことができなければ全身的な抗生物質投与を行うなどした上で、眼科の専門医に転医させる必要があったのに、Ｙは絹糸で結紮して眼房水の流出を防いで眼内圧を正常に戻し受傷部が塞がったら絹糸を外そうと考え、角膜上に脱出した組織を絹糸で右眼球上に固定するという特異な施術を行ったとして、Ｙには治療方法を誤った過失があるとし、Ｙが適切な措置をしていれば、虹彩後癒着及び外傷性白内障、これを原因とする視覚障害などの後遺症はなかったとして、猫の損害10万円（購入価額15万円）、後医の手術代、通院交通費として30万円余、ロシアンブルーの最大の特徴である眼部に後遺症が残ったこと及び本件施術が獣医学的な裏付けを欠く極めて不適切なものであったことなどを考慮し慰謝料５万円の各賠償をＹに命じた。なおＸ請求の休業損害、交通費や動物病院へ持参した菓子代等の賠償は否定された。

コメント

30年以上の獣医師歴を有するＹが行った治療法について、極めて「特異」な施術であり、獣医学的な裏付けを欠く極めて不適切な治療法と評価された事例である。『ジル』には、死亡に比肩するような後遺症が残ったわけではなく、物にぶつかる程度で、もう１匹の飼い猫と一緒に変わらず飼育されていることなどの事情があるものの、ロシアンブルーの最大の特徴である目に後遺症が残ったこと（瞳孔が不整形など）などから、低額ではあるが慰謝料が認められたようである。Ｘは本件について、Ｙを動物愛護法違反、動物傷害罪で告訴している（処分結果等は不明）。

〔20〕獣医師が犬の帝王切開手術中に子犬を盗んだという飼い主の言い分否定

東京地判平成19年12月25日　ウエストロー

概要

≪事案の概要≫　Ｘは、Ｘ所有の犬（以下「親犬」）が自宅で破水したため、Ｙ獣医師を受診し、Ｙは親犬の帝王切開手術を行ったが、親犬が産んだ４匹のうち１匹は臍帯部から腸が腹控外に脱出する奇形の状態（先天性臍帯ヘルニア）だったため、生存は困難と判断してＸに知らせずに廃棄したところ、Ｘは妊娠中の親犬のレントゲン撮影で４匹の胎児が確認できていたことなどから、Ｙが子犬１匹を盗んだとして、慰謝料を求めた事案である。

≪判決の概要≫　本判決は、Ｙが当初、Ｘに対して、かかりつけの病院に行くよう勧めて診察を断ったが、かかりつけ医が休みなのでどうしても見て欲しいとＸから懇願されて診察したこと、Ｙがレントゲン撮影の結果により帝王切開手術が必要であると判断し、Ｘに手術の必要性などを説明したが、パニック状態のXは何も聞いていない様子であったこと、Yは帝王切開手術を行ったが、親犬が産んだ4匹のうち1匹は臍帯部から腸が腹控外に脱出する奇形の状態（先天性臍帯ヘルニア）だったため、生存は困難と判断したが、術後もパニック状態で、なぜ帝王切開をしたのかなどと責めるXに対して、奇形の死骸を見せればさらにパニックになると考え、これを告げずに廃棄したことなどのY主張の事実を認め、Xの請求を棄却した。

コメント

本件は、XがY所属の獣医師会や警察に被害を訴え、子犬は盗まれ転売されたと主張し、本訴提起に及んだという事例である。この間、Yらは、子犬を勝手に処分したことを詫びるなど相応の対応をしたようであり、獣医師には応招義務（獣医師法19条。正当な理由がなければ診療を拒めない）があることも考慮すれば、いささかYに酷な事件とも考えられる。しかし、獣医師としては、Xが子犬の死亡を知らされ死骸を見て納得するかどうかはともかく、やはり知らせた上で、納得しなければ死体を見せるべきだったと考える。獣医師会など同業団体内での一次的な対応が望まれる。（本件では功を奏していないようだが、それでも、団体としての判断や何らかの評価はその後の警察、司法での評価にもつながり、紛争の早期解決に資するはずである。）

〔21〕余命間近なペルシャ猫の死亡にも損害ありとして慰謝料認定

東京地判平成19年9月26日　ウエストロー

概要

≪事案の概要≫　X1～X3の飼い猫（オスのペルシャ種。『ジャン』）が生後5か月頃、かかりつけ医のY獣医師でFIP（猫伝染性腹膜炎）*が疑われ（ただし、Y依頼の検査センターではFIPと確定診断ができなかった）、Xらは、Y紹介の大学付属病院（以下「他病院」）で、『ジャン』がFIPで余命2～3か月との予測を受け、その3週間後位から、夜間診療可能なさらに別の病院でも治療を受けさせていた。さらに1週間位した日、XらはYに『ジャン』の診療を依頼し、Yが『ジャン』に胸水抜去施術、抗生剤、ステロイド剤、インターフェロン等皮下点滴・皮下注射の処置をした直後に『ジャン』が気管虚脱して死亡した事案である。

≪判決の概要≫　Xらが、Yの過失で『ジャン』が死亡したとして賠償請求したのに対し、Yが過失を認めた上で、FIPに罹患した猫の価値はゼロであるなどとして損害を争った。本判決は、『ジャン』の死因は不明で、Yに説明義務違反等はないとした上で、損害について、数日から数か月後に死亡する可能性が高いことなどから『ジャン』の購入代金相当額の損害、埋葬費等の損害はいずれも因果関係がないとして否定し、Yが行った死ぬ直前の胸水抜去手術の費用（9,450円）は目的を達成できなかったから返還すべきとし、また『ジャン』死亡によりXらが被った精神的苦痛は大きいとして慰謝料各6万円（3人で18万円）、弁護士費用各1万円（3人で3万円）などの支払いをYに命じた。

＊ FIP（猫伝染性腹膜炎）は、猫コロナウィルスに起因する疾患で、滲出型と乾性型がある。感染しても発病することは少ないが、発病するとほとんどは致死的な経過をたどるとされており、特に滲出型は予後不良とされていて、腹・胸水の貯留による呼吸困難、高熱や体重減少による衰弱で、生存期間は発病後数日ないし数か月以内とされている（判決文中の説明より）。

コメント

Y獣医師が過失については認めていたので、専ら損害だけが争点となった珍しい事例である。余命間近ではあっても、Yの施術がなければその時点での死亡はなかったのだから条件関係はある。その上で、因果関係まで認められるかであるが、本判決は『ジャン』の死因は不明としており、Yが過失を認めていたため検討されなかったが、仮にYが過失を争った場合に相当因果関係が認められたかどうかは興味のあるところである。なお本判決文中には、慰謝料を考慮する事情として、「訴訟におけるY及びY代理人の応訴態度」（主張の内容等）という指摘があり、この点も、いかなる行為が悪いと評価されたのか気になるところである。

〔22〕高齢犬の死亡で獣医師の責任否定

東京地判平成18年10月19日　ウエストロー

概要

≪事案の概要≫　Xの飼い犬（約17歳のシーズー種。『ラリー』）がＹ１（会社）経営の動物病院に入院中死亡したことについて、獣医師Ｙ２による強心剤等の過量投与や必要性のない薬剤の投与が原因であるなどとして、Xが、Ｙ２に対しては債務不履行責任（民法415条）に基づき、Ｙ１に対しては使用者責任（民法715条）または債務不履行責任に基づき、慰謝料を請求した事案である。

≪判決の概要≫　Xは、①『ラリー』の死因はＹ２による強心剤等の過量投与によるショック死である、②Ｙ２は必要性のない薬剤の投与（過剰補液）を行った、③検査義務（体温測定、血液検査及び心電図検査など）違反、④措置義務（酸素吸入措置）違反、⑤転院義務違反、⑥容態急変後の説明義務違反等を主張したが、本判決は、上記①②について、過量投与はなく、もともと『ラリー』は僧帽弁閉鎖不全、腎不全等に罹患していて東大家畜病院（現東京大学附属動物医療センター）に週２回の頻度で通って補液治療を行っていたこと、当時脱水症状を起こしていたから補液が必要であり連続３日の補液が直ちに過剰とはいえないこと、死因は肺水腫による可能性が高いこと、上記③について、検査義務はなかった、上記④について、酸素投与が行われていなかったとは推認できない、上記⑤について、転院の必要性があるとはいえない、上記⑥について、Yらには、『ラリー』容態急変後に入院させるに際してXに症状や入院の必要性を説明する義務はあるが、Xは、Yらから『ラリー』の症状の説明を受け、重篤な状態であることを認識して、少なくとも黙示的に入院に同意していたと推認されるのでYらに説明義務違反はないとして、いずれの注意義務違反も否定してXの請求を棄却した。

コメント

老齢で基礎疾患を抱えた犬が体調不良に陥り、明確な原因や病気がわからないまま治療を重ね死亡する例はしばしば見られるパターンである（少なくとも筆者の周囲では）。このような場合の死因は、確かに、獣医師による治療の何かが引き金になるのかもしれないが、ストレスによる心不全、多臓器不全、衰弱死と評価するしかないことも多く、ペットの高齢化、医療の高度化が進むとある程度やむを得ない現象ではないかとも思う。こうした事態が紛争になるのは、飼い主の獣医師に対する信頼がない場合である。獣医師としては、日頃から充分なコミュニケーションを図り、飼い主との間で、治療の程度や、場合によっては価値観や死生観などまで共有しておく必要があるのかもしれない。

〔23〕子宮摘出手術直後の死亡で獣医師の説明義務違反肯定

仙台地判平成18年9月27日　ウエストロー

概要

≪事案の概要≫　Xは、夜間、飼い犬（ペキニーズ種の5歳のメス。『すみれ』）が陰部から分泌物を出したのを発見し、（妊娠と）流産を疑い、Y会社（代表者B獣医師）経営の動物病院を受診したところ、Bは子宮蓄膿症と診断し、翌日『すみれ』の子宮摘出手術を行ったが、手術直後に亡くなった事案である。

≪判決の概要≫　XはY（B）の①誤診、②説明義務違反、③手術中の過失、術後管理や救急義務違反の債務不履行を主張した。本判決は、上記①について、『すみれ』が子宮蓄膿症だったかどうかについて、「子宮内膜増殖症」という病理検査機関の見解は、同機関によると、臨床的には子宮蓄膿症或いは子宮内膜炎と診断されることなどから、臨床診断としては医師により判断が異なり直ちに誤診とはいえないとし、上記③について、『すみれ』に特段の異常がなかった以上、死亡は本件手術に原因があったといえるが、死因が特定できない以上過失は認定できないとし、他方、上記②の説明義務については、Bは、子宮蓄膿症ですぐ手術しないと必ず再発し放置すれば2週間程度で死亡する病気であること、『すみれ』は妊娠しておらず今後もその可能性は低いこと、手術は20分程度で終わる簡単なものであることを説明して手術に同意させており、手術による死亡の可能性（死亡率や麻酔時の危険性）を説明しなかったこと、レントゲン検査や超音波検査をしていないこと、不安を取り除くための説明を何らしなかったこと、これら説明があればXが手術回避の選択をした可能性がかなりの程度あったことから、説明義務違反を認め、Xは手術を回避する機会を奪われ、ペットロス症候群の病名で通院を余儀なくされたとして、慰謝料50万円、弁護士費用として10万円の損害を認めた。

コメント

本件は、犬のトリマーをしている飼い主Xが、つがいで飼育しているメス犬『すみれ』の膣から多量のおりものが出たのを見て流産を心配し、夜間のため、かかりつけ医ではない病院に駆け込み、翌日の手術後間もなく死亡し、医師の説明義務違反が認められた事例である。『すみれ』にはおりものがあり、子宮に炎症はあったが、摘出臓器には腫れも膿も見られなかった。Xは、解剖等による死因の究明をしなかった。手術が原因で死亡したとしても死因が特定できない以上、過失を問えないというなかなか厳しい判断である（債務不履行は、獣医師である債務者が、過失がなかったことを事実上立証する必要があるのだが)。本件では、看護師が手術後の説明を行い、その最中に『すみれ』が痙攣を起こして失禁、心肺停止し、その後かけつけたBが蘇生したが死亡したこと、Bが「覚醒したということは手術自体成功した」として一切の説明や死因特定を拒否したなどの経緯があった。飼い主の気が動転して、夜間、かかりつけ医以外の病院に駆け込み緊急手術等で死亡しトラブルになるパターンは多い。緊急処置が済んだらかかりつけ医に戻す夜間救急のみの病院もある。本件は、飼い主側、病院側ともに気をつけるべき教訓を読みとれる事例ではないだろうか。

〔24〕ガン死した犬について停留精巣手術での取り残しが原因として獣医師の責任肯定

東京地判平成18年9月8日　ウエストロー

概要

≪事案の概要≫　Xは、飼い犬（ラブラドール・レトリーバー種のオス。『バロン』）が３歳の時に、Y病院に去勢手術を依頼したところ、Yから、『バロン』の左精巣は腹腔内に停留しており放置するとガン化するおそれが高いとして停留精巣*の摘出を勧められたので、『バロン』に去勢及び停留精巣の摘出手術を受けさせたが、約３年後の６歳の時、『バロン』の体調が悪くなりYを受診したところ、ガンを含む重篤な疾患のおそれがあるとして、東京大学附属動物医療センター（以下「東大動物病院」）を紹介され、東大動物病院では、血管肉腫、リンパ腫、エストロゲン産性腫瘍の疑いから開腹手術を行い、左右の腫瘍及びリンパ節の腫大から切り出し、左右の腫瘍はセルトリ細胞腫**、リンパ節の肥大は脂肪織炎と診断の上、投薬治療などを続けたが、『バロン』は術後約半月後に死亡した事案である。

≪判決の概要≫　Xはセルトリ細胞腫ということはYが停留精巣を摘出しなかったからだとして、Yの債務不履行（民法415条）または不法行為責任（民法709条）を追及し、これに対してYは、鑑定の信用性などを争ったが、本判決は、鑑定（『バロン』から摘出された左右の腫瘍は、個々独立して発生したセルトリ細胞腫で左右の腫瘍は２個の停留精巣が個々に腫瘍化することで形成されたもので、転移性のものではない可能性が高いとする）の信用性を疑う証拠はないとして、停留精巣は放置するとガン化する可能性が高く、Xはこれを回避するため停留精巣の摘出手術をさせたのに、Yには一部を取り残した過失があり、これにより『バロン』が死亡したとして、Yでの治療費（ただし発症後のものに限定）のほか後医での治療費、慰謝料50万円（取得価格32万円は慰謝料で考慮）の各賠償をYに命じた。

* 精巣が陰嚢内の正常な位置に下降せず腹腔内にとどまること。通常生後３か月半頃までに腹腔外の陰嚢に下降し、正常なオスの成犬は腹腔外の陰嚢内に左右２つの精巣を有する。

**精巣の精細管を構成するセルトリ細胞に生じる腫瘍。

（いずれも判決文中の説明より）

コメント

本件では、Yから、後医で採った精巣等の存在や同一性などに疑問が呈された。他方、３年前にY方で手術の際採った標本等も残っておらず（当然といえば当然だが）、当時の状態を知る手がかりとなるものもなかった。やむを得ないのかもしれないが、後医とそれをいわば鑑定する立場の専門家が同一であった点でやや疑問が残る事例である。病理検査、検案簿、レントゲン、写真撮影、カルテ記載など、何らかの方法で記録し証拠を残すことの重要性を感じる。また、裁判における鑑定人確保の困難に対処し、鑑定の信用性を高めるための制度の必要性も感じさせられる。

〔25〕犬の糖尿病治療で適切な時期にインスリン投与をしなかった獣医師の過失肯定

東京地判平成16年５月10日　判時1889・65、判タ1156・110

概要

≪事案の概要≫　Ｘ１、Ｘ２夫婦は、飼い犬（９歳の日本スピッツ種。『まいこ』）と旅行中、『まいこ』がおう吐し体調が悪いためＡ動物病院を受診したところ、血糖値が高く（338mg/dl。以下単位略）、すぐにかかりつけ医でインスリン投与をした方がいいと言われたので、同日かかりつけ医のＹ動物病院（院長Ｙ１のほか、担当獣医師Ｙ２、Ｙ３）を受診したところ、血糖値が365と高値（空腹時血糖値の正常範囲は、獣医師にもよるが、Ｙでは50〜120位）だったがＹらは『まいこ』にインスリンを投与せず食事療法やタウリン（強肝剤）の投与にとどまり、５日後、Ｙ入院中の『まいこ』がグッタリして呼びかけに反応しなくなったため、Ｘらは、『まいこ』をＢ病院に転院させ、インスリン投与を開始したが、翌日死亡した事案である。

≪判決の概要≫　本判決は、Ｙ受診当日夜あるいは翌日には、尿糖がプラス４、ケトン体がプラス３（正常値はいずれもゼロ）、血糖値のさらなる上昇、断続的なおう吐など既に糖尿病性ケトアシドーシス*を発症していたと認められ、遅くともこの段階で早急にこれに対する治療をすべきだったとし、また因果関係については、Ｙ２が適切な時期にインスリン投与を開始し、積極的かつきめ細やかな治療を開始していれば、その後継続的なインスリン投与が必要にはなるが、少なくとも糖尿病性ケトアシドーシスの急速な進行による死亡は避けられたとして、Ｙらに不法行為責任（民法709条）を認め、Ｙ１や後医での治療費、葬儀費用１万円のほか、Ｘらが『まいこ』を子どものようにかわいがってきた事実、死亡後Ｘがパニック障害を発症したことなどから慰謝料各30万円（２人で合計60万円）（繁殖による逸失利益は慰謝料算定で考慮）、弁護士費用10万円の各賠償をＹらに命じた。

* 糖尿病が長期化した結果、血中のケトン体が増加し、様々な障害を引き起こした状態をいう。「ケトアシドーシス」とは、ケトーシス（大量のケトン体が体液中に蓄積している状態）の重症型で、おう吐などの症状を呈し、重症化すると昏睡をきたす（『医学大事典』医歯薬出版株式会社より）。

コメント

判決文中の説明によれば、糖尿病は、膵臓ランゲルハンス島のβ細胞からのインスリンの分泌が絶対的または相対的に不足するか、あるいは末梢でのインスリンの作用が損なわれることにより起こる代謝性疾患であり、その治療についても人間の場合と概ね同様に考えられるが、犬の場合、発生機序に不明な点が多く、症状が重くなってから受診することが多いので、診断後は継続的なインスリン投与が必要となる例が多いとのことである。最近では、糖尿病のペットを、定期的な通院で血糖値をチェックしながら、飼い主が自宅でインスリン投与を行う例も珍しくなくなってきた。

〔26〕ショーキャット死亡で財産的価値50万円のほか慰謝料20万円

宇都宮地判平成14年 3 月28日　ウエストロー

概要

≪事案の概要≫　Xが飼い猫（アメリカン・ショートヘアー種のメス。『ミューズ』）の避妊手術をY獣医師に依頼したところ、『ミューズ』が手術の3日後に死亡したことについて、Xが、ショーキャットとしての財産的価値、慰謝料、Yでの治療費、後医での解剖費、弁護士費用等の損害賠償を請求した事案である。

≪判決の概要≫　本判決は、手術前に特に『ミューズ』に異常は見られないこと、通常約20分程度で終わる手術に40〜50分かかったこと、術後尿が出ていないこと、術後体重が1.1キログラム増加しておりこれは手術中の点滴などの水分がそのままで手術により腎臓を含めた尿の排出経路に何らかの異常が生じたとするのが相当であること、『ミューズ』の解剖結果（結紮糸が腹膜及び尿管を巻き込んでいること、尿と見られる水分が大量に出たことなど）と標本（結紮部位の組織）などから、Yが、手術中、尿管を卵巣動脈とともに誤って結紮した過失があるとし、これが原因で『ミューズ』が死亡したとして、Yの債務不履行責任（民法415条）及び不法行為責任（民法709条）を認め、Yに対し、Yでの治療費のほか、Xが『ミューズ』を30万円で譲り受けたこと、優秀なショーキャットであるが繁殖を考えていないこと、単なるショーキャットではなくペットとして家族の一員ともいうべき愛情を注いでいたことなどから、『ミューズ』の財産的価値を手術時点で50万円と評価し、慰謝料20

万円、弁護士費用20万円の各賠償を命じた。

コメント

Ｘは『ミューズ』の死後すぐに他の獣医師に依頼して剖検（解剖）を行っており、これが死因解明に決定的な証拠となったことは間違いない。通常の飼い主の心情として、死亡直後、死体解剖に付すことはなかなか踏み切れないものと思われるが、弁護士としては、死因に不明な点がある場合は、積極的に剖検を依頼して欲しいところである。

〔27〕老犬３匹の治療で死亡結果との因果関係がないなどとして獣医師の責任否定

東京地判平成13年11月26日　ウエストロー

概要

≪事案の概要≫　Ｘは、飼い犬３匹（推定年齢約14歳の『ノロ』、『メメ』、『エル』）の治療を、それぞれＹ獣医師に依頼したところ、Ｙは、①『ノロ』については、検査などから、歯石で口内炎がひどく呑気（空気を呑み込む状態）により胃腸内にガスが貯留していると診断し、全身麻酔の上、歯石除去手術を行ったが約２か月後に死亡、②『メメ』については、貧血で入院させ、造血剤等による貧血治療を行ったが、翌朝心臓発作で死亡、③『エル』については、腰を痛がるなどの主訴で入院させ、左後肢膝蓋骨内方脱臼と診断し、消炎剤などで改善せず、抗生剤、強肝剤、ステロイド剤などの処方、輸血などをしたが、間もなく死亡した事案である。

≪判決の概要≫　ＸがＹの不完全履行（債務不履行責任）などにより３匹が死亡したとして、医療費の返還等を求めた。本判決は、獣医師の責任が認められるには、医療水準にかなった医療が行われていたならばその死亡時点においてなお生存していた相当程度の可能性がなければならないところ、上記①の『ノロ』は、もともとやせ細り腹部が膨満し「ヨレヨレの状態」で、Ｙが歯石除去手術をしなかったなら死亡しなかった高度の蓋然性があると認められないばかりかなお生存していた相当程度の可能性さえも認められないとし、上記②の『メメ』は、赤血球容積値を検査すれば貧血状態にあり、これが悪化する傾向にあるのを確知できたのでＹにはこの点に過失があるが、もともとの基礎疾患が疑われ、いかなる治療をすべきだったかXの具体的な主張・立証がなく、検査していたら生存していた可能性があるとはいえないとし、上記③の『エル』は、赤血球容積値が正常範囲だった以上、獣医療水準に照らし貧血状態にあることを前提とした措置をとるべき義務はないとし、Xの請求をいずれも棄却した。

コメント

判決文からは今ひとつ事案の内容が明確でないが、高齢な犬の諸々の体調不良を解消しようと治療を依頼し、どれも功を奏さず、死亡したというような内容で、Yは『ノロ』の死因は老衰と反論している。本判決は3匹すべてについて、死に至る機序についてXの主張がなされていないとして、因果関係をすべて否定した。前出〔22〕事例のコメントでも触れたが、高齢犬が明確な原因のない体調不良で治療中に死亡した場合には、死亡原因が明確にならないことも多いと思われ、そのような場合、現代医学をもってしても死亡に至る機序を明らかにすることは困難であろう。

〔28〕陣痛促進剤の投与で死亡した猫について、商業用として財産的損害は認め慰謝料は否定

大阪地判平成9年1月13日　判時1606・65、判タ942・148

概要

≪事案の概要≫　Xは、飼い猫（2歳のアビシニアン種のメス。『カリン』）の出産の処置をY獣医師に依頼したところ、『カリン』と胎児が死亡したことについて、Yの債務不履行責任（民法415条）に基づき、『カリン』と胎児2匹の財産的損害、慰謝料、弁護士費用の損害賠償を請求した事案である。

≪判決の概要≫　本判決は、『カリン』の妊娠経過は順調だったのに、Yが、2回目のウテロスパン（陣痛促進剤）を注射した直後『カリン』がグッタリして死亡し、間もなく2匹の胎児も死亡したこと、ウテロスパンは猫への使用が許されていないこと、同投与で循環器障害の副作用が生じるおそれがあること、Yが20分程度の間に投与したウテロスパンの量（1mlアンプル2本）はヒトの使用適量の2倍にもなること、同注射以外に起因する死亡についてYから立証がないことなどから、死因はウテロスパン投与により循環器障害が生じるなどして『カリン』と胎

児らが死亡したと推認し、Yが、『カリン』の産道部の触診を行ったのみで、胎児の状態や循環器の機能の検査を行うこともなく、猫には使用が許されていないウテロスパンをヒトの使用適量の２倍を漫然と注射した過失を認めた上で、損害について、『カリン』は、アメリカ合衆国の愛猫家団体（CAF）のチャンピオン認定を受け、店頭価格は30万円以上であるとし、胎児の父親も同チャンピオンであること、胎児が生まれるのを待っている客がいることなどから胎児１匹の店頭価格は20万円以上であるとして、『カリン』の損害額30万円、胎児の損害額20万円（２匹合計で40万円）、弁護士費用10万円などの各賠償をYに命じた。X請求の慰謝料については、商品としての飼育で愛玩用ではないとして否定した。

コメント

猫死亡による損害について、価格相当額の損害が認められた一方、愛玩用ではないとして慰謝料損害は否定された。ペット死亡による損害については、ペットの価格相当額の損害と慰謝料は、もちろん理論的には両立し得る。財産的損害を認めながら愛玩用でもあるとして精神的損害（慰謝料）を認めた裁判例もある。ただし両者を合わせた金額が、動物の価額相当額（購入価額など）を上回ることは少ない。本判決でも、Xらの精神的苦痛に言及しつつ、「財産的損害の賠償額を考慮すると別途金銭的給付をもって償うべきほどのものとは認められない」としている。動物が物であることを強調すると動物の価額を離れた評価はし得ないことになろう。しかし、相当因果関係論を貫けば、必ずしも動物の財産的価値にしばられない評価ができるのではないかと考えられる。

〔29〕フィラリア手術中に死亡した犬について、獣医師の責任否定

東京地判平成３年11月28日　判タ787・211

概要

≪事案の概要≫　動物病院経営のX（会社）は、Yから、他病院でフィラリア症と診断された飼い犬（メスのシェパード種。『マリブ』）の治療（手術）を依頼されたが術中『マリブ』が死亡し、Yが黒のスーツを着た男性らとX病院を訪れ「稲川会の会長から預かっていた」など暗に賠

償金の支払いを求めるなどしたため、Yに対し、Xらが『マリブ』死亡について損害賠償債務を負わない旨の債務不存在確認と診療報酬支払いを求めた事案である。

≪判決の概要≫　本判決は、X院長が術前に心電図と超音波検査で異常がないことを確認し、X院長ら4人のスタッフで、いわゆるスパゲッティ縫合糸を装着するなど教科書通りの開胸手術を行い、13回にわたり心臓に寄生する成虫10数匹を除去したが、この反復的作業の途中、『マリブ』の心拍数が減少したので閉胸手術に入ろうとしたところ心臓の期外収縮が出て静脈注射や心臓マッサージなどをしたが心停止したこと、翌日の東京大学での解剖で、多数のフィラリア成虫が寄生し心室が左右ともに拡張し全身に鬱血が認められたこと、右心室が著しく先天的心拡張であることなどから、主な死因は顕著なフィラリア症*、副次的な死因は先天的心室拡張であり、『マリブ』はたまたま手術中に心停止により死亡したと推認した。その上で、犬の先天的心拡張は極めて希有の症例で術前の予見は不可能であること、犬のフィラリア症は飼い主が経口予防薬で予防するのが通常で、予防しないとほぼ100パーセント罹患する一方予防すればほぼ100パーセント予防できるのにYが全く予防せず究極の症状を示すまで放置したとして、フィラリア成虫除去手術の完遂という債務履行が不能となったことについてXに帰責事由はなく死亡に何ら過失もないとしてXの債務不存在を確認し、Yに診療報酬の支払いなどを命じた。

* フィラリア（犬糸状虫）の成虫の多数寄生により心臓が拡張して生じた血液循環等の循環機能不全

コメント

獣医師側が医療過誤がないこと（債務不存在）の確認を求めて提訴した珍しい事例である。本件のようなケースでは、飼い主側が筋の通らない要求であるとわかっているため調停や訴訟など公の場での解決は望まず、嫌がらせを繰り返すことが多い。警察は民事不介入の立場から、なかなか動かないので、Xは苦肉の策として訴訟提起に踏み切ったものと思われる。債務不存在確認が確定すれば、その後の金銭要求行為に対しては警察も恐喝事件として動かざるを得ないからである。開業獣医師には応招義務があり診療を拒否できないことを考えれば尚更、業務妨害対策、トラブル仲裁などの仕組みが必要ではないかと思われる。

〔30〕帝王切開手術後、腹膜炎と敗血症で死亡した母犬について、ガーゼの遺留など獣医師の手術上の過失を認定

東京地判昭和43年５月13日　判時528・58、判タ226・164

概要

≪事案の概要≫　Xは、飼い犬（英ポインター種のメス。『ジュン』）の出産に関してY獣医師に診療を依頼し、Yは帝王切開手術（以下「本件帝王切開手術」）を行ったが、子犬６匹のうち５匹は間もなく死亡が確認された。約10日後、他病院で『ジュン』の開腹手術を行ったところ、15センチメートル四方のガーゼ７枚が塊状になって腹腔内に遺留しており、『ジュン』は間もなく腹膜炎及び敗血症で死亡したため、Xが、Yの不法行為責任（民法709条）に基づき『ジュン』と子犬の価格相当額、慰謝料の損害賠償を求めた事案である。

≪判決の概要≫　本判決は、Y診察時、『ジュン』は陣痛で呼吸速拍して衰弱しており、Yが子犬を『ジュン』の膣内から取り除き産道を開いてやった後も次の子犬を分娩せず、陣痛促進剤アトニン６本を20〜30分の間隔で注射しても陣痛微弱で分娩に至らず、次第に衰弱し胎児も胎動がなかったことから、本件帝王切開手術は必要で、また緊急を要したためY病院に移動できずにX宅で行ったこともやむを得ないとしつつ、しかしながら、他病院での開腹手術の結果、一番大きく壊死を起こして膿が貯留していたのは子宮断端部であったので化膿の原発巣は子宮断端部と認められるところ、Yは、手術に際し、完全滅菌とまでは保証しがたいアルコール消毒しただけの軽便カミソリで手術をしたこと、一応煮沸消毒したとはいうものの７枚ものガーゼを腹腔内の子宮断端部に遺留したことなどから、本件帝王切開手術の際に細菌感染の機会がなかったとは到底いえないとして、腹膜炎及び敗血症による死因は、ガーゼ遺留等Yの手術上の不手際、過失によるものと推認し、『ジュン』の取得価格（３万円）とXに子どもがいないことなどから慰謝料５万円を認め、これらの賠償をYに命じた。死亡した子犬については、Y診察時に既に死亡していたとして否定した。

コメント

アルコール消毒しただけの使い捨てのカミソリで帝王切開手術を行い、体内にガーゼを遺留するなど手術中の注意義務違反が原因で、母

犬が腹膜炎及び敗血症で死亡した事例である。本判決では、Y獣医師が飼い主宅で緊急手術をしたこと自体はやむを得ないと評価し、子犬についての責任も否定している。仮に、7枚ものガーゼ遺留という明確な過失がなければどのような判断がされたのか、Xは結果に至る機序を証明できたのかどうか、気になるところではある。

第５章

ペットをめぐる取引、業務上のトラブル事例

ペットの生体売買

トラブルの多さ

ペット取引に関する訴訟はあまり多くはありません。咬傷事故や獣医療過誤に比べると、極端に少ないといってもいいくらいです。しかし、これはペット取引でトラブルが少ないということではありません。国民生活センターへの相談件数の多さ（平成27年３月31日現在のデータで、毎年2,500件前後の相談が寄せられている）から見ても、むしろペット取引をめぐるトラブルは、ペット関連で最も多い分野かもしれません。

特に、幼齢なペットの生体販売でのトラブルは非常に多いと思われます。

もともと、個体差のある生き物を商品とするため、トラブルが生じやすいのは当然といえば当然ですが、売主・買主いずれの当事者もその意識が薄く、トラブル時の対応について考慮していないことが少なくありません。

昨今、権利意識の高まりから、泣き寝入りをしない消費者が増え、これ自体は望ましいことですが、動物自体の生態への無知・無理解が見られる傾向もあります。他方、消費者の無知や無理解につけ込む一部悪徳業者の存在もあるといわざるを得ません。

このようにトラブル事例は多いのに、訴訟にまで発展するケースが少ないのは、事実関係が不明なまま（調査するにも多大な労力を要するため）、話し合いによって妥協的な解決をすることが多いからと考えられます。そのほか、ペットの経済的価値の低さを考えると、費用対効果の点から、泣き寝入りする当事者が多いことも考えられます（売主・買主いずれの場合もあり）。特に従来はその傾向が顕著だったといえます。

動物愛護法

昭和48年成立の動物愛護法は、平成11年の大改正により、初めて動物取扱業への規制が入りました。動物取扱業は、当初は届出制、同17年改正では、より厳しい登録制になりました。同24年改正では、従来の取扱業は第一種動物取扱業（登録制）となり、そのほかに、一定規模の愛護団体など非営利の事業者も第二種動物取扱業（届出制）として規制を受けることになりました。

第一種動物取扱業は、動物（ほ乳類、鳥類、は虫類のうち、畜産動物と実験動物を除いた動物）の、①販売業（取次ぎや代理も含む）、②保管業、③貸出業、④訓練業、⑤展示業、⑥競りあっせん業（動物の売買をしようとする者のあっせんを会場を設けて競りの方法により行う）、⑦譲受飼養業（有償で動物を譲り受けて飼養を行う。いわゆる老犬ホームなど）です。

第一種動物取扱業の代表格といえる販売業（ショップ）を見ると、５年ごとの登録更新、事業所ごとの動物取扱責任者の常置や標識の掲示、「犬猫等健康安全計画」の策定、動物施設や世話に関する基準の遵守（２日以上の目視を経てからの販売や多項目にわたる動物の情報についての説明義務など）などが義務づけられています。

動物取扱業者は、これら法令に違反すると、契約上の責任である債務不履行責任のほか、不法行為責任を負うこともあります。行政上の処分（登録取消しや更新拒否など）や刑事責任（罰金など）を負う可能性もあります。

民法（債権法）改正案

明治29年制定以来の大改正といわれる民法（債権法）の改正案（平成27年３月31日付で第189回国会に提出された）によると、従来、売主に無過失で課せられた瑕疵担保責任の規定が変更されます。理論的には、従来法定責任とされてきた売主の担保責任が契約責任（債務不履行責任）とされます。「瑕疵」という言葉もなくなります。判例実務が大きく変わるかどうかは今後の改正民法成立、施行後の判例の蓄積を待たざるを得ませんので、ここでは、本章の裁判例を理解する上で必要となる、従来からの法律論及び改正法の内容を簡単に説明しておきます。

従来、商品の個性に着目した特定物売買の場合（店頭で特定のペットを選んで購入するなど大抵のペット売買は特定物売買にあたる）、商品に瑕疵（法律上、何らかのキズ、欠陥があること）があれば、売買の有償性にかんがみ、売主は無過失の瑕疵担保責任を負いました（理論的には特定物なのでそのままの状態で引き渡せばよいが、それでは買主に酷であるということから設けられた法定責任）。買主は、隠れた瑕疵（一見して分からない遺伝的疾患、病気の罹患など）を知ってから１年以内に限り、瑕疵が重大で契約目的を達成できない場合（たとえば、死亡の場合は飼育という契約目的を達成できない）は、契約解除ができます。契約を解除すると双方が原状回復義務を負うので、売主は代金を返還しなければなりません。瑕疵がそれ程ではない場合は、買主は、契約の解除はできず損害賠償の請求のみできます。

売主の損害賠償の範囲は、契約の有効性を信じたために買主が被った信頼利益の範囲に限られます。契約が有効と信じて商品を引取りに行った交通費、瑕疵がない場合との差額程度といわれています。

これに対して、一般的な債務不履行（415条）にあたる場合（たとえば、柴犬のオスならどれでもいいといった不特定物売買）、売主は中等程度の物を引渡す義務があるので、欠陥があれば、債務不履行責任に基づき、再履行あるいは、履行に代わる損害賠償をしなければなりません。履行利益は、上記信頼利益よりも広く、債務不履行と相当因果関係のある損害（たとえば、治療費など）はすべて含まれます。

なお、拡大損害（感染性の疾病が自宅の他の犬に移った場合のその治療費など）については、売主側に予測可能性があるといえれば賠償範囲に含まれます（416条２項）。

このような法律解釈の難しさから、たとえば、ペットが死亡していないが後遺症を残した場合、高額な医療費を生じる場合、どう解決していいか困難な問題がありました。買主としては返還（契約解除）はしたくないが損害賠償をして欲しいというケースが多く、この場合、特にペットの代金額を上回るような高額な損害賠償を望むと、法律では一義的な解決策がないのです。

裁判例を見ても、損害の範囲については曖昧で、信頼利益といいつつ広く認めるものもあるなど、特に下級審では裁判官次第とさえいえる状況です。本章1の各事例を見ていただければこの点を実感していただけるかと思います。

これらの問題については、今後、民法改正でどの程度解決されるのか注目される分野です。改正後は、目的物（商品）の種類、品質または数量に関して契約内容に適合しない場合、買主が不適合を知った時から１年以内（売主が不適合について悪意または重過失がある場合は１年以内に限られない）にその旨を売主に通知すれば、追完の請求、代金の減額請求、契約の解除などが可能となります（改正法案562条～566条）。売主に帰責事由がある場合は履行利益の賠償請求ができます。また、拡大損害については、売主側が予見すべきであったといえれば賠償範囲に含まれます。もっとも改正後も、生き物の売買特有の法律や条文が必要な状況には変わりないと考えられます。

なお、本章で、「瑕疵担保責任570条、566条」と記載されている部分は、改正法案施行後は、「目的物の種類又は品質に関する担保責任*562条～566条」にあたることとなります。

* 又は「契約不適合責任」ともいいます。

参考文献：『改訂版動物愛護管理業務必携』（大成出版社、2016 年）

動物に関するその他の事例について

本章２では、ペットをめぐる売買以外の取引や、ペットを含む動物に関する事業にまつわるトラブルを取り上げました。一口にペット問題、動物問題といっても、製造物責任法（ＰＬ法）、知的財産法、税法などが争点となり、実に多岐にわたることが実感できると思います。

本書では紹介していませんが、以下のような裁判例もあります。

ペットのシッター養成講座の受講生（Ｘ）が、大型犬のリードを引く練習中に壁に衝突してケガをした事故で、Ｘが、スクール（Ｙ）の設営などに不備があったとして不法行為責任を求めた事案で、裁判所は、事故はＸ自身の不注意によるもので、Ｙには、事前の注意や授業内容、講師やスタッフの配置、犬の選定、教室の設営などについて何ら注意義務違反はないとしてＹの責任を否定しました（千葉地判平成27年10月29日）。

また、猫砂製品についての以下のような裁判例もあります。発明の名称を「動物用排尿処理材」（いわゆる猫砂製品）とする特許権を有する会社（Ｘ）が、猫砂製品を製造販売するＹに対し、Ｘの特許権を侵害しているとして不当利得返還等を求めた事案で、裁判所はＸの請求を一部認めました（東京地判平成23年８月26日。及びＸの親会社も参加した東京地判平成26年３月20日）。Ｙは、Ｘの特許無効審判請求をしたのですが認められず、これに対する審決取消訴訟も棄却されています（知財高判平成21年７月16日）。

ペットに関するトラブルと一口にいっても、このように多用な内容があります。それが最近の傾向といってもよいかもしれません。

5

1. 動物（生体）の売買が問題となった事例

〔1〕スーパーのテナント店から購入した鳥の感染症で飼い主が死亡し、スーパーの責任肯定

最判平成7年11月30日　判時1557・136、判タ901・121
（東京高判平成4年3月11日　判タ787・250 ／ 横浜地判平成3年3月26日　判時1390・121、判タ771・230）

概要

≪事案の概要≫　X1は、株式会社Yスーパー屋上でペットショップを営むテナントAから、手乗りインコ2羽を購入したが、2羽はオウム病*クラミジアに罹患していて間もなく死亡、X1～X4家族らもオウム病性肺炎にかかり一人が死亡したため、Aが契約上負担した債務につき、Yが連帯責任を負うとしてXらが損害賠償を求めた事案である。

≪判決の概要≫　一審判決は、まず、Aには買い主の生命、身体、財産等の法益を害しないよう配慮すべき付随的な契約責任があり、この責任は信義則上、その物の飼養、消費等が合理的に予想される買い主家族や同居者にも及ぶところ、瑕疵ある物を交付し損害を与えたからAには売り主としての債務不履行責任があるとした上で、Yが自己商標を掲げた店舗で、テナント店を統一的営業方針に従わせて総合小売業として統一的な営業を行っている場合、特段の事情のない限り一般買い物客がAの営業をYの営業と誤認するのは避けがたいとして、商号使用の許諾をした場合（商法旧23条名板貸し責任。現14条）に準じて、Yには責任があるとして合計2400万円余の支払いを命じた。これに対して控訴審判決は、営業主体の識別のために重要な①テナント名表示、②スーパー館内表示、③従業員の制服の違い、④直営の売り場とレジの別、⑤領収証をA名義で発行、⑥包装紙の別などから、Yの直営売り場と、テナントAとの営業主体の識別措置は一応講じられているとしてXらの請求を棄却したが、上告審（本判決）は、上記①②の点について、A店舗の外部にYの商標を表示した大きな看板が掲げられていた一方A店名の表示はないこと、屋上案内板にも「ペットショップ」とだけ表示され営業主体がAかYか明らかでないこと、Aは契約場所をはみ出して階段踊り場などに商品を置き営業しこれをYが黙認していたことなどを重視し、Aの営業がYの営業の一部門であるかのような外観があること、Aの営業主体がYだと一般客が誤認するのもやむを得ず、Yは、A店舗の外部にYの商標を表

示し、Ａとの出店契約内容（Ｙ店内規則の遵守や指示に従うこと、売上金を毎日一旦Ｙが管理し共益費などを控除してＡに返還）から外観を作出したのだから、客とＡとの取引に関して名板貸し人と同様の責任を負うとして（名板貸し責任の類推適用）、原審（控訴審）を破棄し審理を高裁に差し戻した。

＊ クラミジアを病原体とする鳥類の感染症で、病鳥の排泄物からの吸入や接触で感染する人獣共通感染症。オウム病は、感染症法（４類感染症）により、診断医師には保健所等への届け出義務がある。潜伏期間は１～２週間で、急激な高熱と咳嗽で発症し、軽い場合は普通の風邪の症状で気づかないまま経過することも多いが、重い場合は肺炎を起こし、ごく稀に死亡することもある。人間も鳥も抗生物質で治療できる。

コメント

ペットから感染した人獣共通感染症のオウム病で飼い主が死亡し、テナント（ペットショップ）の責任について、スーパーが責任を負うかが争われ、一審と控訴審で判断が分かれ、最判が一審と同様に責任を肯定した事例である。

商法旧23条（現14条名板貸し責任）は、いわゆる表見責任であるから、責任を問うためには、①外観の存在、②名義使用の許諾（帰責事由の存在）、③取引の相手方の誤認の３要件が必要である。一審判決と最判（本判決）は、Ｙには上記②はないが、一定の帰責性があるとして類推適用を認めた。本件は死亡という結果の重大性もあり、上記①の（営業誤認についての）外観のうちどの事実を重視するかで判断が分かれたともいえる。スーパーとしては、テナントの管理を徹底するとともに、営業主体が別であることを明示する工夫が必要である。ペットショップとしては（本件では直接の当事者とされていないが）、動物取扱業（当時は規制無し）として人獣共通感染症に対する規制も厳しい昨今、同様の事故を起こせばさらに責任は重くなることを自覚する必要がある。衛生管理の徹底はもちろんだが、取り返しの付かないことにならないよう、何かあれば早めの受診や相談を促す客へのソフト面の対策も欠かせない。

〔2〕別系統の牛の精液を開発販売した県の責任を肯定

東京高判平成13年12月25日　ウエストロー
（宇都宮地判平成12年11月15日　判時1741・118、判タ1105・183）

概要

≪事案の概要≫　和牛の育成販売を行う畜産農家Ｘら20名が、高血統（父牛が『糸光』、祖父牛が『第七糸桜』。ともにＹ所有で、『第七糸桜』は種雄牛として一時代を築いた名牛）の雌子牛として高価で購入したところ、『糸光』が『第七糸桜』の子ではないことが判明し、血統に偽りがあり損害を被ったとして、直接の契約関係にない精液を販売したＹ県に対して、不法行為責任（民法709条）を追及した事案である。

≪判決の概要≫　一審判決は、以下の通りＹの責任を認め、控訴審判決（本判決）もこれを支持した。すなわち、血液型検査法の研究をする家畜改良事業団の依頼で、『糸光』と『第七糸桜』の血液をサンプリング検査したところ、両者の親子関係が否定される可能性があることがわかり、再検査でも同様だったが、Ｙは、これを知って以降も『糸光』を『第七糸桜』の子として宣伝し、Ｘらはこれを信じて『糸光』の凍結精液を用いて受精、生産された雌子牛を購入したが、その後、ＤＮＡ検査の結果、登録協会が『糸光』の父親を別の牛として血統更正を行った。和牛界では子牛登記や本原登録等の各種登記・登録において牛の父母等を明らかにするなど血統が極めて重視されることに照らすと、本来Ｙは、親子関係否定の可能性が相当程度ある『糸光』の精液は、真偽が明らかになるまで販売を停止するのが相当だが、諸般の事情から販売を継続するなら、精液購入者及び精液を使用して産出された子牛の購入者である第三者に対しても適当な方法で告知するなどして、不測の損害を被らせないようにすべき信義則上の義務があるのに、血液再検査後も『第七糸桜』の子と宣伝して精液販売を継続したのだからＹの行為はＸらに対する不法行為にあたるとし、損害については、差額（『糸光』が『第七糸桜』の子とされていたことにより形成された価格）を具体的に認定するのは不可能でその立証は性質上極めて困難として民事訴訟法248条*を適用して、購入価格の３割を損害額と認定し、Ｙに対して、Ｘらに合計1760万円余の賠償を命じた。

* 民事訴訟法248条「損害が生じたことが認められる場合において、損害の性質上その額を立証することが極めて困難であるときは、裁判所は、口頭弁論の全趣旨及び証拠調べの結果に基づき、相当な損害額を

認定することができる。」

コメント

市場評価の高い高血統の雌牛ということで購入したのに、実は別系統の牛だったとして、購入者（X）が血統牛の精液を開発販売した県（Y）に不法行為責任を追及し認められた事例である。Yは、遅くとも２回目の血液検査時点では親子関係が否定される可能性が相当高いことを認識していたのに何ら手だてをせず、親子と宣伝して販売した、この行為は、第三者であるXらに対する不法行為にあたるとされた。血統制度は本件のような産業動物のみならず、一部の動物園動物やペットの犬猫にもあり、血統が重視される取引においては同様の議論があると思われる。血統の違いや血統書の有無等による差額（損害額）算定はなかなか難しいものがあり、民事訴訟法248条が適用された本件はその点についても参考になると思われる。

〔３〕保菌子豚の購入による損害について、市場開設者（組合）の責任否定

福岡高判昭和49年９月11日　判時773・106、判タ316・204
（長崎地大村支判昭和47年４月６日）

概要

≪事案の概要≫　養豚等を営むＸ１、Ｘ２は、農業協同組合Ｙ開設の家畜市場でそれぞれ買い受けた子豚の中に、細菌性疾患に罹っていた養豚業者Ａの子豚（以下「本件保菌子豚」）がいたことからＸら保有の他の豚にも感染して死亡したとして、Ｙに不法行為（民法709条）に基づく損害賠償を求めた事案である。

≪判決の概要≫　Ｘらは、本件保菌子豚を購入したのは、Ｙの、①保菌子豚の市場引き入れに際し豚コレラ予防注射証明書を徴さなかった義務違反、②獣医師の配置、検査を怠り病豚の発見を怠った義務違反によるものだと主張し、Ｙに対して損害賠償を求めたが、一審・控訴審（本判決）ともＸらの請求を棄却した。すなわち、本判決は、上記①について、Ａは本来、子豚を県外移動させる場合、家畜保健衛生所発行の豚コレラに罹っていない旨の証明書とともにしなければならないのに、この発行を受けずに移動して県外の別の競り市にかけ、取引されず返却された子豚分のコレラ予防注射証明書を使ってＹに本件保菌子豚の引き入れを申し込んだのだから、Ｙとしてはそのような事情は知らず、証明書の提出

があったことから保菌子豚と知らずに県内産の子豚として引き入れを許容したのであり何ら注意義務違反はないとし、上記②について、家畜取引法等で要求される獣医師の配置、検査義務は、市場開設日に獣医師を市場に現実に臨場させ家畜取引当事者の要求があれば直ちにそれに応じうる態勢を整える義務にとどまり、全頭検査までの義務はないところ、本件では臨場せず待機にとどまっていたが、Xらから検査の申し出がなかったから検査しなかったので、Xらは従来からこのような実情を知り本件保菌子豚が獣医師の検査を受けていないことを十分知って取引したことから、獣医師の配置がなかったために本件保菌子豚の発見が出来なかったとはいえないとして、Yの注意義務違反を否定した。

コメント

市場で保菌子豚を買い受け損害を被ったXらからの不法行為に基づく損害賠償請求について、家畜市場開設者Yの責任を否定した事例である。Yとしては、書類が整っている以上、特別な事情（明らかに豚の様子がおかしい、以前にも同様の事案があったなど）がない限り疑わないであろうし、獣医師臨場がなかったのは事実だが、いつも通り待機させ、Xらもこれをよく理解していたという事実関係の元では、Yの責任が否定されるのもやむを得ないと考える。Xらとしては、養豚業者Aに責任追及していくほかない。牛のＢＳＥ、豚の口蹄疫、鳥インフルエンザウィルスなど、家畜を介した伝染病が騒がれている昨今では、販売・購入業者・市場開設者ら関係者それぞれに、より厳しい注意義務が課されると考えられる。購入者としては、獣医師による検査制度を活用するなど自衛手段が求められるであろう。

〔4〕子犬の売買で錯誤無効を認めた

東京高判昭和30年10月18日　下民６・10・2153

概要

≪事案の概要≫　X（控訴人）は、Y（被控訴人）から、ジステンパー*の病歴を経過していることを要素としてシェパードの子犬（オス。『フリッツ号』）を15万円で購入したところ、間もなく、『フリッツ号』はジステンパーを発症したのでYに返還、その後、『フリッツ号』が死亡し、Xが売買契約の合意解除、または詐欺取消し、または要素の錯誤による契約無効に基づきYに代金返還を求めた事案である。

≪判決の概要≫　一審判決はXの請求を棄却したが、控訴審判決（本判決）はXの請求を認め、一審判決を取り消した。すなわち、Xは、犬のジステンパーによる死亡率が高いことから、この病歴を経過していない犬を買い受けるつもりはなかったこと、買い受けに際し、Yにジステンパー経過の有無を聞いたところ経過後であると答えたので買い受けたこと、普通、飼い犬はジステンパー経過後のものを売買の目的とするもので病歴を経ない犬の売買は極めて稀であることなどから、本件も病歴経過の子犬であることを売買契約の要素としていたとした上で、学説上ジステンパーは一度確実な病歴を経れば再発しないといわれているのに、『フリッツ号』が発病し、Y引き取り後の手厚い看護にもかかわらず死亡したことからすれば『フリッツ号』は契約当時ジステンパーの病歴を経過していなかったと認められ、そうすると売買契約は要素に錯誤があったため当初より無効であり、Xには重過失がないので、Yには不当利得として代金相当額の返還義務があるとした。

＊ 犬ジステンパーウィルス感染症は、イヌ科やイタチ科などに感染する病気である。タヌキ、アライグマ、キツネ、テン、アナグマ、ペットのフェレットなどにも感染する。感染初期は高熱や下痢、肺炎などの症状を示す。致死率が高く、治っても後遺症（てんかん発作など）が残ることもある。唾液やその飛沫、尿などから感染する。

コメント

昭和20～30年代、高値で取引される犬の売買においては、ジステンパーの病歴を経ることが「普通」だったのかどうか、残念ながら筆者には不明である。子犬のワクチン接種が浸透した最近ではジステンパーは減少したが、それでも罹患後は後遺症が残る場合もあり、経過後の売却が「普通」という発想も少々驚きである。それはともかく、何らかの条件を表明し、それが契約の重要な要素でその条件がなければ取引しなかったといえる場合、契約は無効となる（民法95条）。例えば、繁殖目的で特定の血統の子犬を購入し、そのことを売主に表明していたのに血統が違っていた場合などである。購入者側の希望や条件と異なっていたというトラブルはよくあるので、あらかじめ、契約書に条件の明示や、条件が違っていた場合の処理（返還と返金、賠償義務など）を定めておくのが望ましい。

〔5〕パルボ罹患の子犬販売で売主責任を認めたが、購入者に5割の過失相殺

東京地判平成22年1月25日　ウエストロー

≪事案の概要≫　Xは、チワワ専門店Yから子犬（以下「本件子犬」）を22万円で購入し引渡しを受けた2日後、嘔吐と下痢で動物病院（以下「病院」）を受診したところ、「下痢、嘔吐及び低血糖」の診断を受け、Yから本件子犬を自分に預けるよう求められたので入院させずにYに預け、5日後、Y方で本件子犬が死亡し、XがYの瑕疵担保責任（民法570条、566条）、不法行為責任（民法709条）等による損害賠償を求めた事案である。

≪判決の概要≫　本判決は、まず、瑕疵担保責任については否定した。すなわち、本件病院がパルボウィルス感染症の診断書を出していないこと（後に作成され訴訟に提出された病院の意見書では、パルボウィルス罹患を疑ったと述べているがこの意見書の内容には疑義があるとされた）、簡易キットで容易に検査できるのに獣医師がパルボ特有の所見を認めて必要な検査を行った形跡がないこと、仮に罹患の可能性を認識していたら獣医師がその旨を告げずにYに預けるよう述べるとは考え難いことなどから、獣医師は犬の症状について特段の診断を示していなかったとし、Yの他の飼育犬にパルボ感染の形跡が伺われないこと、Yが本件子犬の引渡し時に診断書をXに交付していたことなどから、本件子犬が引渡し当時何らかの疾患に罹患していたとは断定できないとして、瑕疵担保責任を否定した。次に不法行為責任については、Yが預かりの5日間獣医師の診察を受けさせず、整腸剤やブドウ糖の投与、電話で獣医師の指示を仰ぐなどしたが死亡させており、症状改善しないことが明らかになったといえる預かり翌日には獣医師の診察を受けさせるべき注意義務があったとして、受診させなかったのは不法行為にあたるとし、Yが本件子犬を預かって以降に生じた損害（診断書取得費用、葬儀費用の一部、慰謝料10万円、弁護士費用の一部等）を認め、他方、複数頭の犬の飼育経験のあるXが獣医師資格のないYの指示に従い、入院させなかった点に5割の過失があるとして相殺し、Yに対し5万円余の賠償を命じた。

コメント

買主（X）が、引渡し当時子犬がパルボウィルス感染症に罹患していたことを立証できていないとして売主（Y）の瑕疵担保責任が否定され、他方、預かり中脱水症状を起こし症状が改善しない子犬を獣医師に連れて行かずに死なせたYの不法行為責任が肯定された事例である（ただし、体調不良の犬を獣医師ではないYに預けたXにも相当の過失があるとされた。）。獣医師がパルボを疑っていれば簡易キットで検査するのが通常であるのにこれをしていないことが、瑕疵が否定されたポイントと考えられる。訴訟係属後、Xは獣医師から「パルボ罹患を疑っていた」という内容の報告書を得たが、信用性は低いとされた。

〔6〕てんかん持ちの子犬の売買で、免責特約を有効として売主責任否定

東京地判平成16年7月8日　ウエストロー

概要

≪事案の概要≫　Xは、Yからシェットランド・シープドッグ種の子犬を購入したところ（以下「本件契約」）、約1年10か月経過後に特発性てんかんと診断されたため、Yに対し、遺伝的欠陥のない中等の品質を持つ犬を引き渡す債務等の不履行責任（民法415条）、または瑕疵担保責任（民法570条、566条）に基づき賠償を求めた事案である。

≪判決の概要≫　本件契約では購入後2週間以内の発病の場合のYの治療費負担、購入後3か月以内（または生後5か月以内）に判明した先天的欠陥の場合の代犬提供義務のほかはYは責任は負わないとする免責特約（以下「本件免責特約」）があったが、Xは、本件免責特約は消費者契約法に違反し無効と主張した。本判決は、本件は特定物売買だからYは債務不履行責任は負わないとし、瑕疵担保責任については、「本件犬の特発性てんかんという疾病が、遺伝的要因によって発症したものであるとすれば」として、治療対象となるような疾病の原因となる遺伝的要因を有しており、これは、愛玩用の犬として取引上一般に期待される品質を欠く欠点を有するものと評価せざるを得ず、隠れた瑕疵にあたるのでYは瑕疵担保責任は負うが、本件免責特約によりYは免責されるとしてXの請求を棄却した。すなわち、Xが消費者契約法（8条1項5号、10条等）に基づき無効を主張する本件免責特約は、Yの瑕疵担保責任す

べてを免除するものではなく一定の要件の下において責任を負担するものであること、また、その内容は合理的な理由があること、売買の目的物が動物である以上何らかの先天的ないし遺伝的な欠陥を持つ危険性、可能性は常に否定できず、そのような欠陥があった場合の売主の責任を一定範囲に限定することは売買の目的物の性質に照らし合理的であり、本件内容は著しく不合理とはいえないとして本件免責特約の効力を認めた。

コメント

ペットの生体販売で、売主の瑕疵担保責任の免責特約を有効とした事例である。疾病の原因となる遺伝的要因は「隠れた瑕疵」にあたるが、瑕疵担保責任（知ったときから1年以内で契約目的不達成の場合の解除、または損害賠償請求）を限定することは可能であり、本件では購入後3か月以内（または生後5か月以内）の場合の代犬保証、購入後2週間以内の病気治療費負担などに限定する内容が合理的と判断された。本件では説明義務違反も争われたが、Yは説明義務を充分果たしているとされた。無責任な売主の責任を軽減することは許されない一方、生き物という特殊性から、何かあればすべて売主の責任とするのも問題である。合理的な免責特約の効力は認められるべきである。

〔7〕パルボ罹患の子犬販売で売主責任肯定、治療費や火葬費損害を認めた

大阪地判平成15年9月26日　消費者法ニュース57・157
（東大阪簡判平成15年4月22日　消費者法ニュース56・148）

概要

≪事案の概要≫　X（被控訴人）は、Y（控訴人）からヨークシャー・テリア種のメスの子犬を、代金及びワクチン代等を支払って購入したが、購入数日後、子犬がパルボウィルス性腸炎で死亡したため、Yに対し、瑕疵担保責任（民法570条、566条）に基づき支払った費用のほか、治療費、死体処理費用（火葬費）の賠償を求めた事案である。

≪判決の概要≫　Yは、本件売買契約では、有料の生命保証制度があり、これに未加入の場合は一切保証はしないとされていたから（以下「本件生命保証契約」）、未加入のXには何ら支払う義務はないとしていたが、Xは、このような免除の合意は消費者の権利を一方的に害するもので消費者契約法10条により無効であると主張した。控訴審判決（本判決）は、

子犬がパルボウィルス感染症に罹患していたこと、これはペット用の犬としての通常有すべき品質、性能を欠いたものとして隠れた瑕疵であると認定した上で、瑕疵担保責任に基づく損害賠償の範囲は、買主が目的物に瑕疵あることを知っていたならば被ることがなかったであろう損害の賠償をいうとして、代金、ワクチン代等のほか、Xが支払った治療費、火葬代についても損害として認め、Yに対して、21万円余の支払いを命じた。本件生命保証契約に基づく義務（３か月に限り無償で代犬・代猫を提供する義務）については、その要件、効果からして、売買の目的物に瑕疵があった場合の法定責任である瑕疵担保責任による損害賠償義務とは異なるものであるとして、本件生命保証制度を利用する旨の合意をしなかった場合、本件生命保証契約の義務の履行を受けられないだけであって、瑕疵担保責任の免除を合意したとは推認できないとした。

コメント

本件では、有料の生命保証契約は、本来の売買契約と別の契約であり、瑕疵担保責任の免責特約ではないとされた。本件が無料保証であればまた評価は異なったのではないかと思われる。なお、前出〔6〕事例の免責特約条項は、本来の売買契約の一内容とされており（その上で、内容が合理的で消費者契約法に反せず有効とされた）、本件とは異なる。本件でYの責任が認められた結論は妥当だが、判例上、瑕疵担保責任の賠償範囲は信頼利益に限定されると解釈されているものを、債務不履行責任の賠償範囲である履行利益にまで拡大している理由と根拠が、判決文からは不明である。

〔8〕闘犬売買の錯誤無効を認め、治療費（事務管理費用）請求を肯定

神戸地判平成14年５月24日　ウエストロー
（西宮簡判）

概要

≪事案の概要≫　X１（被控訴人）は、闘犬（土佐犬）を飼育、訓練、販売しているY（控訴人）から、土佐犬全国横綱20代『嵐号』を50万円で購入し（以下「本件売買契約」）、X２（被控訴人）会社は、X１のために本件売買契約支払いの小切手を振り出したところ、『嵐号』がフィラリア症で間もなく死亡したため、X１は、本件売買契約は錯誤により無効であるとし（民法95条）、Yには契約締結上の過失があるとして不

法行為（民法709条）に基づく損害賠償、及び、事務管理に基づく有益費用（民法702条）として治療費等の償還を求めた。Ｘ２は、原因関係たる売買契約が無効であるとして小切手債務不存在確認を求めた。

≪判決の概要≫　一審・控訴審判決（本判決）ともＸ１、Ｘ２の請求を認めた（本判決は、Ｘ１の損害について減額した）。すなわち、本判決は、Ｙは、Ｘ１が即戦力のある闘犬購入を希望していることを認識しそのような宣伝をして『嵐号』を勧めたこと、購入直後に『嵐号』が体調を崩し獣医師からは少なくとも半年程前からフィラリア症に罹患していると診断されたこと、入院させたが間もなくフィラリア症で死亡したことから、売買契約時、既に『嵐号』はフィラリア症に罹患し激しい運動が出来る状態ではなかったのに、Ｘ２は『嵐号』を即時試合出場可能な闘犬であると誤信して購入したこと、これは動機の錯誤であるがこの動機を表示していたことから、要素の錯誤にあたり売買契約は無効であるとした上で、Ｘ２は原因関係である売買契約が無効なので小切手金を支払う義務はなく、Ｙには、犬が健康であるかどうか確認の上で販売すべき売主としての信義則上の義務があるのに、予防注射も全くしないなど義務に違反しており契約締結上の過失があるとして、Ｙに対し、Ｘ１へ契約締結に関し支出した費用（締結場所への交通費である車のガソリン代、高速代金）、事務管理費用（診療、入院費用等）合計16万円余の賠償を命じた。

コメント

フィラリア症罹患の犬の売買で、闘犬として即時出場させたいという買主（Ｘ１）の動機に錯誤があるとして契約無効、事務管理による有益費償還などが認められ、また売主（Ｙ）に契約締結上の過失が認められた事例である。動機の錯誤無効や契約締結上の過失が認められるのは珍しいが、本件では、売買に際してＹ方を訪問したＸ１が、インターネットで宣伝されていた『嵐号』ではなく、その場で見た別の闘犬の購入を希望したにもかかわらず、Ｙが、即戦力にしたいなら経験豊富で実績のある『嵐号』であると宣伝し、ほかにメス犬２頭もつけるなど売り急いでいるようであったこと、『嵐号』は、入院治療の甲斐なく間もなく死亡している経過からも、相当以前から『嵐号』の体調不良があったなど、Ｙの悪質さ（詐欺性）がうかがわれる事実の存在が裁判官の心証に影響したと思われる。

〔9〕業者間売買の子犬がパルボで死亡し売主責任肯定、拡大被害も認めた

横浜地川崎支判平成13年10月15日　判時1784・115

概要

≪事案の概要≫　ペット販売等を営むXは、Yから子犬2匹（シーズー種、マルチーズ種各1匹）を買い受けたが、引渡しから7日後にマルチーズがパルボウィルスで死亡、引渡しから6日後にシーズーがパルボウィルスを発症、X宅保管の別の子犬4匹も間もなくそれぞれパルボウィルスに感染し内3匹が死亡したため、Yに対して売買契約解除による代金返還、治療費等拡大損害等の賠償を求めた事案である。

≪判決の概要≫　マルチーズが引渡し時点でパルボウィルスに感染していたかが争われ、本判決は、パルボウィルスの潜伏期間、感染源、症状等の知見に鑑み、マルチーズを診た獣医師の見解通り、引渡し翌日に、マルチーズが元気のない様子を示し食欲不振でおう吐した頃をもってパルボウィルスを発症したと認定し、そうすると、感染した犬の便からパルボウィルスの抗体を検出できるのは感染後2～4日の間であること（文献では7～12日の間など）から、引渡し2日後にパルボウィルスの抗体が検出された本件では、感染後2日以上経過していることになり、引渡前にY方で感染していたことになると認定した上で、Yは健康で病気に罹患していない動物を売り渡すという売買契約の基本的義務に反しているとして、Xは、売買目的（転売）を達成することが不能となったからXの契約解除は有効であるとして代金返還請求を認め、またXが求めた拡大損害については、パルボウィルスを発症した犬がいる環境でのパルボウィルスの感染力は極めて強く、他の子犬への感染は犬を販売する業者であるYは充分予測でき、これに対して、マルチーズの元気がないことで直ちにパルボウィルス罹患を疑わずXが他の犬を自宅に保管し続けたこと、感染源と思われる犬舎の消毒不十分を疑わなかったことはXの過失とはいえないとして、Yに対し、マルチーズの代金のほか死亡した他の3匹の代金、消毒代、治療費（助かった2匹も含め）、廃棄した犬舎などの代金、葬儀費用等合計100万円余の賠償を命じた。

本判決は、健康な子犬を売り渡すのは売主の基本的義務であるとし

て、パルボウィルス感染の子犬を引渡した売主の責任を認めた。また、業者として他の子犬への感染も予測できたはずであるとして拡大損害についても認めた。マルチーズから他の子犬への感染ルートについては、マルチーズを持ち帰った箱が倒れておう吐物が漏れ、そのあとを家人が歩いて拡散させた可能性、消毒後、他の子犬用に使用していた犬舎の消毒が不十分であった可能性（取り外しの出来ない構造になっているステンレスが折り込まれている部分に感染した子犬の糞や食べ残しがあった）が疑われている。感染力の強いウィルスの被害拡大を防ぐのがいかに大変かが分かる。

〔10〕パルボ罹患の子犬販売で売主の瑕疵担保責任を肯定

大阪簡判平成11年３月15日　判例集未登載

概要

≪事案の概要≫　Ｘは、Ｙ会社経営のペットショップでチワワ種の子犬（以下「子犬」）を購入したが、購入当日夜から子犬の元気がなくなり、翌日動物病院に連れて行き入院させたが、入院２日後に子犬がパルボウィルス感染症で死亡したため、Ｙに対して、瑕疵担保責任（民法570条、566条）に基づき、購入代金の返還を求めた事案である。

≪判決の概要≫　本判決は、Ｙ店舗には多くの小動物がいてパルボウィルス感染の蓋然性が高いこと、極めて短期間のうちに発症していることなどから、Ｘが引取る前の感染が推認されるとして、これは売買の目的物に隠れた瑕疵があるときにあたるとして、売主の瑕疵担保責任を認め、また、Ｙ主張の、「生体につき、金銭による補償及び返金はできません」との契約条項について、このような特約は合理的ではないから無効であるとして、Ｙに対し、代金の返還を命じた。

コメント

本判決は結論的には妥当と考えられるが、非常に簡単な判決内容で、瑕疵担保責任減免特約が無効とされた根拠（現在では消費者契約法により全面的な免責特約は無効である）についてなど、詳しい判断が示されていない。本件被告は、同種事案や、密輸取引で有罪判決を受けるなど度々問題となっているペットショップであり、このような業者の存在、顕在化が社会的に大きな議論を呼び起こし、平成17年、同24年の動物愛護法改正で、動物取扱業者の規制が強化される機運となった。

ＡＤＲでの解決事例

裁判外紛争解決手続、いわゆるＡＤＲは、訴訟手続によらずに民事上の紛争の解決をしようとする当事者のため、公正な第三者が関与して、その解決を図る手続です（裁判外紛争解決手続の利用の促進に関する法律）。

準司法的機関による、仲裁、調停、あっせんにより、合意に至れば、その内容に一定の法的効果（時効中断効や、仲裁決定の強制執行力ー仲裁法45条１項）を与えるというものです。裁判所で行われる調停のほか、行政機関（建設工事紛争審査会、公害等調整委員会など）や各地の弁護士会などが行う仲裁、調停、あっせんの手続などがあります。以下、東京都で行ったあっせん事例を紹介します。

病気の子犬購入で、契約解除をせず一定の賠償金を支払うことで合意した事例（平成18年５月26日東京都被害救済委員会）

２件の事例が同じ事業者に対して申し立てられ、並行して審議されました。Ｘ１、Ｘ２は、それぞれ、Ｙから、生後２か月前後の犬を約20万円で購入したところ、Ｘ１の犬は、心臓に先天的な欠陥があることがわかり交換を依頼したが、Ｙは、契約上指定医による診断に基づく必要があるところ指定医は気管支炎という診断で、重大な欠陥などにあたらないとして拒絶しました。Ｘ２の犬は、販売時に風邪を発症していたものの販売員から自宅で治療すれば大丈夫といわれて購入したが、受診後栄養状態も悪いことが判明し、Ｘ２は、犬の飼育経験がないことも販売員に告げていたのだから十分な説明があれば購入しなかったとして解除を申し出たが、Ｙは、契約書にない解除事由であり、特別に半額返金に応じるとした事案です。

委員会では、あっせん・調停に付され、６回の審理を経て合意に至り、Ｙは、飼育継続希望のＸ１には25万円の賠償金を支払うこと、飼育を希望しないＸ２には、解除の上（子犬返還）全額返金のほか、治療費等約6,000円を支払うこととなりました。（平成18年６月東京都生活文化局「病気のペット購入契約にかかる紛争案件報告書」）

5

2．動物に関するその他の取引、業務上の事例

〔1〕宗教法人が行うペットの葬祭業は収益事業にあたる

最判平成20年9月12日　判時2022・11、判タ1281・165
（名古屋高判平成18年3月7日 ／ 名古屋地判平成17年3月24日　ウエストロー）

概要

≪事案の概要≫　宗教法人X（天台宗の古刹で、昭和58年頃からペット葬祭業を開始）が、Y税務署長から、飼い主の依頼で死亡ペットの葬儀や供養等を行う際に金員を受け取るのは法人税法の収益事業にあたるとして法人税の決定処分等を受けたため、ペット葬祭業は宗教的行為であり収益事業にあたらないとして、同処分等の取消しを求めた抗告訴訟である。

≪判決の概要≫　一審、控訴審、上告審（本判決）ともXの請求を棄却しYの決定処分等を適法とした。すなわち、本判決は、公益法人が収益事業を営む場合に限り、収益事業から生じた所得に課税する趣旨は、同種事業を行う（競合する）他の内国法人との競争条件の平等を図り課税の公平を確保するなどの観点によるので、収益事業該当の有無は、事業の目的、内容、態様等の諸事情を社会通念に照らして総合的に検討するのが相当であるとした上で、法人税法の収益事業とは、販売業、製造業その他の政令で定める事業（物品販売業、不動産貸付業、倉庫業、請負業等33業種）で継続して事業場を設けて営まれるものをいうところ、Xのペット葬祭業（境内にペット用の火葬場、墓地、納骨堂等を設置し、自動車を保有して死亡したペットの引取り、葬儀、火葬、埋蔵、納骨、法要等を行うほか、パンフレット発行、ホームページ開設等でその周知に努めている）は、外形的に請負業、倉庫業等にあたること、また、料金表などにより定められた一定の金額を依頼者が支払い、これはXの提供する役務等の対価の支払いとして行われており、依頼者が宗教行為としての意味を感じて金員の支払いをしていたとしても喜捨等の性格を有するとはいえないこと、目的、内容、料金の定め方、周知方法等の点から、宗教法人以外の法人が一般的に行う同種事業と基本的に異なるものではない（競合する）とした。

コメント

宗教法人が行うペット葬祭業について、たとえ依頼者（飼い主）が宗教行為と感じ宗教上の儀式の形式により執り行われたとしても、宗教法人以外の法人が行う事業との競合があれば、収益事業にあたるとされた事例である。ペット供養や葬祭業は昭和50年代頃から広まり、仏教寺院だけでなく、倉庫業、運送業、不動産会社、石材店、動物病院等も行っており（判決文中の説明によると事業者数は平成16年現在6,000～8,000)、今や、"誰もが嫌がる動物供養をボランティア的に行っている"とはいえない時代である。本判決は妥当と思われる。なお、本件については、判タ別冊29・280で解説がある。

〔2〕迷子の九官鳥は回復請求（民法195条）の対象とならないとして、元の飼い主の権利を認めた

大判昭和７年２月16日　大民集11・138
（札幌高判　／　小樽区判）

≪事案の概要≫　小樽市内に住むＸ（被上告人・被控訴人）は、自宅へ飛来した九官鳥（以下「本件九官鳥」）を捕らえ、飼育者が判明しないのでそのまま飼育していたところ、３年後、Ｙ（上告人・控訴人）が、警察官を伴いＸ宅を訪れ、盗まれた九官鳥だとして持ち去ったため、Ｘが、１か月の回復請求期間（民法195条*）は過ぎておりＸが九官鳥の所有者であるとして返還を求めた事案である。

≪判決の概要≫　一審判決はＸの請求を認めてＹに返還を命じ、控訴審判決もこれを支持したが、上告審判決（本判決）は、法の解釈を誤っている（Ｙが所有者である）として原判決（一審）を破棄、差戻した。すなわち、民法195条は他人が飼育していた家畜以外の動物を占有した者は占有開始時に善意でかつ当該動物が飼い主の占有を離れた時から１か月以内に回復請求を受けなかった場合はその動物の所有権を取得すると規定するが、その趣旨は、他人飼育の動物が逃走した場合、捕獲者が動物の種類等の事情により野生の無主物と認識することが多いのでその善意（知らないこと）を保護するものであり、家畜以外の動物とは、野生で通常無主物と認められるものを指すところ、九官鳥は一般社会観念上、牛馬犬猫等と同じく愛玩用の家畜で、人の飼養・支配に服して生活するのを通常の状態としているので野生動物ではないとし、また、仮に野生動物の場合でも本条の「善意」とは、目的物の性質上無主物、つまり野

生動物と信じたことをいうのであって特定人の所有かどうかについての善悪ではないとして、捕獲者（X）は、所有者（Y）が放棄したものでなければ遺失物として警察に届出るべきなのにこれをしないのは遺失物横領罪（刑法254条）にあたるといわざるを得ないと判示した。

*「家畜以外の動物で他人が飼育していたものを占有する者は、その占有の開始の時に善意であり、かつ、その動物が飼い主の占有を離れた時から一箇月以内に飼主から回復の請求を受けなかった時は、その動物について行使する権利を取得する。」

コメント

民法195条の解釈を示したリーディングケースである。本判決は、195条は野生動物の場合に適用されるとし、九官鳥は愛玩用動物なので同条は適用されないとした（取引による取得ではない本件では即時取得―民法192条―にもあたらないので元の飼い主に所有権が残っていることになる）。本判決を前提とすると、195条適用場面としては日本原産の野生動物をペットとしていて、取得者がペットである事実を知らなかった場合などが考えられるが、野生動物や外来生物飼育が限定されている昨今、当てはまるケースはあまりないと考えられる。なお、迷いペットの拾得者は、遺失物法にしたがい警察に届ける義務があり、これを怠ると刑事責任（遺失物横領罪）を追及されるおそれがあることは注意すべきである。

〔3〕猫の里親詐欺で慰謝料請求は肯定、猫の引渡請求は特定不十分として否定

大阪高判平成26年6月27日　消費者法ニュース102・363
（大阪地判平成26年1月17日）

概要

《事案の概要》　インターネットの募集サイトや地域情報紙などで猫の里親探しをしていたボランティア5名（X）は、それぞれ、里親希望者Yに対し、平成22年11月～同23年10月までの間に、猫（それぞれ1匹ずつで合計5匹。以下まとめて「本件各猫」）を、贈与し引渡したところ、同24年1月頃、Yによる猫詐取被害発生を知り、Yに本件各猫の返還を求めたがYが応じなかったので、Yは猫を適切に飼養する意思がないのに適切に飼養するなどの虚偽の事実を告げその旨誤信させて本件各猫を詐取したとして、主位的に本件各猫の所有権に基づき、予備的に本件各

猫の贈与契約の取消しによる不当利得返還請求権に基づき、①本件各猫の引渡し及び②詐欺を理由とする不法行為に基づく損害賠償の請求をした事案である。

《判決の概要》 一審判決は、上記①について却下し、上記②について、ＹがＸに対して、既に他から複数の猫の引渡しを受けていること、いずれも継続飼養していないことを秘匿して本件各猫の贈与契約を締結したのは詐欺による不法行為にあたるとして、Ｙに対して、Ｘ各自へ10万円の慰謝料及び避妊・去勢費用やワクチン接種費用等の合計約63万円の支払いを命じた。Ｘ控訴の本判決は、上記①（猫の引渡請求）について、民事訴訟はその判決内容が最終的に強制執行によって実現される制度であり、目的物の特定の程度は、動産引渡しの強制執行の実現が可能かどうかという観点によって判断されるべきとした上で、飼い猫はその習性や一般的な飼い方からかなり広い範囲を自由に動き回ること、Ｙ宅には他の猫も存在する可能性があることからＹ宅に存するという場所的特定では不十分であり、個別の特徴をもって特定する必要があるところ、Ｘ提出の猫目録は、引渡時点の名前、性別、年齢、毛色の記載、カラー写真１、２枚が添付されているだけで、個々の猫の識別に足りる特徴、すなわち、身体の一部の欠損、傷、ほくろなどの情報の記載はないこと、引渡し後間もない時期の（引渡仮処分の執行など）であればともかく、３～４年近く経過しており本件各猫の風貌、体形などが変化している可能性もあることなどから、特定不十分として訴えを却下した。上記②（損害賠償請求）について、Ｙの詐欺行為は、積極的かつ巧妙でおよそ動物愛護の精神と相容れない悪質な行為であり、その結果、Ｘは大きな精神的苦痛を被ったこと、動物愛護法２条（基本原則）、７条４項（終生飼養義務）、44条３項（愛護動物を遺棄した者は100万円以下の罰金）などに照らし、動物愛護のための活動は法的にも保護されるべきであり、これを踏みにじったＹの行為は強い非難を免れないとして、慰謝料を増額しＸ各自へ20万円とし、Ｙに対して、合計約122万円の賠償を命じた。

コメント

後出〔７〕、〔12〕などと同種の事例である。〔７〕事例では、猫の避妊、去勢などの医療費は、Ｙの欺罔行為がなくても要した費用であるとして損害として認められなかったのに対して本件では認められた。本件では、猫の譲渡が決まった段階で、ノミ・ダニ駆除、手術、ワクチン接種などの医療を行ったことを強調し、Ｙの欺罔行為と相当因果関係のある損害として認められている。他方、猫の特定については、〔７〕事例と異なり、個々の特徴の特定が不十分として否定された。マイクロチップが埋め込まれていれば認められると思われるし、もう少し詳細な身体の特徴（模様などであろうか）があればやはり認められる可能性が高いと思われる。名前を呼ばれて振り向いたり芸をする犬の場合、身体的特徴以外の事情を加えて個体識別されうるのかどうか、興味のあるところである。なお、本判決については、吉井啓子（TKCローライブラリー）新・判例解説Watch/民法（財産法）No.86（文献番号z18817009-00-030861130）がある。

〔4〕愛犬の「手作りごはん」教室は、愛犬の美容、看護に関する役務にあたるとして、教室経営者の商標使用を認めた

知的財産高判平成24年11月19日　判時2174・112

概要

≪事案の概要≫　ペットやペットフード販売、美容・ホテル業等を行うX会社は、「青山ケンネルスクール」のカタカナをゴチック体文字で表した商標（以下「本件商標」）を有し、飼い主向けに愛犬の手作りごはん教室など（以下「本件教室」）を開催している。Yが本件商標の登録取消しを求めた審判で、特許庁審決は、本件教室は愛玩動物の「美容」、「看護」にあたらないとして商標法50条により商標不使用（3年以内に日本国内で本件商標を指定役務に使用していたと証明できない）を理由に登録を取消したのに対し、Xが知的財産高等裁判所*に審決取消しの訴えを提訴した事案である。

≪判決の概要≫　本判決は以下のようにXの請求を認め審決を取消した。すなわち、①「美容」の手段に制限はなく、食事が美容の獲得、維持手段であるのは広く社会一般に受け入れられていること、愛玩動物の美容には被毛の手入れのみならず食事（食餌）を介した美容を獲得、維持する方法も含まれるところ、本件教室では「手作りごはんにして毛艶が良くなった」などの声を紹介しており、食事を通した犬の美容の獲得を目的にしていること（毛艶が良くなるのは犬の容貌が良くなることである）、また肥満は美容面からも好ましくないと考えられていることなどから、本件教室は「愛玩動物の美容の教授」などに該当する、②「看護」は、けが人や病人の世話をすることであるが、傷病内容に応じて食事内容や提供方法に異なる配慮が必要なのは一般常識であるところ、本件教室では糖尿病、アレルギーなどの疾病に応じた好ましい食材や栄養素、調理方法を教授するなどし、これは疾患を持つ犬の世話の一環とし

ての食餌の作り方の教授といえ「愛玩動物の看護の教授」などにあたるとした。

* 審決取消訴訟は知的財産高等裁判所の専属管轄である。

コメント

「愛犬の手作りごはん教室」というXの業務内容が商標の指定役務にあたらない（から、3年使用していない）として商標登録を取消した特許庁の審決に対し、本判決は、一転Xの主張を認め、教室の目的、内容は「美容」、「看護」の教授にあたるとした。手作りごはん教室の目的が、その宣伝方法などから見て、愛犬の美容と健康、疾患へのいわば療法食になっているとして、人間の場合と変わらない扱いが社会常識となっていることを示したもので、美と健康は切っても切れない関係にあるという意味からも、また、ペットの健康と美容が人間のそれと同じように評価されたという意味からも興味深い事例である。

〔5〕フレキシリード（ブレーキ付きリード）の事故で輸入業者の製造物責任肯定

名古屋高判平成23年10月13日　判時2138・57、判タ1364・248

（岐阜地判平成22年9月14日）

概要

≪事案の概要≫　Xの妻Aは、飼い犬『タロウ』（体重24キログラム、推定7歳のオス）にYが輸入販売するフレキシリード*（以下「本件リード」）を装着して散歩中、『タロウ』が他の犬（以下「他犬」）に向かって突然走り出したので、フリーにしていた本件リードのブレーキボタンを押して『タロウ』を止めようとしたが、ブレーキが掛からないまま本体リードの紐がすべて伸びきってしまい、他犬に『タロウ』が咬まれることを恐れてAが踏ん張ったため、『タロウ』は首輪に引っ張られて上体が持ち上がり体がねじれたように反り返って仰向けに倒れ、両後ろ足の前十字靱帯断裂の傷害を負い、車イスが必要な後遺症を残した。Xが本件リードには製造物責任法（「PL法」）3条の「欠陥」があるとしてYに対して損害賠償を求めた事案である。

≪判決の概要≫　一審判決は、本件リードの伸び方、ブレーキボタン機能、ブレーキ作用、製品の指示・警告上の欠陥についてすべて否定しXの請求を棄却したのに対して、控訴審判決（本判決）は、一転、次の通り本件リードの欠陥を認めた。すなわち、フレキシリードは散歩の最中等に飼い犬の行動を制御、誘導するとともに、飼い犬が突然人や動物などに向かい危害を加えるのを防止するため素早くブレーキをかけてリードが伸びるのを阻止し犬を制止させるものであるから、犬が突然走り出したような場合、ブレーキボタンを押すことでリードの伸びを素早くかつ確実に阻止し犬を制止できるものでなければならないのに、ブレーキボタンを押してもブレーキボタンの内部と先端のリール（回転板）の歯とがかみあわずカタカタと音がするだけでブレーキがかからなかったのだから、ブレーキボタンがブレーキ装置として本来備えるべき機能を有せず、安全性に欠けるところがあったとして、「欠陥」にあたるとしてＹの製造物責任を認め、損害については、事故にあったことのＸの精神的苦痛や、『タロウ』が家族の一員として扱われていたことから、Ｙに対して、慰謝料30万円、治療費、調査のためのリード購入代金の一部等合計72万円余の賠償を命じた。

＊ フレキシリードは、犬の動きに合わせてリードを引き出したり、巻き取ったりすることのできる引き綱である。本件リードのリード部分の長さは約８メートルで、握り手の所にブレーキボタンが装着され、内部にはリール（回転板）があり、リードを巻き取るようになっている。リールには８枚の歯が付いていてブレーキボタンを押すとボタン内部の先端とリールの歯がかみあってリールの回転を止め、リードが伸びないようになっている。ブレーキボタンをロックするには、ブレーキボタン横に設置されたロックボタンをスライドさせて行う。（判決文中の説明より）

コメント

製造物責任法（PL 法）は、消費者保護の見地より、小売店等から商品（製造物）を購入した消費者が、製造物に欠陥があった場合、直接の契約関係に立たないメーカー等（製造・加工・輸入者）に対して責任を追及しやすくした法律である。本判決は、PL 法により、輸入業者Ｙの責任を認めた（製造者はドイツの企業）。PL 法により立証責任の転換が図られているとはいえ（コラム参照）、消費者にとっては、損害発生に至るメカニズムを主張するのは困難な場合が多いと思われる。本件ではたまたまＸ本人が知人等の協力を得て、実験結果を提出できたという背景事情があったようである（一審は本人訴訟であった）。

PL法について

製造物責任法（平成6年成立。「PL法」）は、製造物の欠陥により人の生命、身体または財産に被害が生じた場合の製造業者等（「メーカー」）の損害賠償責任について定めた、民法（709条・不法行為責任）の特別法です。

製品に関する専門知識を持たない消費者を保護するため、欠陥についての故意・過失の立証責任を転換し、メーカー（加害者）に、欠陥がなかったことの立証責任を負わせ、消費者たる被害者は、製品を通常の用法に従って普通に使用していたのに被害にあった（損害が発生した）ことを立証すればよいとしています。

メーカーには、製造者のほか、加工者、輸入者も含まれます。

「製造物」とは製造または加工された動産をいいます。フレキシリードなどの製品のほか、ペットフードも製造物にあたります。

「欠陥」とは、当該製造物の特性、その通常予見される使用形態、メーカーが当該製造物を引き渡した時期その他の当該製造物にかかる事情を考慮して、当該製造物が通常有すべき安全性を欠いていることをいいます（PL法2条）。

メーカーが免責されるのは、①当時の科学技術の知見では当該製造物の欠陥を認識できなかった場合、または、②他の製造物の部品または原材料として使用された場合で、その欠陥が専ら他の製造物の製造業者の設計に関する指示に従ったことにより生じ、そのことにつき過失がない場合に限られます。

ペットフードの異物混入などについても当然ＰＬ法の適用が問題となりますし、今後もPL法が適用されるケースは増えると考えられます。

〔6〕公共工事の騒音で牧場の牛が死傷した損害について、工事業者と工事発注の県の責任肯定

仙台高判平成23年2月10日　判時2106・41
（福島地いわき支判平成22年2月17日　判時2090・102）

≪事案の概要≫　酪農業を営むX（控訴人）が、Y1県がY2会社に発注した水路橋布設替工事とその附帯工事（以下「本件工事」）の騒音で、X所有の牛が死亡または乳量が減少するなどの被害を被ったとして、補償合意の履行または不法行為による損害賠償を求めた事案である。

≪判決の概要≫　一審判決は、本件工事の騒音等が受忍限度を超えること、牛の死傷との因果関係を認め、Yらに不法行為の連帯責任を認めた。敗訴部分について双方が控訴した本判決は、以下の通り、損害額を増額し、牛の治療費、処理費、検査費用、牛の死亡またはと畜に係る費用、増加した精液購入費、乳代損失、仮設放牧場の建設費、暴走した牛によるX従業員らのケガの治療費等、毀損物品の補修費用、弁護士費用等を損害として認め、Yらに連帯して3,283万円余の賠償を命じた。すなわち本判決は、受忍限度（違法性の有無）については、牛の一般的な性質（突発的で衝撃的な機械音に対し驚いて暴走するなどの異常行動に出やすい）から、<u>人の健康を保護する上で維持されることが望ましい基準である環境基準法*上の環境基準や、人の聴覚を前提とした騒音規制法による規制のほか、牛の習性に着目した検討を必要とする</u>ところ、L5（90パーセントレンジ上端値）の最大値が85デシベル（規制値）超の騒音測定日は1回だが、本件では、Lmax（最大騒音瞬間値）をも重要な要素として考慮すべきであり、本件事故にかかる各事故日及びこれに近接する測定日（合計13回）をみると、一日のLmaxが95デシベル超の騒音が測定された日が5回、同90デシベル超が2回、85デシベル超が5回（合計12回）あることなどから、本件工事において多く用いられたブレーカー、バックホウ、ダンプトラック、クレーン等の建設機械の稼働騒音、ブルドーザ稼働時のしゃくり、あおり、きしみ騒音、ダンプトラックの排土時のあおり、打せつ騒音等が、瞬間の騒音値が高く突発的で衝撃的な機械音にあたるから、これにより生み出される騒音が主な原因と推認されるとして、約2年間の本件工事の間、X所有の牛（約200頭）の89頭が短期間に負傷、衰弱するなどした末、うち68頭が死亡またはと畜せざるを得ない状態となる大きな被害が生じたのだから、本件工事の高い公共性など一切の事情を考慮しても、本件工事は受忍限度を超

える騒音を発生させたもので違法性があるとし、また、Xは本件工事開始前から工事が牛に悪影響を与えることをＹ１に訴えていたことなどから、Ｙ１（発注者）は結果を認識し得たとし、さらに、Ｙら主張の３年の時効消滅（不法行為）については、不法行為が長期間継続するものであっても全体として一個の不法行為と認められる場合は、当該不法行為が終了した日から起算するのが公平の見地から見て相当とし、本件工事は工事開始から竣工まで不可分連続して実施されることが当初より想定され、かつ、そのように実施された、全体として一個の不法行為であると評価して斥けた。

＊「環境基本法」の間違いと思われる。

コメント

本判決は、人の聴覚などを基準とした規制値（騒音規制法）や環境基準（環境基本法）よりも、感覚の鋭い牛にはさらに厳しい基準―正確には、牛の特性に着目して最大騒音瞬間値（Lmax）―を考慮すべきであるとした。人よりも保護すべき基準を高くしたという意味でも非常に興味深い判決である。ただし、本件は産業動物の経済的損失であり、単なる愛玩動物が被害対象の場合（たとえば、ペットショップや動物園付近で行われる工事の場合など）は同様に論じられないだろう。本件では、発注者福島県（Ｙ１）にも連帯責任が認められたが、これは、Ｘが直接Ｙ１にも被害を訴えるなど、Ｙ１に損害についての予見可能性があったからである。被害者が工事騒音による被害を伝える場合、施工業者のみならず発注者に対しても働きかけることが重要といえる。

〔７〕猫の「里親」詐欺事件で引渡し対象となる猫の特定が認められた

大阪高判平成19年９月５日　消費者法ニュース74・258

（大阪地判平成18年９月６日　判タ1229・273、消費者法ニュース69・278）

概要

≪事案の概要≫　猫の里親を探すボランティア８名（X）は、近接した時期にそれぞれ、里親希望のＹ（20歳代の女性）に猫（合計14匹。以下まとめて「本件各猫」）を引渡したが、その後ＸらはＹと似た特徴を持つ女性が猫を大量に集めているという情報を入手し、不審に思いＹに返還を求めたが拒否されたため、贈与契約の詐欺取消しに基づき本件各猫の引渡し、及び、不法行為に基づき損害賠償を求めた事案である。

≪判決の概要≫　一審判決は、猫の特定が不十分としてXの引渡請求は却下し、損害賠償については、Y居住のマンションないし現居住地は狭く、本件各猫を含め30～40匹以上の猫を飼養するのは通常考えられないこと、Yが本当に猫を飼養していれば具体的飼養状況を明らかにするのは容易なのにそれができないこと、Yの供述内容が不自然、不合理で信用できないことなどから、Yは猫を適切に飼養する意思がないのにXらを欺罔して譲り受けたとして、Yに賠償を命じた。X、Y双方が控訴した本判決は、一審判決同様、Yは猫を少なくとも適切に飼養せず、従って、当初から少なくとも適切に飼養する意思を持たずに各贈与契約を締結したと推認できるとして本件各猫の騙取を認め、損害については、Xら支出の不妊手術代等医療関連費は猫自身のための出費で、Yの行為によって発生した損害ではないとして否定し、XらがYに渡したフードや手みやげなどは損害として認め、愛猫家であるXらが精神的苦痛を被ったことは容易に推認できるとして各自に15万円の慰謝料、弁護士費用として各自に2万円の損害を認め、さらに、猫の特定は可能であるとして、一審判決を取消し、本件各猫のXらへの引渡しを命じた。

コメント

一審判決では猫の「特定」ができていないとして返還請求は否定されたが、控訴審（本判決）では、Xらが猫の写真と特徴を記載した目録を提出したことで「特定」できているとして返還請求が認められた。贈与契約が無効になれば、当事者双方が原状回復義務を負うので、Yは猫を返還する義務を負うことになる。しかし、本件では、Y宅に猫がいなかったため強制執行は不能で終了し、猫は一匹も戻らなかった。Yが猫を集めた目的も判明しなかった。本判決文中に、「Yが本件贈与に及んだ真の目的や意図が認定できないことなどから贈与契約が公序良俗違反とは即断できない」というくだりがある。

〔8〕ペットサロンの元従業員の開業が不正競争防止法違反にならないとされた

東京高判平成17年2月24日　ウエストロー
（東京地判平成16年9月30日　ウエストロー）

概要

≪事案の概要≫　東京都内でペットトリミング等の美容を行うペットサロン経営者X（控訴人）は、約10年間雇用していた元従業員2名（Y）が、任意退職10日後にX店舗から約500メートル離れた同じ国道沿いにペットサロンを開店したことについて、YがX店舗の「顧客名簿」及び「情報カード」（以下まとめて「本件名簿類」）を営業活動に使用し、また、X在職中から競業関係に立つY店舗開店準備行為を行い、Xの得意先を勧誘、奪取したなどと主張して、不正競争防止法に基づき不正競争行為の差止め（顧客名簿等の使用禁止、廃棄等）を、雇用契約における付随義務としての競業避止義務違反または不法行為に基づき損害賠償などを求めた事案である。

≪判決の概要≫　本件の争点は、①本件名簿類が不正競争防止法の「営業秘密」に該当するか（該当した場合、次に不正競争行為に該当するかが問題となる）、②雇用契約上の競業避止義務が生じ、これに違反したといえるか、③不法行為にあたるかである。

一審判決は、上記①について、「営業秘密」（不正競争防止法2条4項）は秘密として管理されていること（秘密管理性）が必要であるところ、本件名簿類は、X店舗受付カウンター棚に置かれているが、常時の施錠はされておらず、扉さえ閉めていないことが多いこと、外観において「部外秘」などの記載もないこと、アクセスできる者が一部の従業員に限定されていることもないなどから秘密管理性はないとし、上記②について、単なる従業員であるYに、X主張の商法41条、48条（支配人、代理商の競業避止義務）を安易に類推適用することは許されず、YがX在職中に開店準備行為や顧客勧誘行為を行っていたとは認められないとして否定し、上記③について、X主張のX店舗の特徴（ペット美容中心、ペットの送迎、動物病院とのタイアップ、人間用の浴槽に高さ調節のための台を重ねた工夫、オリジナルリボンなど）は、外部から一見して明らかな営業形態か、若しくは、法律上保護された営業ノウハウとまでは言い難いとし、顧客は個々の従業員の接客態度や理容技術に着目して店舗を選別している面があり、Yの退職・独立で自らの主体的な判断で利用店舗を変更した顧客も少なくないと考えられること、YがX店舗と同一性を誤認させるような宣伝、勧誘活動を行ったとは認めがたいことなどから、自由競争の範囲を逸脱するとはいえず不法行為は成立しないとして、Xの請求を棄却した。また、Xが求めた、X顧客と契約を行ってはならないなどの請求に対し、このような請求は、顧客が自発的に来店した場合にもYにこれへの対応を禁ずることを求めるものであり、不正競争防止法上の請求権を超える保護を裁判所に求めるもので許されないとした。控訴審判決（本判決）も、以下を加えた上で、Xの控訴を棄却した。すなわち、上記①（営業秘密）について、本件名簿類は、技術者が変更しても次の技術者に情報が引き継がれそのペットに合った美容の施術ができるように使われていた実態からすれば、むしろ新たに採用された従業員に利用されていたと認められ、アクセスが役員クラスの者に制限されていたとは認めがたいとし、上記③（不法行為）について、Yらは、本件名簿類を書き写す或いはコピーするなどして盗み出したなどの事実は認められず、退職後10日目に店舗開店したこと自体は何ら違法ではなく、また、X主張のノウハウ自体Xが独占できるものではないから使用は何ら違法ではないとした。

コメント

Xにしてみると、長年雇用していたベテラン従業員２名が、近所で独立開業し、顧客が相当流れたことは想像に難くなく、何か法的に要求できるのではないかと悔しく思う気持ちもわからないではない（X自身は他の経営で忙しくなりYに店を任せていた様子である）。しかし、不正競争防止法はあくまで自由競争の範囲を逸脱するような行為を例外的に規制するものであり、本件では在職中の情報盗用、顧客勧誘など逸脱と認められるような行為はなかった。経営者としては、顧客情報管理の徹底（新人に見せる情報と、責任者クラスしか見られない情報を峻別し、それなりの管理を行う必要がある）、高い技術を持つ従業員の処遇について配慮し、相応な地位や報酬と引換えに退職後相当期間の競業禁止誓約を得ておくなどの手当てが必要である（本件Yは、働きに比した正当な報酬を得ていないことに不満を持っていた）。ノウハウについても登録できるものは登録するなど、それなりの管理が必要である。

〔9〕インターネットの掲示板の管理者（プロバイダー）に名誉毀損発言の削除義務を認めた

東京高判平成14年12月25日　判時1816・52
（東京地判平成14年６月26日　判時1810・78）

概要

≪事案の概要≫　東京都内で動物病院Ｘ１会社（被控訴人）を経営する獣医師Ｘ２（被控訴人）は、Ｙ（控訴人）運営のインターネット上の電子掲示板２ちゃんねる（以下「本件掲示板」）で、複数匿名者による「ヤブ医者」、「精神異常」、「動物実験」、「氏ね（死ね）」、「臭い」などＸらを誹謗中傷する書き込み（以下「本件各発言」）が執拗に繰り返されたため、Ｙに本件各発言の削除を申し込んだが放置された。そこでＸらがＹに名誉毀損における原状回復（民法723条）または人格権としての名誉権に基づき掲示板上の本件各発言の削除、不法行為に基づき損害賠償等を求めた事案である。

≪判決の概要≫　一審判決は、Ｙに対し、本件各発言の削除、Ｘ１（経営上の損害）、Ｘ２（精神的苦痛に対する慰謝料）へ各200万円の賠償、Ｘらの人格権としての名誉権に基づき本件各発言の削除などを命じ、控訴審判決（本判決）も次の通りこれを支持した。すなわち、本件各発言は、Ｘ１に対しては経営体制や施設などの、Ｘ２に対しては診療態度、診療方針、能力、人格などの誹謗中傷であり、<u>一般人の普通の注意と読み方とを基準として判断すれば、Ｘらの社会的評価を低下させ名誉毀損にあたる</u>とした上で、Ｙは利用者の接続情報を原則保存しないと明示しており、他人の権利を侵害する発言が書き込まれた場合、発言者の特定、責任追及は事実上不可能であることなどから、<u>匿名性という本件掲示板の特性を標榜して匿名による発言を誘引しているＹには、他人の権利を侵害する発言が書き込まれないよう、また書き込まれたときは被害拡大防止のため直ちに削除する義務がある</u>とし、Ｘらからの削除要請の書面などが到達した後も削除しなかったのは不法行為にあたるとした。

コメント

インターネットの掲示板の書き込み削除要請に応じないサイトの管理人に対して、被害者である獣医師個人の精神的苦痛に対する慰謝料、動物病院の経営上の損害、名誉毀損発言の削除が命じられた事例である。インターネット利用は便利な半面、風評被害などが拡大するおそれが高い。本件のように管理人が不適切或いは違法な発言の削除要請に応じない場合、有効な解決は難しい（本件では管理人Ｙ自身が、本件訴訟を話題にした掲示板を立ち上げ、Ｘらからの削除要請手続きが間違っていることを揶揄するなどした）。本判決では平成14年施行のプロバイダー責任制限法*（事件時は未施行なので本件には直接適用されない。）にも触れ、Ｙは同法によっても保護されないとしている。

*「特定電気通信役務提供者の損害賠償責任の制限及び発信者情報の開示に関する法律」
　プロバイダー等は当該特定電気通信による情報流通による他人の権利侵害の認識またはその認識可能性（認識、認識可能性については被害者側に立証責任がある）がなければ賠償責任は負わないというもの。

〔10〕事故を起こしたペット預託者に非難のメールを送り続けた飼い主に不法行為責任を認めた

東京地判平成26年５月19日　ウエストロー

概要

≪事案の概要≫　Ｘ（１事件原告、２事件被告）は、ドッグトレーナーＹ（１事件被告、２事件原告）に、飼い犬のラブラドール・レトリーバー種（過去55回Ｙに預けた）とトイ・プードル（生後４か月。過去15回ほどＹに預けた。以下「本件犬」）を預けたところ、Ｙが自宅のウッドデッキで２匹を放している間、目を離した隙に、本件犬がデッキの２段ある階段の１段（約20センチメートル）下に転落し、Ａ動物病院で全治２か月の入院治療を要する骨折と診断された（以下「本件事故」）。Ｘは、本件事故から約１か月半後、本件犬に異臭・異常を感じ、Ｙと共にＢ動物病院を受診したところ、右前足の指骨が壊死し上腕から切断する必要があると診断されたため、驚いたＸは、別のＣ動物病院を受診し、切断しなくても大丈夫との診断のもと壊死部分のみを切除した。Ｙは、Ｘに、治療費は自分が全て支払う旨申し出（以下「本件申し出」）、Ｘの要求通りＢ病院から謝罪を得るよう試み、Ｃ入院中の本件犬に付き添うなどしたが、Ｘからの非難は続き、Ｙは適応障害を発症、以後Ｘへの対応を弁護士に委任し、弁護士からＸの代理人弁護士を通し、Ｘに、適応障害及び自殺の危険性もあるため連絡は弁護士を通すよう申入れたが（以下「本件通知」）、これに腹を立てたＸは、Ｙに直接、非難のメールを33通、再通知後も34通送った。Ｘが、Ｙの不法行為または一切の責任を負う和解契約に基づく本件犬の治療費等の損害賠償を求めたのに対し

（１事件）、Ｙが、Ｘの不法行為による治療費、慰謝料等の損害賠償を求めた（２事件）事案である。

≪判決の概要≫【１事件】本判決は、本件犬が過去ウッドデッキから転落したことがなかったとしても、また、Ｙがドッグトレーナーの専門学校でそのような指導を受けていなかったとしても、本件犬が生後４か月の幼犬で身体的にも未成熟（体重約1.5キログラム）で危険回避のための身体能力も十分発達していなかったことからすれば、動物預かり業者として事故を予見できたとし、従って、ウッドデッキ上に出した際は本件犬が転落しないよう注意し、目を離す際はクレートに入れるなど自由に移動して転落しないような措置をとる注意義務があったのにこれを怠ったとして不法行為責任を認め、一方、本件申し出の趣旨は、保険の範囲内で可能な限りというものであり、本件事故と相当因果関係のない損害まで一切の費用を無限定に負担する意思を表明したとはいえないとして和解契約の成立を否定した。損害については、壊死は本件事故による負傷部分とは異なることなどから骨折及びその治療とは無関係に生じた可能性もあるとして本件事故との因果関係を否定し、骨折に対する治療費（1,600円）及び慰謝料（５万円）とした上で、Ｙが既に12万円支払っているため弁済済みとして、Ｘの請求を棄却した。

【２事件】Ｘが、本件通知を無視して合計67通にわたり、強く非難、侮辱する責任追及のメールを送信した行為は、Ｙに過剰な精神的負担を負わせるものであり、Ｘはそれを認識できたとし、社会通念上許容しうる限度を超えた違法な行為であるとして不法行為責任を認め、損害については、治療費の請求はどれが適応障害悪化部分に対応するのか不明であるとして否定し、Ｘに対し、慰謝料のみ（15万円）の賠償を命じた。

コメント

保管者（Ｙ）の不法行為責任を肯定し、他方、非難メールを送り続けた飼い主（Ｘ）の不法行為責任を認めた事例である。業務上の責任追及では、債務不履行（民法415条）または不法行為（同709条）責任の両者を選択的に主張することが多い。しかし、最近は本件のように不法行為責任のみを主張しこれが簡単に（というと語弊があるかもしれないが）認められているように感じる。債務不履行責任における注意義務違反の程度と不法行為責任におけるそれとの差が曖昧になっているように感じる事例もある。なお両請求の実際上の大きな違いは、弁護士費用請求の可否（不法行為の場合は認められる）、消滅時効期間（不法行為の方が短い）である。昨今、電子メールでのやりとりが一般的となり、その手軽さから、送信者が無自覚なまま大量の（思わぬ）内容を送信している例が多くトラブルになるケースも多い。被害者であっても、許容限度を超えて加害者を責め立てれば、脅迫、恐喝等の犯罪行為に触れるおそれもある。特に、加害者が非を認めて対応している場合、代理人（弁護士）がいる場合、健康状態の悪化があった場合などは、直接の連絡や、人格を非難するような言動は慎まなければならない。

〔11〕犬の終身預かり契約を合意解除した場合の一部返金を認めた

大阪地判平成25年7月3日　LEX/DB 文献番号25502203

概要

≪事案の概要≫　X（控訴人）は、Y（被控訴人）に、飼い犬（16歳のビーグル種。以下「本件犬」）を預け、20日程経過後、Yの老犬ホーム事業を利用することにして、終身預かり契約（以下「本件契約」）を締結し、代金84万円（ただし先行したホテル代金を控除した76万円余。以下「本件代金」）を支払ったが、間もなく本件犬の体調が悪化し動物病院で検査、治療等を受けたが好転しないため、本件犬を自宅に連れ帰ることとしYも賛同したので本件犬を連れ帰り（本件犬は約1か月後に死亡）、Yに返金を求めたが、非返金条項（以下「本件条項」）等を理由に拒否され訴訟提起した事案である。

≪判決の概要≫　一審判決（簡易裁判所）はXの請求を棄却したが、控訴審判決（本判決）は、以下の通り請求を一部認めた。すなわち、本件契約は、本件犬を預かって日常の世話などを行うことを内容とするものであるが、XがYに支払う金員は、原則として本件代金に限定され、毎月の飼育料等の支払いは定められていないこと、Yは、対象となる老犬の大きさ、年齢、健康状態に着目し、死亡までの期間を想定して人件費や施設維持費等、世話に要する負担の内容、程度、利潤を考慮して代金を決定しているから、本件代金は本件犬の世話というサービスの提供の対価と解するのが相当であるとし（本件代金は契約上の地位の取得の対価であるというYの主張を否定）、従って本件契約の法的性質は準委任契約であるから、合意解除の場合は将来に向かって効力を失い（民法656条、652条、629条）、Yは履行分を除き本件代金を不当利得として返還すべきであるとし、本件条項については、解除に伴う利潤の喪失、解除の有無にかかわらず支出が避けられない経費に当てる財源の一部を失うなどの不利益を回避、填補する目的であるといえるから、消費者契約法9条1号の契約解除に伴う損害賠償額の予定または違約金の定めに当たり、同号所定の平均的損害を超えるか否かについては（消費者に立証責任がある）、平均的損害とは、同一事業者が締結する多数の同種契約事業について類型的に考察した場合に算定される平均的な損害の額、具体的には、解除事由、時期などにより同一の区分に分類される複数の同種契約の解除に伴い当該事業者に生じる損害の額の平均値を意味するとし、本件では１、２年の余命と想定していたこと、ホテル事業の１泊当たりの利用額（中型犬4,000円）などを考慮し、本件代金の半額を超える部分については平均的損害の額を超えて無効とし、Ｙに対し、34万円余の返金、及び、利息について、少なくとも本件訴訟の訴状送達後は悪意の受益者とみなされるとして年５分の支払いを命じた。

コメント

終身預かり契約後、短期間の間に合意で契約解消に至ったケースで、全額返金ではないが、半額について返金を認めた事例である。結論として妥当な判断ではないかと考えられる。利息については、民法189条２項（「善意の占有者が本権の訴えにおいて敗訴したときは、その訴えの提起の時から悪意の占有者とみなす。」）を類推適用し、悪意の受益者の利息返還義務（民法704条）に基づき、訴状送達後以降の利息支払いを命じた。ペットの預かり業を行うには、一時的であれ終身であれ、動物愛護法により第一種動物取扱業としての登録が義務づけられている。ペットの終身預かりを巡るトラブル事例の増加を受け、現在では、老犬ホーム・老猫ホームなどの譲受飼養業（所有権の移転が伴う場合）も第一種動物取扱業に加わった。

〔12〕猫の里親詐欺事件で慰謝料認定

京都地判平成25年１月16日　動物法ニュース40・57

概要

≪事案の概要≫　不妊手術をした猫に餌やりをしているＸは、メス猫（以下「本件猫」）が痩せてきたので捕獲して動物病院に連れて行き、膀胱結石の入院治療の後、自宅で飼育しながらインターネットの里親募集サイト（以下「本件サイト」）で里親を募集したところ、Ｙから申込みがあったので、終生飼養、他人への譲渡はＸの了解を要すること、誓約事項に違反した場合は所有権はＸに戻ることなどを記載した誓約書に署名をもらった上で本件猫をＹに贈与したが、その後Ｙと連絡がとれなくなり、ようやく連絡がとれると、本件猫は逃げたと言われたため、ＸはＹに対し、終生飼養意思がないのに偽って子猫を贈与させたとして詐欺（民法96条）取消しに基づき猫の返還等を求めた事案である。

≪判決の概要≫　本判決は、本件猫はその様子から、人の所有に属さなかった野生の動物で、退院後Ｘが引き取った時点で民法239条１項*によりＸ所有となったとした上で、Ｙがわずか２か月余の間に本件猫を含む５匹の猫を本件サイトで里親を募集していた他の３人から譲り受け、いずれも逃げたと言っていること、飼育状況や逃走状況を合理的に説明しないことなどから、当初から終生飼養意思がないのにあるように装いＸを欺き贈与契約を締結したと推認し、したがって詐欺取消しにより契約は無効となること、ＸがＹの欺罔行為により本件猫を引渡し姿を見ることもできないのはＸの所有権及び人格的利益を違法に侵害する不法行為（民法709条）にあたるとし、Ｙに対して、慰謝料15万円、弁護士費用として10万円の合計25万円等の賠償を命じた。Ｘが求めた引渡し請求については、Ｙは現在本件猫を占有していないとして否定した。

*「所有者のいない動産は、所有の意思をもって占有することによって、その所有権を取得する。」

いわゆる無主物先占の規定であり、ここでは拾得者に野良猫の所有権を認めることである。

コメント

前出〔７〕事例と似たような事例である。〔７〕事例では、猫の引渡し請求も認められたが（ただし執行は不能で終了）、本判決では、Ｙが猫は逃げたと主張しＹに占有が認められないため否定された。また、詐欺取消しによりＸに所有権が認められるので、所有権留保特約について判断するまでもなくＸを所有者と認定している。本判決では、Ｘに引き取られる以前の本件猫の評価について「野生の動物」と表現しているが、いわゆる地域猫や野良猫を、「野生動物」、すなわち「ノネコ」と評価してよいのか気にかかるところだが、無主物先占の結論自体は問題ない。

〔13〕ペット霊園の火葬炉使用差し止めの仮処分命令

東京地決平成22年7月6日　判時2122・99

概要

≪事案の概要≫　板橋区の準工業地域（道路を挟んで第一種住宅地域と隣接）でペット霊園（動物納骨施設）を営むYら（被申立人）が、同土地で火葬炉（以下「本件火葬炉」）建設工事に着工したため、近隣居住者等X19名（申立人）は本件火葬炉建築禁止の仮処分命令を申立てたがその審理中、Yらが本件火葬炉を完成、通告なく操業を開始した結果、煙突から黒煙が多量に排出、消防車が出動し、近隣住民は強烈な刺激臭により咽頭炎や頭痛などを起こす者も現れた。Xらが申立ての趣旨を変更して本件火葬炉の使用禁止の仮処分を申立て、原決定がXらに担保100万円を立てさせて本件火葬炉使用禁止の仮処分決定をしたのに対し、Yらが異議を申立てた事案である。

≪判決の概要≫　本決定は、Yらが、審理中に本件火葬炉を建築、操業させ、大量の黒煙を発生させてダウンウォッシュ（煙が下降して地表に降りてくる現象）、ダウンドラフト（煙突の風上側に位置する地形や建造物が高く、これに沿って下降してくる気流で排出ガスが下向きに流れる現象）により住民に強烈な刺激臭を与え健康被害が生じたこと、本件火葬炉はこれらの現象が起こりやすい窪地の低い部分にあり今後も起こりやすいこと、Yら主張の事故原因（一次燃焼室と二次燃焼室を誤って同時に加熱しともに750℃の高温になったため）には疑問があり、原因が確実に除去されたと認められない以上操業により被害を与えるおそれが高いことなどから、操業はXらの人格権を侵害するなどとして原決定（本件火葬炉使用禁止の仮処分決定）を認可した。またこの決定を受けXらが申立てた間接強制申立事件において、Yらに対して、本件火葬炉の使用禁止、違反した場合一日につき各3万円の割合による金員の支払いを命じた（東京地決平成22年8月10日）。

コメント

建築禁止の仮処分の審理中に火葬炉を完成・操業したYに対し、使用禁止の仮処分命令が認められた事例である。火葬炉設置となると、火事や不完全燃焼による有害物質発生のおそれなど、周辺住民に与える不安は大きい。ペット霊園については近時条例等により一定の設備基準や住宅地からの距離制限（50メートルから100メートルのものが多い）を設ける自治体もある。千葉市「ペット霊園の設置の許可等に関する条例」（平成20年）、川崎市「ペット霊園の設置等に関する指導要綱」（平成23年）などである。当時板橋区には「ペット火葬場等の設置等に関する条例」（平成15年）があったが、住民への説明を要するような手続的保障はなく、区長への届出のみで工事が着工された。同区では平成21年４月に規制が強化され、火葬炉の有無にかかわらず、ペット霊園設置は区長の許可制となった。操業開始後の変更等を迫られることを考えれば、事業者にとっても安定した操業が期待できるメリットがあるはずである。

〔14〕動物愛護団体に対する不正競争行為（類似名称使用）の差止請求認容

大阪地判平成21年４月23日　ウエストロー

概要

≪事案の概要≫　大阪府内の特定非営利活動法人Ｘは、その活動に際し「ARK」、「アーク」もしくは両者を併記した表示（以下まとめて「Ｘ表示」）を使用しているところ、Ｘの活動に参加しその後独自に活動を行うようになったＹが、活動に際しＸ表示或いは似たような表示（以下まとめて「Ｙ表示」）を使用したため、Ｘが、不正競争行為（不正競争防止法）にあたるとして、Ｙ表示の使用差止め、慰謝料支払いなどを求めた事案である。

≪判決の概要≫　本判決は、Ｙに対し、製造販売品や展示品等へのＹ表示の使用禁止、表示を付した物品の廃棄、ドメイン名の使用禁止、無形損害100万円の賠償などを命じた。まず、不正競争防止法１条の「事業者」は、営利目的を有する必要はなく経済上の収支計算の上に立った事業であれば足りるので、Ｘ、Ｙとも同法上の事業者にあたるとした上で、Ｘ表示は新聞、雑誌に頻繁に掲載され、遅くとも平成17年には周知性があったこと（ただし著名性は否定）、同法２条１項１号の類似性は、取引の実情の下において取引者等が両者の外観、呼称または観念に基づく印象、記憶、連想等から両者を全体的に類似のものとして受け取るおそれがあるかが基準になるところ、「アーク」、「ARK」は、動物愛護、動物福祉関係者間においてはＸ表示を観念することが推認され識別機能があると認識され、この部分の名称を使用するＹ表示と類似性があること、両者の活動目的が同じ（動物愛護）であることから誤認混同のおそれは高く、実際に混同事例が生じたこと（平成18年、Ｙは広島県内の犬のテーマパーク閉鎖に関する活動で、パーク敷地所有者からの恐喝未遂事件告訴が受理されるなどし、その事実が報道され、市民からＸに多数の問合わせがあった）、また、ＸとＹの決別の経緯からＸはＹに名称使用を許諾していないとして、Ｙに不正競争行為が認められるとした。

コメント

本件は、動物愛護団体Ｘで活動していたＹが、Ｘと決別して別の愛護団体を立ち上げたにもかかわらず、同一または協力団体のような名称を使用して活動を行うなどした行為が不正競争行為にあたり、Ｙが事件を起こしマスコミで騒がれるなどしてＸの信用を傷つけたとして、100万円の無形損害（個人の慰謝料に相当）が認められた事例である。Ｙの悪質な行為という点を除けば、愛護団体内部の分裂争いという面もあり、分裂後の名称使用等にどのように対応すべきか考えさせられる事例である。

〔15〕飛行機で輸送中に死亡した大型犬について、航空会社の責任否定

東京地判平成19年４月23日　ウエストロー

概要

≪事案の概要≫　ゴールデン・レトリーバー種を中心とした犬舎で犬の繁殖などを行っているＸは、ロサンゼルス国際空港から成田空港に向けて、Ｙ（シンガポール・エアラインズ・リミテッド）運営の航空機（以下「本件航空機」）に搭乗するとともに、所有のゴールデン・レトリーバー種の犬１頭（当時３歳のオス、体重29キログラム。『ストーム号』）の貨物運送契約を締結し（搭載予約とペットクリニックでの健康診断を前提としている）、Ｙは動物運搬用ケージに入れられた『ストーム号』を貨物室（第２コンパートメント）に搭載したところ、成田国際空港に到着時、『ストーム号』はケージ内で死亡していたため、Ｘは、『ストーム号』が健康状態を維持して目的地に到着するように貨物室の温度などの管理、貨物の搭載量の調節、ケージの搭載場所の適切な選択などの管理義務をＹが怠り、多くの荷物でケージの通風口を塞ぎ、室温30℃以上にするなどして、『ストーム号』を熱中症で死亡させたとして債務不履

行または不法行為による損害賠償（チャンピオン犬で種犬としての将来性なども含めた財産的価値として700万円のほか慰謝料など）を請求した事案である。

≪判決の概要≫　本判決は、機長からの報告によると本件航空機の貨物室の温度は終始20℃～22℃くらいだったとし、『ストーム号』を搭載した第２コンパートメントの荷物の占有率は低かったと推認されること、『ストーム号』の死因について、病理組織診断（空港の動物検疫官による検疫解剖に、Ｘ知人獣医師を立ち会いさせ、肺及び肝臓の組織を入手して専門機関で病理組織検査を行った結果。以下「本件診断」）によると、肺及び肝臓に高度なうっ血が認められ、直接の死因は心不全であるとされているが、心不全の原因は熱中症と思われるとされているものの心不全が熱中症に起因する理由については確たる記述がないこと、犬の熱中症の原因とメカニズムは、短吻種犬あるいは体質的に呼吸機能に問題のある犬が高温多湿の室内、車内に放置されると、体に熱がこもるばかりで体温が上昇し、脱水症状がひどくなり、血液の濃度が濃くなって血液の循環が悪くなり、酸欠状態になってチアノーゼ、ショック状態で死に至るところ、『ストーム号』は短吻種犬ではなく、呼吸機能に問題があった形跡がないこと、上記周囲の状況から、本件ケージの設置状況は熱中症の発症機序に沿わず、心不全の原因が熱中症によるものとも認めがたいこと、第２コンパートメントに搭載されていた他の犬（Ｙ主張は短吻種犬のボストンテリア種、Ｘ主張はラブラドール・レトリーバー種の子犬）には何ら異変はないことなどから、Ｙは本件ケージの輸送につき、コンパートメントの気温、通風、本件ケージの設置場所の選択につき必要な管理義務を尽くしていたと認め、Ｘの請求を棄却した。なお、Ｙ主張の、モントリオール条約の適用がありＹは免責されるとの主張については判断を示さなかった。

コメント

貨物室で運送中のゴールデン・レトリーバー犬について、熱中症による死亡が否定され、航空会社には管理義務違反がないとされた事例である。ブルドッグやボストンテリア種などの短吻種（たんふんしゅ）犬については、高温に弱く熱中症や呼吸困難を引き起こすおそれがあるとして、平成26年現在、全日空、日本航空ともに夏期期間の預かりを中止している。しかし本件では、そのようなおそれのない犬種、健康状態だったがゆえに熱中症による死亡は否定され、結局死因については不明なままだった。『ストーム号』の運搬契約については、貨物運送契約なのか、あくまでＸの旅客運送契約に付随する手荷物の預託契約なのか、その点が明確にならないまま判断がされている（Ｙは「手荷物」と主張している)。本判決については、保険毎日新聞2014年９月19日４頁、同年９月22日４頁（松嶋隆弘解説）も参照されたい。

〔16〕競走馬を鹿と間違え射殺した事故で、未出走の競走馬の価値について血統よりも個体差を優先

札幌地浦河支判平成17年４月21日　判時1894・79、判タ1194・221

概要

《事案の概要》　軽種馬育成農場を経営する有限会社Ｘ代表者Ａが、所有する軽種馬３頭（いずれもメス１歳馬。以下まとめて「本件馬」）を牧場内で放牧していたところ、Ｙ１、Ｙ２が、鹿と間違えてライフル銃で発砲し（この点は鳥獣保護法—現鳥獣保護管理法—及び銃刀法違反で罰金刑)、本件馬のうち２頭を射殺、１頭を走行できない状態にして殺処分を余儀なくさせた（以下「本件事故」）事案の損害賠償請求で、未出走の競走馬の価値算定が争われ、Ｘは、長年の経験から個々の馬を実際に目で見て価格を決定するとして血統よりも体格・性格が重視されると主張したのに対し、Ｙらは、血統とりわけ父馬の血統が重視され、個性は二の次であるとして父馬の血統に属する馬の平均的取引価格を損害とすべきであると主張した。

《判決の概要》　本判決は、未出走の競走馬の価値は、その馬の交換価格（損害算定時点における処分価格）で算定されるとした上で、考慮すべき要素には、①特定物故馬の個性、②一般的に取引で考慮される属性である血統（父母馬が競走馬としてよい成績を挙げたか)、性別（オスの方が高値で取引される)、年齢（高齢になるほど値が下がる）などがあるところ、日本軽種馬協会北海道市場の購買者リストの最上位に位置するＸが、父馬の血統がさほどよくなくても高く評価し実際にレースで活躍したり高額販売された馬もいることなどから、まず上記①を優先し、補充的に上記②を考慮すべきとし、上記①について、Ｘの評価は一応信頼できること、本件馬は譲渡予定がないがＸはオーナーブリーダー*なのでメス馬にも繁殖馬として価値があり、体格、性格、骨格等優れているとＸが評価していること、馬の能力や個性を測る客観的な指標はなく、馬の個性を知る者の供述などの証拠の信用性を吟味しその評価の採否を決定し、その蓋然性に疑いがある時は被害者側に控えめな算定方法を採用するのが相当であるとして、本件馬の兄弟馬が高額で売却またはレースで活躍していること、Ｙら主張の平均価格は280万円〜1,060万円と開

きがあることや庭先売買（生産者と買主の直接売買）よりも高価格での取引がされにくい競りでの価格であることから相当ではないとし、他方Ｘにも過去見通しの誤りがあったことなどから、本件馬の価格をＸ主張価格の２分の１とし（それぞれ1,750万円、1,250万円、500万円）、運搬費用、焼却処理費用、弁護士費用等合計3711万円余をＹらに連帯して支払うよう命じた。

* 馬を生産するだけでなく育成、調教、かつ所有して馬主としてレースに出走させ、引退後は繁殖馬として使用する。

コメント

レースに出走して実績のある競走馬であればその交換価値の算定も可能だが（第３章〔４〕事例など）、未出走の馬ではどのような基準で評価するかが問題となる。本件では、特定物という商品の特徴から、血統等は補充的考慮事情にすぎず、馬の個性（体格、年齢、目利きによる将来の予想等）を優先すべきであるとし、その上で、Ｘの経歴から、Ｘの評価をもとにし、しかしＸの評価には疑いもあるので控えめに半分と評価したものである。

〔17〕犬５頭の預託中の死亡で受託者の責任肯定

千葉地判平成17年２月28日　ウエストロー

概要

≪事案の概要≫　Ａ犬種等の繁殖業者Ｘは、Ｂ犬種の繁殖及びペットホテル業等を営むＹ１に、Ａ犬種９頭を、期間を定めず、委託料１か月10万円で預けたところ、間もなく１頭が死亡したため、以後は委託料１か月８万円に変更して預けていたが、うち５頭（１頭30万円〜80万円程度で購入）が死亡、２頭（30万円、100万円でそれぞれ購入）が片目失明等の傷害を負ったため、Ｘが、Ｙ１、Ｙ２（Ｙ１の夫）、Ｙ３（Ｙ１の母）らに対し債務不履行等に基づき損害賠償を求めた事案である。

≪判決の概要≫　本判決は、まず委託料の振り込み名義人Ｙ２と、委託契約当時同居していなかったＹ３は契約当事者ではないとした。Ｙ１については、仮に委託料が相場より安くても善管注意義務の程度が低くなるとはいえず、比較的短期間（約２年）に複数頭が死亡し、死因が犬同士のけんかによる傷害または病気と推察されることなどからＹ１に善管注意義務違反があるとし、死亡犬の損害については、犬の財産的価値（取引価格）は一般的に高齢になることで低下するのは明らかとした上で、性質上死亡時の価額立証が極めて困難なときにあたるので一切の事情を考慮して（民事訴訟法248条）５頭合計80万円とし、また、特段の精神的苦痛を被ったと認められるときは財産的損害のほか慰謝料を請求できるところ、本件は繁殖用で飼い犬と同様とはいえないがＸが努力して入手し愛情を持って育てたこと、５頭の死亡を直ちに知らされず骨壺も受け取れないものがあるなど特段の事情があるとして慰謝料70万円を認め、他方、逸失利益については、請求の前提事実を欠くとして斥け（Ｘ主張の「年間10件以上の交配希望」はＹ１に預託中１件もなかった）、Ｙ１に対し合計150万円及び年６分の割合による遅延損害金の賠償を命じた。

コメント

業者間の契約なので遅延損害金は商事法定利率とされた（民事法定利率は年５分)。Ａ犬種はワイアーヘアード・ダックスフンド、Ｂ犬種はボストン・テリア種のようである。いずれも大型犬ではないが、元気のよい犬種であり、繁殖用であれば不妊去勢はしていないはずであるから９頭も預かるには相当の管理能力（運動量、施設の広さの確保含め）が求められよう。Ｙ１の自宅の広さは不明だが、Ｙ１は預かり中に出産しており（そのため実母Ｙ３が同居)、乳幼児の世話に加え自身繁殖のＢ犬種の犬たちの世話、夫Ｙ２がサラリーマンであることからも充分な管理が出来るとは到底思えない。Ｘも繁殖業者であるから、仮にＹ１の保管状況を認識していたのならＸにも落ち度があるのではないかと考えられる。なお、本件でＸは、寄託契約に加えて、犬の世話という事実行為の委任として準委任契約も主張したが、本判決は、預かり犬の飼育管理は寄託契約に当然付随するとして準委任契約の成立は否定した。

〔18〕ペット預託中の事故でホテルの責任肯定

青梅簡判平成15年３月18日　ウエストロー

《事案の概要》　Ｘは飼い犬（ミニチュア・ダックスフンド種）『プー』をペットホテルＹに預け、翌日引き取りに行ったところ、『プー』が右

前足を痛がり、足を地面に着地できない状態になっていたが、Ｙは『プー』がもともとそのような状態だったとして責任を否定したので、Ｘが損害賠償を請求した事案である。

≪判決の概要≫　本判決は、『プー』はＹに預けるまでは何の異常もなかったのに、Ｘが引き取りに行ったときは右前足を地面に着くことができず３本足でしか歩けなかったこと、引き取り直後にＹ紹介の動物病院で診察を受けさせたところ打撲傷と診断されたが、その後も改善しないのでＸ行きつけの別の病院で診察を受けさせたところ、右前肢上腕骨遠位部骨折と診断され６日間の入院治療を要したこと、同病院で『プー』のケガは最近のものである（昔のものならば固まっているがそうではない）と言われたこと、Ｙは一切の責任を否定し話し合いに応じる姿勢がまったくないことなどの事実から、『プー』の骨折時期はＹが預かっていた間であると推認した上で、Ｙは業として犬を預かっており、当該業務に関しては一般人よりも高度の注意義務を負っているが、Ｙはその業務に関して注意義務を怠ったので、Ｙには『プー』の骨折について責任があるとし、Ｙに対して、治療費、診断書作成費用等のほか慰謝料３万円を含めた10万円余の賠償を命じた。

コメント

犬の預かり中に足を骨折させた事案で、ペットホテルの責任を認め、治療費損害のほか、誠意のないホテルの対応に対して慰謝料を認めた事例である。妥当な判断であろう。寄託契約の本旨から考えれば、ペットを預かった時の健康な状態のまま飼い主に返還するのはペットホテルの基本的な義務である。しかし、ホテルが全面的に責任を否定する場合、実際問題として、飼い主は、預ける前にペットの健康状態に問題がなかったことをある程度証明せざるを得ない。本件は、病気でなくケガの事例だったこと、最近の骨折という獣医師の見解が得られたことなどから、預かり中のケガであることを推認しやすかったといえる。紛争防止のためには、寄託者（飼い主）、受寄者（ホテル）いずれも、預かり時、引取り時にペットの状態を確認しておくことが重要である。

〔19〕特別地方公共団体から水族館へのシャチ購入費用の支出差止めを求めた住民訴訟を棄却

名古屋地判平成15年３月７日　判タ1147・195

概要

≪事案の概要≫　本件は、一部事務組合（特別地方公共団体の一つ）である名古屋港管理組合Ｙ（愛知県及び名古屋市によって組織）が、名古屋港水族館（以下「本件水族館」）から管理委託を受けている財団法人Ａと締結した協定及びこれに基づく契約（以下「本件協定等」）に基づき、Ａが予定しているシャチの購入費用等をＹが支出（以下「本件支出」）することについて、県民らＸが、本件協定等は動物愛護法その他の法令、条約違反等により公序良俗違反で無効であるから、Ａの債務は存在せず、Ｙの支出は違法であるとして地方自治法242条の１項１号に基づき支出の差止めを求めた住民訴訟である。

≪判決の概要≫　本判決は、①動物虐待とは、正当な理由がなく、動物を殺し、傷つけ、苦しめる行為、給餌または給水をやめることにより衰弱させる行為若しくは遺棄する行為等をいうところ、動物園や水族館（以下「水族館等」）は動物との共生を考える上での社会的意義が大きく、自然界で現在または近い将来絶滅のおそれのある野生動物の保護・保存施設として活用されることも是認されて然るべきで、水族館等がこのような目的で野生動物を収容飼育する限り、自然界から隔離し人工的な環境に置くことに正当な理由があるから直ちに虐待とはいえない、②生物多様性条約及びこれに基づく生物多様性国家戦略は、水族館等が同条約の生息域外の保全措置の担い手になることを期待していると考えられ、本件水族館は開館以来展示を通して県民等にこれら動物の存在を知らせ人間と自然との関わり方に対する理解を深めてもらおうと水族館本来の目的を果たそうしていること、繁殖研究に一定の実績を上げていること、シャチ飼育はその保護及び保存に関する調査研究をも目的としていることなどから、ロシア極東海域におけるシャチの捕獲を委託し入手するＡの行為が同条約の趣旨に反しているとはいえないとし、シャチはワシントン条約付属書Ⅱ記載動物で（輸出国政府の輸出許可証を得た上で商業目的の取引可）、国外で捕獲したシャチの輸入を禁止した国内法はないこと、種の保存法上規制対象ではなく、少なくとも規制対象とされていない動植物を捕獲等することが現時点で直ちに公序良俗に反するとはいえないこと、一般に水族館で飼育動物を展示するのは目的からして当然であること（シャチの入手目的が専ら観客集めの見せ物目的で違法とするＸ主張に対して）、また、③本件協定の内容は、およそシャチが入手できない場合でも費用の一部を払うものではなく、実際に行った計画調査の経費を負担するだけなので問題はないこと（地方自治法２条14項*違反とのＸ主張に対して）、他の事例で１頭当たりの購入費用が2,000万円～3,000万円としても本件支出（Ｘ主張によると１頭あたり１億5,000万円）が過大か否かは個々の事案に即して判断されるべきなので直ちに過大とはいえないとした。本判決はＸらの控訴取下げにより確定した。

*「地方公共団体は、その事務を処理するに当っては、住民の福祉の増進に努めるとともに、最小の経費で最大の効果を挙げるようにしなければならない。」

コメント

組合Ｙと財団Ａの私法上の契約が公序良俗違反により無効となるから、それへの公金支出が違法であるとして、公金支出の違法性を追及した住民訴訟が否定された事例である。結論的にはやむを得ない判決と考えられるが、何ともすっきりしない判決内容ではある。踏み込んだ判断がされなかった背景には、動物、それも人間と直接利害関係のない野生動物保護についての意識が薄いことがうかがえる。平成 20 年１月、アメリカ連邦地方裁判所は、アメリカの文化財保護法により、沖縄の米軍基地建設がジュゴン（日本の文化財保護法で天然記念物に指定されている）に影響を与えるので違法であると判断している。参考にしたい。本判決は、動物虐待の定義や動物園、水族館等の役割など総論部分については、法の趣旨の再確認として参考になろう。

〔20〕家畜飼料に原虫混入でトキソプラズマ病が集団発生し、製造・販売業者の責任肯定

岐阜地高山支判平成４年３月17日　判時1448・155

概要

≪事案の概要≫　肉用豚の繁殖・飼育業者Ｘは、飼料販売業者Ｙ１が製造業者Ｙ２から仕入れたミネラル分含有の家畜飼料（以下「本件飼料」）を購入し豚に与えたところ、トキソプラズマ病で母豚が死亡、流産などをした（以下「本件事故」）としてＹらに損害賠償を求めた事案である。

≪判決の概要≫　本判決は、「訴訟上の因果関係の立証は一点の疑義も

許されない自然科学的証明ではなく、経験則に照らした高度の蓋然性の立証で足りる」（最判昭和50年10月24日）とし、再現試験結果、Ｘ豚舎が管理衛生面では優秀で直近のトキソプラズマ病抗体検査でも問題がなかったこと、本件事故は成育豚にのみ発生しているので経口的または経皮的な形で相当量のトキソプラズマ原虫が急激に豚の体内に入り込んだと推定されることなどから、本件飼料にトキソプラズマ原虫が混入したために発生した（本件飼料がトキソプラズマ病*の原因体）とした上で、Ｙ２には安全な飼料供給のため商品の品質管理に万全を尽くす義務の違反があるとし（不法行為）、Ｙ１には商品の給付義務のほか契約当事者間の信義則上の付随義務として、売主が商品の安全性を点検できる立場にない単なる小売業者の場合を除き、飼料に病気の原因物質が混入しない状態で買主に引き渡すべき注意義務があるところ、Ｙ１は総発売元として本件飼料の製造・販売過程に包括的に関与しうる立場にあったのだから義務違反があるとして（不完全履行）、死亡豚の損害、流産による損害（１頭あたり一分娩で９頭出産として計算）、医薬品代等のほか、汚染された養豚場は相当期間保菌豚を抱え予防・治療の継続を要することや本件事故による消費者の評価下落などを考慮して無形損害200万円などを認め、Ｙ１が原告として提起したＸへの本件にかかる売掛債権を相殺した上で、Ｙらに連帯して437万円余の賠償を命じた。

* 原虫の一種トキソプラズマが寄生して発生する人獣共通感染症。豚への感染経路は、感染した猫等の糞便中のオーシスト（トキソプラズマの一形態）の経口感染がもっとも一般的とされている。オーシストは一般の消毒薬は全く無効だが、熱に対する抵抗性は弱く、70℃で２分、80℃で１分で死滅する。（判決文の説明より）

コメント

飼料の製造工程は、鉱山で採取したリン鉱石灰石を天日乾燥しながら粗破砕攪拌、粉砕、ふるい、乾燥、冷却を経て袋詰めするというものである。本判決は、本件商品に総発売元として販売業者Ｙ１名が表示されていたことから、Ｙ１は購入者に対し製造・販売過程で生じた商品の瑕疵につき責任を負う立場にあり、それは製造業者Ｙ２を指示・監督しうる立場にある以上酷なことではないとして、Ｙ１にＹ２と共同で責任を負わせた。ペットフードの異物混入事故が起こった場合の販売業者、製造業者の責任についても同様に考えられよう。なおＸ主張のＹ１の不法行為責任、瑕疵担保責任、製造物責任については判断されなかった。

〔21〕園児の騒ぎに驚いた名馬の子が骨折、殺処分された損害について、幼稚園の責任肯定

札幌地判平成元年９月28日　判時1347・81、判タ717・172

概要

≪事案の概要≫　学校法人Ｙ１幼稚園は、有限会社Ｙ２牧場に、毎年栗拾いのため園児を引率しており、これに習い３～５歳の園児を園長らが引率して連れて行き、先のバスで着いた園児20～30名を自由行動にさせていたところ、園児らは、Ｘ牧場で牧柵（Ｙ２牧場との境界）の内側をゆっくり走っていたメス馬（名競走馬の子。以下「本件馬」）ともう１頭（いずれも２歳で特に感受性の強い年齢）を見つけ、牧柵につかまったり馬と並行して走ったりしながら奇声をあげて騒いだため、驚いた本件馬が木戸棒を飛び越えて逃げだそうとして体を木戸棒に引っかけ、左大腿骨骨折等の傷害を負い（以下「本件事故」）（もう一頭はＸ従業員が制止）、傷害が治癒せず殺処分となり、Ｘが、不法行為責任に基づき本件馬の時価等の損害賠償を求めた事案である。

≪判決の概要≫　本判決は、一般に軽種馬は敏感で僅かな騒ぎにも驚き暴走し転倒受傷する危険性があるから、馬が近くに放牧されているのを認識していたＹ１は、馬に園児を近づけないように監督する義務、Ｘ放牧場付近で園児を遊ばせる場合には馬を驚かせないで行動するよう指導監督する義務があるのに、漫然と多数の幼稚園児を本件馬に近づけ騒ぐのを放置した過失により、本件馬を驚かせ暴走させて本件事故を発生させたものであり、民法714条２項（監督義務者に代わって責任無能力者を監督する者の責任）により賠償責任を負うとして、本件馬は800万円で売買契約済み（引渡し前）で、この金額は引退後繁殖用に無償で返還してもらうため400万円値引きした金額であることから、時価を1,200万円と算定した。Ｙ２の責任は、毎年（過去10回）栗拾いの場所を提供していただけであること、栗の木はＸ牧場と最も遠い場所にあることなどから、事前に園児来訪をＸに知らせるなどして注意喚起する義務まではないとして否定した。

コメント

児童の接近・騒音（外部刺激）に驚いた子馬が自傷し殺処分を余儀なくされた事故で、「大きな音に敏感で極端に過敏」な馬の習性を公

知の事実と評価し、園児らを漫然と放置していた幼稚園の監督義務違反を肯定し、高額な子馬の時価評価額損害を認めた事例である（まだ損害保険を掛けていなかった）。X、Y双方が控訴した控訴審の内容は不明であるが、園児やXらに注意喚起をしなかったY2牧場の過失の有無、本件馬の評価額などが争点となろう。馬の習性の公知性は、牧場の盛んな地域性ゆえに認められるものであろう。損害（事故）についての予見可能性如何は、地域性なども含めた個別事情によって異なるものである。なお、本判決については、判時1379・175の判例評論も参照されたい。

〔22〕ライオン殺処分の執行停止を求めた飼い主の申立てを却下

浦和地決昭和55年12月12日　判タ435・133

概要

≪事案の概要≫　申立人Xは、昭和51年、生後1か月位のオスのライオン（以下「本件ライオン」）を飼育し始め（同53年の条例制定後はY県の飼養許可を受けて）、同53年、訪問客が敷地内設置の檻に近づき頭部等に2か月の重傷を負う事故（重過失傷害罪で審理中）、同55年、一緒に飲酒していた男性が室内の本件ライオンのいる部屋（以下「本件ライオン部屋」）に近づき頭部表皮剥離左胸部肋骨骨折等の傷害を負う事故（重過失傷害罪で送検）を起こしたため、Yから条例に基づく他への移送、基準適合施設への改造を命じられたが従わず、さらに2日以内の殺処分を命じられたのに対し、短期間の処分等は不可能を強いるものであるとして動物移送措置命令等取消しの訴えを本案として、施設改造命令と殺処分の執行停止申立てをした事案である。

≪決定の概要≫　本決定は、次の通りXの申立てを却下した。すなわち、①敷地内設置の縦3・6メートル、横4メートル、高さ3メートルの鉄筋の檻と居室を改造して檻に接続した本件ライオン部屋（約10畳大）には「人止め柵」もなく、二重の施錠設備もないおよそ条例上の施設基準に適合していない、②Xには猛獣飼養に専門的な知識や経験がなく一人暮らしで留守中看取者がいない、ライオン飼育者は酒を慎まなければならないのによく飲酒するなど飼い主としての資質に重大な疑問があるとし、関係部局が昭和54年から度々指導し、2度目の事件後は引取りに応ずる動物園を紹介したにもかかわらず、Xが冷暖房設置や檻内への立ち入りを要求するなど無理な条件をつけ説得を受け入れなかった経緯から、他人に危害を及ぼさないように十分注意してライオンを飼養するという飼養者としての資質の面からも、ライオンを安全に保管するに足る施設の面からも、極めて危険であり、人の生命、身体若しくは財産に害を加えるおそれがあるとして、Ｙが本件ライオンの飼養放棄を求める趣旨でなした殺処分命令（条例上は、強制的移動、収容の措置命令は定められていないため）は、裁量権の範囲を逸脱した違法なものとはいえないとした。

コメント

当然の判断である。昭和50年代は個人が猛獣をペットとし、杜撰な施設で、その生態や運動量を一切顧慮せず虐待的に（というよりまさに動物への虐待である）飼育する事例が多々あり、しばしば事件が起きた。埼玉県では、飼い主がペットのライオンに咬み殺された別の事件を受け、昭和53年条例により危険な動物の飼育は許可制となった。現在では条例にとどまらず、動物愛護法（26条）により、猛獣等「特定動物」の飼育は許可制とされている。施設等についても詳細な基準があるが、運用が厳格になされているかはやや不安がある。なお、浦和地方裁判所は平成13年５月よりさいたま地方裁判所に改称された。

〔23〕輸送中、犬を日射病で死亡させた業者の責任肯定

東京地判昭和45年７月13日　判時615・35

概要

≪事案の概要≫　畜犬の繁殖訓練業者Ｙ１会社従業員Ｙ２は、Ｘ所有の犬（シェットランド・シープドッグ種。以下「本件犬」）をＹ１所有の種オスと交配させるため、Ｘ方からライトバン型自動車の後部荷物室に乗せ運搬中、約２時間進行後約15分、約30分進行後約５分の休息を挟み、さらに約40分進行したところ本件犬の呼吸が激しくなっているのに気付き付近で本件犬を休ませ獣医の往診を求めたが、日射病で死亡したため、Ｘが不法行為に基づく損害賠償を求めた事案である。

≪判決の概要≫　本判決は、犬は暑さに弱い動物なので、夏期に他人の所有する特に暑さに弱い本件のような長毛種の犬を預かり管理しその運搬に従事する者としては、近距離の運搬や防暑設備のある車両で運搬するような場合を除き、酷暑時を避けて朝夕の涼しい時刻を選んで運搬し、

かつ運搬中常に犬の健康状態に注意を払い適宜涼しい場所で休息させるなどの措置をとり、疾病の発生を未然に防止する注意義務があるとし、Ｙ２は窓を開け車内の風通しを良くし２回ほど休息させたものの、最も暑い時刻（７月15日午後１時過ぎ）に運搬を開始し健康状態に対する注意を十分せず本件犬の異常に気づくのも遅れ、結局病状を悪化させ死亡させたとして、Ｙ２は民法709条により、Ｙ１は同715条（使用者責任）により、それぞれ不法行為責任を負うとした。損害については、Ｘ主張のチャンピオン犬ゆえ100万円という鑑定評価は、年間約100頭のチャンピオン犬が出現する日本では一般的に100万円以上の価額があるといえないが、Ｙら主張の10万円以下という評価も、受賞後1,000万円を超える価額上昇例があるから採用できないとして、血統や受賞歴、５歳のメスで十分出産能力があることなどから50万円と評価し、慰謝料については、子どものいないＸ夫婦が相当悲嘆したことは容易に推察できる一方、運搬距離、時刻、気温などを顧慮せず本件犬を引渡し運搬に同意したのは、素人とはいえ長く飼育している者として慎重を欠くとして５万円とし、Ｙら各自に55万円の賠償を命じた。

コメント

現行法では、Ｙらは動物愛護法の第一種動物取扱業者（訓練または保管業）として重い注意義務を負う。家庭動物基準での占有者の動物輸送時の一般的な注意義務としても、適切な間隔で給餌及び給水をすること、適切な温・湿度管理、換気実施等の義務を負う。これら法令がなかった時代*の本件でも運搬者責任が認められているのだから、現在であればより重い責任を負うはずである。他方、飼い主が漫然と犬を引渡したことについて、過失相殺はされていないが、結局損害（慰謝料）額減額事情となっている。猛暑が続く近年、犬の熱中症事故はますます増加すると思われ、運搬者、飼い主ともに、参考になる事例である。

＊ 動物愛護法は昭和48年（当時は動物管理法）、家庭動物基準は昭和52年（当時は犬猫基準）の成立である。

〔24〕 農薬散布用ヘリコプターの低空飛行の爆音に驚いた鶏が卵墜等により廃鶏となった損害について、町と農協の責任肯定

岡山地判昭和45年３月11日　判タ251・209

概要

≪事案の概要≫　約1,500羽の成鶏を飼育していた養鶏業者Ｘが、Ｙ１町とＹ２農協が共同で田圃の農薬散布のため、午前６時頃から約30分余の間に、少なくとも６回、高度約８～９メートルで、Ｘ所有の鶏舎上空をヘリコプターにより低空飛行を行ったことから、Ｘの鶏が爆音に驚いて卵墜の症状を起こしほとんどが廃鶏となったとして、Ｙらに共同不法行為責任（民法709条、719条１項）に基づく損害賠償を求めた事案である。

≪判決の概要≫　本判決は、①爆音と廃鶏の因果関係について、Ｘの鶏が低空飛行の爆音に驚き、ケージの溶接部分が処々に壊されるほど騒いだこと、農薬散布日の直後から産卵がかなり減少し衰弱が目立ちほとんど回復不能のまま相当数廃鶏として処分せざるを得なかったこと、解剖の結果卵墜症の症状を呈していたこと、鶏は刺激に敏感で爆音によるショック死や腹の中で卵がつぶれた事例があること、卵墜症は外部から刺激が加わり輸卵管の機能に障害をきたし卵が異物となって腹腔内に残り腹膜炎や腹水症を起こすもので、爆音刺激によっても起こりうることなどから、産卵の減少及び廃鶏の損害は、Ｙら実施のヘリコプターの低空飛行の爆音により生じたと断定し、②Ｙらの故意・過失について、県の実施要領に従い事前に広報していたとしても、実施要領は農薬の被害に主眼が置かれたものにすぎないこと、他に被害申告がなかったとしても、一般に爆音ないし騒音による人畜の被害は通常人ならば十分に予想できたはずであり、故意過失がないとはいえないとし、Ｙらは農薬被害のみならず爆音による被害をも予測し防止する義務があるのに怠ったとして、損害は１羽あたりの時価1,200円、処分価格260円として、減収率約86パーセントで計算して、Ｙら各自に121万円余の賠償を命じた。

コメント

前出〔６〕事例の牛、〔21〕事例の馬と同様、鶏という動物種の性状（刺激に敏感であるなど）を考慮し、その性状は、本件地域や当事

者（ここでは町と農協）には予測できたのに防止措置を怠ったとして、不作為による不法行為責任を認めた事例である。本件鶏が経済動物ではなくペット（愛護動物）であれば、一般的にこのような損害への予見可能性を認めるのは難しかったであろう。

第6章

行政の管理責任が問われた事例（国家賠償法）

国家賠償責任について

国家賠償法

国家賠償法は、国または公共団体の損害賠償責任に関する一般法です。

1条1項で、「国又は公共団体の公権力の行使に当る公務員が、その職務を行うについて、故意又は過失によつて違法に他人に損害を加えたときは、国又は公共団体が、これを賠償する責に任ずる。」と規定しています。

これは、民法709条の不法行為に基づく損害賠償責任に対応するものです。ただし、国家賠償法1条2項は、「前項の場合において、公務員に故意又は重大な過失があつたときは、国又は公共団体は、その公務員に対して求償権を有する。」と規定しており、通常の不法行為では、被用者が軽過失の場合も使用者から求償できる（民法715条3項）のに対し、国家賠償法では、公務員個人が軽過失の場合は免責され、故意または重大な過失のある場合にだけ、国または公共団体から被用者である個人へ求償できます。

国家賠償法2条1項は、「道路、河川その他の公の営造物の設置又は管理に瑕疵があつたために他人に損害を生じたときは、国又は公共団体は、これを賠償する責に任ずる。」、同条2項は、「前項の場合において、他に損害の原因について責に任ずべき者があるときは、国又は公共団体は、これに対して求償権を有する。」と規定しています。1条の責任と異なり無過失責任です。

これは、民法717条の土地工作物の設置・保存の瑕疵に基づく損害賠償責任に対応するものです。

不作為の違法性、工作物の設置・管理の瑕疵

公務員が、職務を行うに際し不法行為を行った場合として問題となるケースは様々ですが、ペット特有の法令としては、狂犬病予防法または条例に基づき、住民の安全を守るため、野犬の掃討等に対する権能を有する知事が、これを適切に行使しないために損害が発生した場合があります。

このような不作為による不法行為については、前提問題として、いかなる場合（基準）に作為義務があるのかが問題となります。「○○しなければならない。」という作為義務の内容をまず考える必要がありますから、不作為による不法行為の追及は難しい訴訟の一つといえます。

国家賠償法2条の工作物関連については、公営の動物園などの施設で、猛獣の檻の設置・管理に問題があって事故が起きた場合などが典型的です。

6

〔1〕補助金交付を獣医師会所属獣医師に限定した市の措置は違法ではない

最判平成7年11月7日　判時1553・88、判タ897・61
（東京高判平成6年1月31日 ／ 東京地判平成5年3月31日）

概要

≪事案の概要≫　東京都町田市（Y）が、市の要綱（以下「本件要綱」）で、都獣医師会町田支部加入の獣医師方で、飼い犬、飼い猫の不妊手術を受けさせた市民に対し、手術料の一部（約4分の1程度）に相当する金員を補助金（以下「本件補助金」）として交付するとしたところ、同支部に加入していないX1、X2獣医師が、本件要綱によるYの措置は、Xら市内に診療施設を有する非加入獣医師を不当に差別するもので、営業の自由を侵害し、手続き面も含めて違憲・違法なものであるとして国家賠償法1条に基づきYに対し慰謝料等の支払いを求めた事案である。

≪判決の概要≫　一審、控訴審、上告審（本判決）ともXらの請求を棄却した。本判決は、確かに本件要綱による補助金交付基準の設定にあたり、獣医師会支部と協力体制を取ることによる行政効率（事務の遂行上の利点）という点から、加入獣医師と非加入獣医師を区別する具体的な必要性、合理性が高いとはいえず（加入獣医師に限定する必要性が乏しい）、非加入獣医師の営業上の利益に対する十分な配慮がない点でも手続き的に適切であったとは言い難いとしつつ、しかしながら、本件補助金交付の趣旨は、犬猫の不妊手術を奨励して野犬や野良猫の発生を防止することにあり、不妊手術を受けさせた飼い主や不妊手術をする獣医師を保護するためのものではなく、非加入獣医師に生じうる営業上の不利益は直接的なものではなく、所属獣医師との競業関係による波及的な効果に過ぎず、本件要綱により支部に所属しない獣医師に手術を受けさせた飼い主を補助金交付の対象から除外したことが、直ちにXらの営業の利益を侵害する違法なものになるとはいえないとした。

コメント

犬・猫遺棄の防止、犬・猫引取り数の減少といった行政目的の実効性を確保するため、各自治体には裁量権がある。この裁量権に基づき本件町田市では補助金交付（負担付贈与契約と解される）措置が行われているところ（条例ではなく要綱で行われている点は議論の余地があるが、要綱で行われている例が多いようである）、本件措置に裁量権を逸脱するような違法はないと判断された事例である。ただし、本件措置は手続的に若干疑義があると判示されており、この点、今後の自治実務の参考になると思われる。なお犬猫の所有者には繁殖制限措置についての努力義務が課せられている（動物愛護法37条１項)。本件については、判時1570・201（判例評論451・47)、判タ945・160の解説も参照されたい。

〔2〕野犬による子どもの死亡事故で、知事の不作為責任肯定し、父母に大幅な過失相殺

東京高判昭和52年11月17日　判時875・17、判タ361・235

（千葉地判昭和 50 年 12 月 25 日　判時 827・90、判タ 338・233）

概要

≪事案の概要≫　Ｙ県で、夕方、男児（４歳）が姉（７歳）と買い物に行くため自宅近くの農道を通行中、３頭の野犬（以下まとめて「加害犬」）に襲われ、頸動脈に達する左頸部咬創のほか前胸部から両側大腿背部にかけて無数の咬創を受け死亡した事故（以下「本件事故」）について、男児の両親Ｘ１、Ｘ２がＹ県に対し、本件事故はＹ県知事らが「鑑札を着けずまたは注射済票を着けていない犬」ないし「野犬等」（管理者のない犬及び飼い犬でありながら管理者が条例上の義務に違反しけい留されず抑留されていない飼い犬）を捕獲、抑留しもしくは掃討すべき義務を怠り何らの措置をも講じなかったことにより発生したとして、損害賠償（国家賠償法１条）を求めた事案である。

≪判決の概要≫　一審判決（原判決）は、野犬等の取締りには狂犬病の予防を主目的とする狂犬病予防法と、人の身体・財産に対する犬害防止を主目的とする千葉県犬取締条例（現千葉県動物の愛護及び管理に関する条例）があるところ、狂犬病予防法は予防注射をしていない犬を積極的に探して捕獲すべきことまで義務づけておらず、条例も野犬捕獲等の権限を与えているに過ぎず、ただ、損害発生が具体的に切迫している状況を知りうる場合には捕獲すべき作為義務が生ずるところ、Ｙはこれを察知できなかったし犬害防止運動に努めていたから、過失はないとして請求を棄却したのに対し、控訴審判決（本判決）は原判決を取消し、知事の作為義務違反を認めた。すなわち、加害犬はいずれも首輪をつけておらず付近住民らも知らない「野犬等」にあたること、ある事項につき行政庁が法令により一定の権限を与えられている場合に、その権限を行使するか否か、どのような方法で行使するかは、行政庁の裁量に委ねられているのを原則とし、法的責任は生じないのが本則だが、行政庁の権

限行使の合法、違法ではなく、不行使によって生じた損害賠償責任の有無が問題となる本件では、損害賠償制度の理念（損害の公平な分担）に適合した独自の評価が要求されるところ、不行使によって生じた損害賠償義務の前提となる作為義務との関係では、①損害という結果発生の危険があり、かつ、現実にその結果が発生したときは、②知事がその権限を行使することによって結果の発生を防止することができ、③具体的事情のもとでその権限を行使することが可能で、これを期待することが可能であった場合には裁量権は後退して、知事は結果発生防止のための権限行使義務があるとした上で、本件事故は、上記①について、Yのこれまでの施策が効果がなかったために必然的に発生したものであること（何ら対策が立てられていない動物による事故とは異なる）、上記②について、事故後に行ったのと同じような野犬の捕獲、掃討を事前に行ってさえいれば事故発生は確実に防止できたと思われること（事故後の捕獲、薬殺、銃殺により29頭収容し付近の野犬等を一掃した）、上記③について、捕獲等ができない障害は何らなかったこと、これらの権限は知事にしか期待できないことなどから、知事は結局、条例によって認められた野犬等の捕獲、抑留ないし掃討の権限を適切に行使しなかったとして、Xらの損害を逸失利益600万円余、慰謝料600万円等とし、他方、Xらには、当時付近をうろつく犬を見かけ子どもらに常々注意を与えていたこと、にもかかわらず子どもだけで外出させたため犬に襲われても救うことができなかったことから、監護義務を負う親権者として大きな過失があるとして、大幅な過失相殺を行い、Yに対し、Xら各自へ100万円の損害等の賠償を命じた。

コメント

公務員の不作為は、公務員が法律上負っている作為義務を怠った場合に、違法な職務執行として国家賠償責任の原因となりうる。本件は、公務員たる知事がいかなる場合に作為義務を負うのかという要件を明確にした点で参考になる。本件では知事の不作為が違法とされ国家賠償責任が認められたが、野犬がうろつき危ないことを知りながら小さな子どもだけで買い物に行かせた両親にも相当な注意義務違反を認め、損害については実際はほとんど過失相殺された。

〔3〕県が捕獲した犬を殺処分した行為により精神的苦痛を被ったとする愛護団体の国家賠償請求を否定

宮崎地判平成24年10月5日　判時2170・104

≪事案の概要≫　犬や猫の保護活動をしているX１、X２は、Y県から犬猫の捕獲抑留業務や引取り業務を受託している財団法人県公衆衛生センター（以下「センター」）が、保健所に持ち込まれた子犬４匹を殺処分したのは合理的な理由を欠くとして、センターの職員らを刑事告発（平成20年８月）した後、XらがY出入りの愛護団体を通して母犬１匹（以下「本件母犬」）及び子犬（以下「本件子犬」）７匹の譲り受けを申し出たのに対して、Y施設職員がこれを拒み、特に本件母犬は凶暴だから必ず殺処分すると告知した行為は、XらがAに対して行った刑事告発への報復であるとして、これによりXらは精神的苦痛を被ったとして、損害賠償（国家賠償法）を求めた事案である。

≪判決の概要≫　本判決は、仮にY担当職員らの行為が告発への報復であるとしても、また、愛護団体の会員を通じて本件母犬及び本件子犬を殺処分する旨告げた行為によってXらが不快感や嫌悪感を抱くとしても、これを超えて、Xらにおいて損害賠償の対象となりうるような法的な権利ないし法律上保護された利益が侵害されたとはいえないとして、Xらの請求を棄却した。

コメント

県の施設で捕獲・収容されていた母犬と子犬を県衛生管理課の職員らが殺処分決定したことに対して、殺処分の回避を求めて警察署に相談に訪れるなどして保護活動をしていたNPO法人の理事長ら（Xら）が、職員らの言動を理由として、県に対し国家賠償請求した事案で、Xらには国家賠償を求めうる権利または法的利益はないとされた事例である。

〔4〕獣医師会が集合注射業務を会所属の開業獣医師のみに限定した行為は不合理な差別にあたらない

福岡地小倉支判平成元年3月7日　判時1327・81

概要

≪事案の概要≫　Ｙ１市の獣医師会Ｙ２（社団法人）は、Ｙ１市から狂犬病予防のための集合注射業務（狂犬病予防法に基づく狂犬病予防注射業務及び手数料収納事務）の委託を受け、この業務実施をＹ２開業者部会所属の開業獣医師のみに限定したところ、Ｙ２開業者部会に所属しない開業獣医師Ｘが、これらの措置は独占禁止法（独禁法）違反であるとしてＹ１、Ｙ２らに不法行為に基づく損害賠償（慰謝料、逸失利益など）を求めた事案である。

≪判決の概要≫　本判決は、まず以下のように述べてＹらが独禁法上の事業者に該当するとした。すなわち、狂犬病予防注射業務も対価を得てなされる経済活動であるから、公共事務で営利目的でないというだけでは事業性は失われないこと（Ｙ１）、専門性、公共性を有する役務の提供者であっても、役務提供が経済活動にあたり、他者との間に役務の質と価格をめぐる競争が生じる以上事業者に該当すること（Ｙ２）とした。しかし、その上で、Ｙ２には①開業者部会、②給与者部会（Ｙ１市職員から成る）、③一般部会（Ｘはここに所属）があるところ、上記①の開業者部会員のみが多額の費用を負担して実際の会の運営を行っていることなどからすれば、Ｙ２が受託業務の実施を開業者部会に一任し、犬の鑑札及び注射済票を同部会員に預託したことは合理的な理由があること、ＸはＹ２からの勧誘にもかかわらず上記①の開業者部会に（再）入会しないことから、参加の機会が確保されていたといえ、Ｙ２の措置はＸの機能または活動を「不当に」すなわち、正当な理由なく事業者間の自由かつ公正な競争を阻害するおそれのある態様・方法で制限したとはいえないとして、Ｘの請求を棄却した。

コメント

狂犬病予防注射業務を獣医師会開業者部会所属の獣医師に限定していることが不合理な差別にあたらないとされた事例である。獣医師会に所属していない獣医師が狂犬病予防注射を行うこと自体はもちろん可能であるが、顧客への信頼や営業の機会の喪失といった点に違いが生じることは事実であろう。本判決の結論自体は妥当と考える。しかし本件に限らず、前出〔1〕事例などをみても、獣医師が獣医師会に対して不満を持っている例はしばしば見受けられる（本件獣医師会では、過去、開業者部会加入には至近距離で開業する部会員２名の同意が条件とされていて、その点は独禁法違反の疑いで公正取引委員会から改善指導を受けていた）。獣医師会のあり方についての議論も必要であろう。

〔５〕野犬による子どもの死亡事故で、知事の不作為責任肯定

大阪地判昭和63年６月27日　判時1294・72、判タ681・142

概要

≪事案の概要≫　Ｙ府で、昭和58年12月の午後３時頃、女児（４歳）が近所の子ども（４歳）と休耕田を散歩中、３頭の野犬（『ボス』と呼ばれる茶色の犬、黒色の犬、白色の犬。以下まとめて「加害犬」）に襲われ、頸動脈に達する左頸部咬傷を含め頸部から両膝部にかけ全身に約200か所の咬傷を負い出血多量で死亡した事故（以下「本件事故」）について、女児の両親Ｘ１、Ｘ２がＹに対し、本件事故は、野犬の捕獲等の作為義務を負っているＹの過失により発生したとして損害賠償（国家賠償法１条）を求めた事案である。

≪判決の概要≫　本判決は、Ｙ府知事は、狂犬病予防法、大阪府飼い犬の管理に関する条例（現大阪府動物の愛護及び管理に関する条例）により、けい留されていない飼い犬や野犬を捕獲、抑留する権限があるところ、ある事項につき行政庁が法令により一定の権限を与えられている場合、その権限行使については裁量に委ねられているのが原則だが、具体的状況に応じ、予想される危険が大きければ大きい程裁量の幅は狭められ、①人の生命、身体、財産、名誉などへの顕著な侵害が予想され、②行政庁が権限を行使することで危険を容易に阻止できる状況にあり、③具体的事情のもとで権限行使が可能であり、これを期待することが可能であって、④被害者側の個人的努力では危険防止が充分に達成されがたいと見込まれるときは、裁量権は後退し、行政庁は結果の発生を防止するために権限行使すべき義務があり、行使しないことは作為義務違反に当たるとした上で、上記①について、当時大阪府下では飼い主不明の犬による咬傷事故が年間235件あり、本件事故現場からさほど遠くない付近で、昭和57年頃から『ボス』らが徘徊し同58年12月に入ってから本件

事故現場と約1キロメートル離れた場所で近所の幼児が相次いでこれらの野犬に襲われ一人は落命の可能性もあったことなどから、『ボス』らはこの頃何らかの事情で凶暴化していたと考えられ、本件事故現場付近では『ボス』らによって幼児等が襲われ死亡等の結果が生じる高度の危険性が存在しており、いずれの咬傷事故も保健所に通報されていたのだから知事は危険を十分認識していた、上記②について、本件事故翌日には加害犬はすべて捕獲ないし射殺されていることなどからすると知事の権限行使によって容易に達成でき、本件事故は防げた、上記③について、捕獲作業を困難ならしめる事情はなく、本件事故翌日だけでも13頭の犬の捕獲ができたのだから事故の重大性と危険性を認識してその気になりさえすれば捕獲等を行うことは十分可能だった、上記④について、野犬の捕獲、抑留ないし掃討は組織的かつ計画的に行わなければならないものである上、他人所有地への立ち入りなどもあり、個々の住民が行うことは困難で、せいぜい野犬の徘徊しそうな地域への外出を控える、幼児の外出には注意する程度しかないが、直前の咬傷事故についても広報がされなかったからXらが事故防止策を採ることを期待するのは困難であり、直前の咬傷事故発生後速やかに捕獲作業を行っていれば本件事故は確実に防止できたとして、Yには条例によって認められた野犬の捕獲、抑留ないし掃討の権限を適切に行使しなかった作為義務違反があるとして、Yに対し、逸失利益、葬儀費用、慰謝料（知事の積極的不法行為によるものではないこと、保健所も麻酔銃班を呼んで野犬の捕獲にかかろうとしていたことなど、全く放置していたのではないことなどから、Xら各自100万円とした）、弁護士費用等、Xら各自への836万円余の賠償を命じた。

コメント

昭和40～50年代は、野良犬が多く一部は野犬化し咬傷事故が多発した時代である。昨今、捨て犬の野犬化よりも、捨て猫の繁殖、それら猫への餌やり行為などが社会問題化しているのは時代の移り変わりであろう。法令上行政庁の作為義務が明確にされていない場合は、いかなる場合に作為義務を負うのか問題となる。本件では、①人の生命、身体、財産、名誉などへの顕著な侵害の予想、②行政庁の権限行使により危険阻止が容易、③具体的事情のもとで権限行使が可能で期待することも可能、④被害者の個人的努力では危険防止が十分に達成され難いことをあげ、本件はこれらに該当するのに知事が権限行使を怠ったとして行政庁の作為義務違反（国家賠償義務）を肯定した。前出〔2〕事例と基本的な考え方は同様だが、本件の方が作為義務の要件がやや厳しい（上記①、④の点など）。また、事故の広報が不十分だったことなどから、両親らの過失相殺は行われていない。なお、本件については、判タ735・158判例解説がある。

〔6〕猟犬による子どもの死亡事故で、狩猟禁止区域に指定しなかった県の作為義務を否定

神戸地判昭和61年3月28日　判時1202・104、判タ616・110

概要

≪事案の概要≫　市公認のハイキングコースを両親X1、X2、妹X3と散歩中の男児（7歳）が、飼い主Y1が猪捕獲のため放した猟犬6頭（紀州犬雑種。以下まとめて「本件猟犬」）のうちの5頭に咬まれ失血死した事故（以下「本件事故」）で、Xらが、Y1の占有者責任（民法718条1項）、Y2県の狩猟禁止区域に指定しなかった不作為に対する損害賠償（国家賠償法1条）を求めた事案である。

≪判決の概要≫　本判決は、Y1の責任は肯定、Y2の責任は否定した。すなわち、Y1は、人の立ち入る可能性のある場所と容易に認識し得たのに（ただしハイキングコースであることは知らなかった）、狩猟期間最終日で猟を焦るあまり「見切り」*をせず安全確認もせずに本件猟犬を漫然と一斉に綱から解き放ったものであり、相当な注意をしたとは到底言い難いとして、Y1に対し、X1、X2ら各自へ555万円余、X3へ110万円余の慰謝料等の賠償を命じた。他方、Y2は鳥獣保護及狩猟ニ関スル法律（現鳥獣保護管理法）により危険予防のため必要なときは銃猟禁止区域を設けることができるところ、その権限不行使（本件事故発生場所を禁猟区域にしなかった）が違法となるのは、裁量権限の不行使が著しく合理性を欠くとき、すなわち①住民の生命・身体・財産に対し差し迫った危険が発生あるいは発生が予想される場合に、②行政権行使が関係人の損害を回避するために有効適切な方法であり、③行政が容易にその方法を採ることができたのにその権限を行使しない場合に限られるところ、本件では、上記①について、猟犬の管理責任は第一次的には狩猟者にあり、それだけでは到底人身への危険を防止できない特段の事情がある場合（人が頻繁に往来する地域であるなど）には猟犬による人身に対する危険性が差し迫っているといえるが、本件事故現場付近で猟犬による咬傷事故は発生したことがなく、狩猟期間中人の往来が多い場所ではないこと、地元民からも付近を銃猟禁止区域に設定して欲しい旨の要望はなかったことなどから、禁猟区域に指定しなかったことが裁

量権の著しい逸脱とはいえないとして、Ｙ２に対する請求を棄却した。

＊ 猪が昼間いる場所（寝屋）の見当をつける作業。これにより猟犬の行動範囲をある程度限定できる。（判決文中の説明より）

コメント

吹傷事故に対する飼い主の保管義務違反は認め（この点は当然であろう）、県の不作為による注意義務違反は否定した事例である。管理者不在の野犬と異なり、猟犬の場合は飼い主がいるのだからそれらの者が第一次的に責任を負うべきであって、知事の責任については本章前出〔２〕、〔５〕のような事例と同列には論じられないということである。なお、Ｙ１と一緒に猟をしていたＹ１以外の占有者（共同不法行為者）に対しては、Ｘらから損害賠償債務が免除されていたが、共同不法行為に基づく損害賠償債務は不真正連帯債務なので、Ｘらからの免除がＹ１の債務には何ら影響を及ぼさない（後に共同不法行為者内部で調整する問題）とされた。

〔７〕女児が園内の熊に近づき咬まれた事故で、市の設置管理に瑕疵があるとして責任肯定

鳥取地判昭和51年12月16日　判時863・92

概要

≪事案の概要≫　女児Ｘ１（４歳）が、保育園の親子遠足で出かけたＹ市立公園内（以下「公園」）で、５歳の姉、他の女児と、観覧用に設置された熊舎（以下「熊舎」）付近で、立入禁止柵を越え、手のひらにお菓子を載せて直接熊（ツキノワグマ）にあげようと近づいたところ、鉄製の柵の間から手を出した熊に服の袖をひっかけられ熊舎の中へ右手などを引きずり込まれて右上肢を咬断された事故（以下「本件事故」）で、Ｘ１と両親（Ｘ２、Ｘ３）が、Ｙ市に対し、熊舎は幼児が熊の手の届く位置に容易に接近しうる構造となっていたので設置・管理に瑕疵があるとして損害賠償（国家賠償法２条１項）を求めた事案である。

≪判決の概要≫　熊舎の構造に瑕疵があることは当事者間で争いはなく、被害者側の過失が争点となった。本判決は、Ｘ１には事理弁識能力がないので過失は問題とならないとした上で、保護者として付き添っていたＸ２（母親）について、本件遠足は保母の数が少ないため同伴者のいない児童は参加できないことになっていたこと、本件事故当時は自由時間

で児童の行動に第一次的責任を負うのは付添い父兄であったことなどから、Ｘ１が立入禁止柵内に立ち入った時点でＸ１の行動を認識制止すべき注意義務があったのにこれを怠り（Ｘ１が柵をくぐり抜けてから本件事故発生までかなりの時間的間隔があるとされた）、少なくともＸ１の行動に常に気を配りどこで何をしているかを常時認識しているべき注意義務を怠ったのが事故発生の一因と考えられること、他方、一般観客が檻の瑕疵に気づくのは困難であること、公園内の施設は一般に安全と信頼されており公園設置者はこの信頼に応ずる義務があること、Ｘ１ら児童３名が立ち入ったことに気づいた父兄が一人もいなかったことなどから、Ｘ２の過失の程度は重大ではないとして被害者側の過失を２割として、逸失利益から２割の過失相殺を行い668万円、慰謝料（Ｘ１が800万円、Ｘ２、Ｘ３が各50万円）、弁護士費用分として156万円の合計1,724万円の賠償をＹに命じた。

コメント

熊舎の欠陥については当事者間に争いはなく、過失相殺が争点となった。被害者の過失については、被害者に事理弁識能力があれば足り、行為責任能力までは要しないとされているところ（最判昭和39年６月24日判時376・10）、本件４歳の女児の事理弁識能力は否定され、そのため監護権者である母親Ｘ２の過失が被害者側の過失として考慮された。次の〔８〕事例では８歳の男児の事理弁識能力が肯定されている。

〔８〕男児が園内の熊に近づき咬まれた事故で、国の設置管理に瑕疵があるとして責任肯定

札幌地判昭和48年３月27日　判時722・91、判タ306・234

概要

≪事案の概要≫　小学３年生の男児Ｘ（８歳）が、13歳を最年長とする友人４人と国立大学附属植物園に遊びに行き、熊舎前の立入禁止の柵を越え、檻の中で飼育されている熊（19歳のオスのヒグマ。通称『コロ』）に近づき金網越しに餌をやろうとして中に指を入れたところ、右手指に咬み付かれ右腕を檻内に引き込まれて右上腕部を咬切断された事故（以下「本件事故」）で、ＸがＹ（国）に観覧施設の設置管理上の瑕疵による損害賠償（国家賠償法２条１項）を求めた事案である。

≪判決の概要≫　本判決は、ヒグマは強度の危険性を有すること、多数の来客が予想される公園であること（しかも、動物の観覧を主目的として通常保護者同伴で訪れる動物園と異なり、Xの通学する小学校でも子どもだけで遊びに来ることが許されている）から、年少児童が檻内の熊に親近感を持ち危険な行動に出るおそれが強いことが予想され、危険防止には施設の設置管理につき一層の配慮が必要であり、容易に檻に近づけないよう、あるいは、近づけても観覧者の手指などが直接『コロ』に触れないような構造にするなど万全の措置を講ずるべきだったとした上で、一旦柵を乗り越えれば檻に接近して指を金網の菱形の穴から檻内に挿入して『コロ』に触るのは容易だったこと、『危険柵の中に入らぬこと』と記載した立て札が少なくとも2か所あるものの、その文言（用字）、大きさ、体裁から、判読の容易性、目につきやすさなどの点で年少者に対する事故防止の方法としては必ずしも十分ではないことなどからYの責任を認め、他方、Xは、柵を越えて『コロ』の檻に近づくことが禁じられていること、まして檻の中に手指を差し入れることが危険であることを認識し判断しうる能力を十分具備していたと考えられるとして、X自身の過失を約5割と評価し、Yに対し、逸失利益235万円、慰謝料100万円を含む368万円の賠償を命じた。

コメント

飼育・観覧施設の設置管理上の瑕疵を理由に国家賠償請求が認められた最初の事例である。本件では、（前出〔7〕事例と異なり）子どもだけで遊びに行く場所であったことを重視し、Yは万全の措置をとるべき義務があったとした。また、X自身の過失を「5割程度」と重く評価した上で損害額を認定した。常に保護者が同伴する保育園児と異なり、小学校中学年となれば相当の事理弁識能力があるということである。子どもが訪れる施設の管理者は、子どもは好奇心から時に思いがけない行動をとることを十分考慮する必要がある。立ち入り禁止の表示が子どもや外国人にもわかるよう工夫することは必須である。「事故が起こっても責任を負いません」といった看板をよく見かけるが、このようなことで免責されないのは当然である。動物の福祉、動物園での行動展示などが進み、展示動物にストレスを与えないようにすることが求められる昨今では、展示動物に過大なストレスを与える飼育方法ではなかったかといった飼育事情も、事故の一因として考慮されると思われる。

〔9〕あひるを襲った飼い犬を捕獲中、死亡させた市立動物園職員の過失を否定

福岡地判昭和46年11月22日　判タ274・281

≪事案の概要≫　朝、Xは飼い犬（英ポインター種の猟犬で2歳のオス。『キャメル』）を車の助手席に乗せて運転中、動物園近くで『キャメル』が鳥類の鳴き声を聞き、たまたま空いていた助手席の窓から飛び出し、Y3市営動物園（園長Y2）内に入り、飼育中のアヒルやガチョウの群れを追い回したので、職員Y1が『キャメル』を捕らえ、野犬捕獲用針金でけい留したところ、間もなくXが園内に来たとき『キャメル』が死亡していたため、XがYらに損害賠償（国家賠償法1条、民法709条）を求めた事案である。

≪判決の概要≫　本判決は、『キャメル』の死因について、現場に犬の爪痕が残っていたこと、鳥類がまだ騒いでいたことなどから、『キャメル』はY1らがいなくなった後、なおも鳥を襲おうと暴れたために「わさ」*が締まり首を絞め窒息死したと推測した上で、Y1はポインター種の飼育経験があること、Y1が人工呼吸を施したが生き返らなかったことなどから、Y1には『キャメル』死亡についての認識、認容といった心理状態はない（故意はない）とし、過失についても、動物園で放し飼いの鳥類を襲いアヒル1羽をかみ殺して逃走した犬が舞い戻って再びガチョウを襲うのを見た以上、動物園職員なら誰しもこれを捕らえ事後処置までの間けい留して被害の拡大を防止しようとするのは当然であること、犬捕獲用の針金を2本つなぎ一方の先端に丸く「わさ」を作り、それが張ると締まり、緩むとある程度広がるようにして首に巻くけい留方法で、今まで同様に野犬をけい留し死亡例がないこと、急を要する場合であることを考慮すれば相当な処置であるとした。そして窒息原因は、血統（比類なき名犬の血を引き猟犬として訓練中の『キャメル』が倒れてもなお獲物を追いかけようと暴れ回ったため）か家庭の飼育状況（飼い主の溺愛に基づくわがまま）か訓練の未熟からかは不明だが、これらは通常人の予見可能の範囲外であり、本件は偶然の不幸であるとして、Xの請求を棄却した。

＊「わさ」（輪差）とは、鳥獣を捕らえるためにひもを輪の形に結んだものである。

コメント

市の動物園内で放し飼いにしていたアヒルの群れを襲った猟犬を捕らえて野犬捕獲用針金で作った「わさ」を首にかけ、梁につないでいたところ犬が暴れ回って窒息死した（と思われる）事故で、市職員の責任を否定した事例である。飼い犬が走り去ってわずかの間の出来事で、Ｘの無念な気持ちは理解できるが（そのような判決のくだりもある）、放し飼いにし窓から逃走させたのは飼い主としての保管義務違反であり、本来他人飼育の動物を襲って殺傷した賠償責任も問われるはずである（Ｙらがこの点を追及したかは不明）。もちろん自分の動物が襲われたからといって他の動物を手荒に扱ってよいわけではないが、Ｙ１の経験や、緊急対応であったこと、意図などからやむを得ないと考えられる。なお概要紹介中、『キャメル』の窒息原因について、血統と飼育状況の注意書き（　）内は、筆者による補足ではなく、判決書の表現そのままである。特に昭和40年代頃までの判決書には、裁判官の個性的な表現が散見され、興味深いものが多い。

第7章

刑事裁判例

咬傷事故など

愛護動物が関係する刑事事件としては、まず咬傷事故があります。飼い犬が咬傷事故を起こした場合、飼い主は、民事責任（民法718条１項の動物占有者責任など）にとどまらず、行為態様の悪質性、被害の甚大性などによっては刑事責任を追及されるケースがあります（本章〔10〕事例など）。その場合、飼い主が故意に人を傷害したのであれば傷害罪（刑法204条）（本章〔17〕事例など）、それにより死亡させた場合は傷害致死罪（同205条）、飼い主が過失により人を傷害したのであれば過失傷害罪（同209条１項）（本章〔９〕事例など）、それにより死亡させた場合は過失致死罪（同210条）となります。また、業務上の注意を怠って人を死傷させた場合は、より重い業務上過失致死傷罪（同211条１項）（本章〔10〕事例など）となります。飼い犬をけしかけて人を死傷させるのは、飼い犬をいわば凶器として使用したと評価できます。

なお、過失傷害罪については、被害者の告訴（犯罪事実を申告し、犯人の処罰を求める意思表示）がなければ検察官は公訴提起ができないため、軽微な咬傷事故においては、被害者との間で示談が行われ、刑事事件として立件されないことが多いと考えられます。

動物の虐待等について

動物愛護法44条は、愛護動物のみだりな殺傷（同条１項）、虐待（同条２項）、遺棄（同条３項）をそれぞれ犯罪行為として禁止しています。

他人所有の動物を殺傷・虐待等した場合、動物は法律上「物」なので、他人の財産を毀損したとして器物損壊罪（刑法261条）（本章〔４〕事例など）が問責されるほか、動物愛護法44条４項規定の愛護動物（牛、馬、豚、めん羊、やぎ、犬、猫、いえうさぎ、鶏、いえばと、あひるのほか、人が占有しているほ乳類、鳥類、は虫類）に該当する場合、動物殺傷、虐待罪等が問責されることがあります（同条１～３項）*。

財産権を保護法益とする器物損壊罪が動物の所有者自身に適用されないのに対して、動物愛護法44条については、当該動物の所有者自身も処罰対象となります。そのため、自己所有の愛護動物を殺傷等すれば、器物損壊罪にはあたりませんが動物愛護法44条の犯罪にはあたります。

他人所有の動物殺傷行為は、動物愛護法上の殺傷罪と刑法の器物損壊罪の両罪にあたるわけですが、公訴権**を持つ検察官は、悪質な事件ほど法定刑の軽い動物愛護法違反（２年以下の懲役または200万円以下の罰金）ではなく器物損壊罪（３年以下の懲役または30万円以下の罰金）を適用する傾向もあるようで、これがかえって動物愛護法の周知が遅れる一因になっているとも考えられます。動物愛護法の殺傷罪の法定刑（特に懲役刑）の引き上げが、動物愛護法の改正（平成17年、同24年）の度に議論になるひとつの理由でもあります。

また、いわゆる捨て猫などの遺棄事件については、飼い猫の産んだ子猫４匹の遺棄、牛６頭の遺棄（いずれも平成14年）、引越で犬を置き去りにした行為、飼い犬の山中への遺棄（いずれも平成13年）での有罪判決（５万円～20万円の罰金刑）などの事例があります。しかし、刑事事件として立件されることは稀です。愛護動物の遺棄が、野良猫増加や外来生物による生態系かく乱などの主な原因であることからも、法の適正な運用（警察による捜査）がのぞまれます。

* 虐待罪等については、本章〔13〕事例のコメントで詳解している。

**日本は、刑事事件の公訴権限を国家権力である検察官が独占する「起訴独占主義」をとっている（刑事訴訟法247条）。なお、英国では、私人訴追制度を導入しており、動物関連犯罪の多くを RSPCA（王立動物虐待防止協会）が起訴している。

そのほかの犯罪について

動物は法律上「物」なので、他人所有の動物を盗めば窃盗罪（刑法235条）、他人から預かっている動物を不法に領得すれば横領罪（同252条）、その預かり行為に業務性があれば業務上横領罪（同253条）、迷い子の動物でも明らかに他人所有（落とし物）とわかるような動物を領得すれば遺失物横領罪（同254条）などの犯罪行為にあたります。

刑法が適用されない程度の軽い犯罪行為については、軽犯罪法の適用が考えられます。軽犯罪法については、序章（第２、１）で紹介していますので参照してください。

日本では、アメリカ合衆国と並び、犬猫以外の珍しい動物をペットにする傾向が強いといえます。エキゾチックペットやミニブタなどの家畜動物のペット化です。これに関連し、主に野生動物に関連する犯罪として、鳥獣保護管理法*、輸出入に関する外国為替及び外国貿易法、関税法の各違反行為、また、主に家畜動物に関連するものとして、家畜伝染病予防法、獣医師法、獣医療法、医薬品、医療機器等の品質、有効性及び安全性の確保等に関する法律（医薬品医療機器等法）等の各違反行為が考えられます。

ペットをめぐる犯罪行為については、動物との共生を図り生態系を保全するという観点から、広く環境問題にも目を向ける必要があります。

* 鳥獣保護管理法の歴史や比較法的な視点については、小柳泰治『わが国の狩猟法制－殺傷禁断と乱場』（青林書院、2015）が詳解している。

7

〔1〕犬を撲殺した男性に他人物の故意なしとして無罪（毀棄、窃盗被告事件）

最判昭和26年８月17日　刑集５・９・1789
（福岡高判昭和25年５月24日　刑集５・９・1796 ／ 大分地判）

概要

≪事案の概要≫　大分県内で、私人である被告人Ａが、他人Ｖの飼い犬（英ポインター種のオス猟犬。以下「本件犬」）に養兎業の種兎（ウサギ）を取られたことに立腹して、罠にかかった本件犬を撲殺し、その皮を剥いでなめした事件で、毀棄・窃盗罪に問われ、原審（控訴審）で有罪とされたが、本判決（上告審）ではＡが本件犬を無主物と思って撲殺したことが故意を阻却するかが争われ、犯意なしとされた。

≪判決の概要≫　すなわち、本判決は、Ａが、本件犬が革製のような首輪をはめていたが鑑札はつけていなかったことから、鑑札をつけていなければ無主の犬と看做されると信じて撲殺したこと、当時の大分県令の飼い犬取締規則には飼い犬証票がなくかつ飼い主が不明の犬は無主犬と看做す旨の規定があり、この規定は警察官吏等行政機関が必要に応じて無主犬の撲殺を行うとされた規定との関係から設けられたもので、私人に無主犬の撲殺を行うことを容認する規定ではないが、Ａはこの規定を誤解した結果鑑札をつけていない犬はたとえ他人の飼い犬でも直ちに無主犬と看做されると誤信したのだから、他人所有という事実について認識がなかったとして、本判決は、Ａには刑法38条１項の故意（犯意）がないとし、動物毀棄罪（同法216条）、窃盗罪について有罪とした原判決を破棄して事件を福岡高裁に差戻した。

コメント

Ａのウサギをとったのが本件犬かどうかは不明であり、また、ＡはＶが本件犬を飼育していることを知っていたようである（ただし、同一の犬と認識していたかは不明）。Ｖは用便のため本件犬を放したところ、行方不明となり、警察への盗難届、新聞への懸賞広告を出して探していた。本判決は、鑑札未装着の放し飼いの犬について、たとえ誰かの所有物であっても撲殺が許されると誤解したＡの撲殺行為には故意がないとした事例である。しかし、当時の法令が鑑札未装着の放浪犬を撲殺した警察官等に免責を定めているにせよ、警察官等でも必ずしも無条件の撲殺が許されるとは考えられないし、一私人が安易に法律の規定を誤信したのは法律の錯誤にあたり、故意は阻却されないのではないかという疑問が残る。しかもAは、飼い犬らしいという認識は持っていたようである。第二次世界大戦では犬や馬など多くの動物が徴用あるいは殺され、惨い使役の末に中国大陸に置き去りにされたり、殺されるなどした。動物愛護法制定（昭和48年）頃まで、日本では動物は単なる「物」に過ぎず、一定の場合に財産権としての保護を受けるにとどまることが社会通念（少なくとも統治者にとっては）だったようである。Aの行為は現在は明らかな動物愛護法違反である。他方、猟犬とはいえ通常時に放し飼いにした飼い主Vにも問題がある。

〔2〕たぬき・むじな事件（狩猟法違反被告事件）

大判大正14年6月9日　刑集4巻378頁
（宇都宮地判 ／ 宇都宮区判）

概要

≪事案の概要≫　被告人Aは、大正13年2月29日（本件地域の猟期最終日）、銃と猟犬を連れて狩りを行い、貉（むじな）（以下「ムジナ」）2匹を洞窟の中に追い込み、洞窟唯一の出入り口の洞穴を石で塞いで立ち去り、3日後の3月3日（法定の狩猟期間ではない）に改めて洞穴を開き、銃及び猟犬を使い、最終的には猟犬に咬殺させてムジナを狩った事案である。

≪判決の概要≫　Aは、Aが住む本件地域ではタヌキとムジナは別の動物と考えられていたから、ムジナは規制の対象外と考えていたと主張したため、①狩猟法（現鳥獣保護管理法の前身）で定めた狩猟期間中に捕獲したといえるか、②狸（たぬき）（以下「タヌキ」）の捕獲を禁じた狩猟法に違反しないかが争われた。下級審では、捕獲日を3月1日と判断してAを有罪としたが、大判（本判決）は、上記①について、2月29日の段階で、Aが狭い岩窟中にタヌキを閉じこめ、石塊で入り口を閉塞し逸走できないようにした以上、タヌキの占有に必要な管理可能性と排他性を具備したというべきで、自然の岩窟を利用してタヌキに対する事実上の支配力を獲得し確実にこれを先占したといえ、これは狩猟法の捕獲にあたるとし、3月3日の行為は2月29日に適法に完了したタヌキの処分行為をしたに過ぎないと判断し、上記②について、タヌキとムジナは動物学的には同一のものであるが、その事実は広く（当時の）国民一般に定着した認識ではないこと、Aの居住地方においては十文字貉（むじな）ということから、Aが、狩猟が禁止されているタヌキとは別物と確信して捕獲した以上、法で禁止されたタヌキという認識を欠如しており、Aには故意がないとして無罪とした（破棄自判）。

コメント

本判決は、①の論点（狩猟期間内の捕獲か否か）について、狩猟期間内の捕獲であると判断し、さらに②の論点（捕獲を禁止されている狸との認識の有無）について判断している。

本件は、いわゆる「たぬき・むじな事件」であり、結論が正反対となった次の「むささび・もま事件」とともに法学部の学生には馴染みのある事件である。どのような場合にその物に対する事実上の管理支配権が及んだといえるか？ という占有概念や、事実の錯誤（事実を誤認した）は故意（犯意）が阻却されるが、法律の錯誤（事実は認識したが違法ではないと思った）は故意が阻却されない例としてよく引用されるケースである。次の〔3〕事例は法律の錯誤に過ぎないとされた。

〔3〕むささび・もま事件（狩猟法違反被告事件）

大判大正13年4月25日　刑集3巻364頁
（高知地判 ／ 須崎区判）

概要

≪事案の概要≫　被告人Aが、狩猟禁止期間内に鼯鼠（むささび）（以下「ムササビ」）3匹を捕獲し、狩猟法（現鳥獣保護管理法の前身）違反で有罪とされた事件の上告審である。Aは、Aが住む地方では「もま」と呼ばれている動物を捕獲したに過ぎず、捕獲が禁止されているムササビという認識がなかったと主張したため、故意が阻却されるのではないかが争点となった。

≪判決の概要≫　本判決は、刑法38条1項*が、故意のない行為は罰しないとするのは、犯罪の構成要件事実に関する錯誤の場合（ムササビではなく他の動物と観念する場合）は故意なしとするものだが、本件では、ムササビと「もま」が同一の物なのに単に同一であることを知らずに「もま」を「もま」と知って捕獲したのであるから、犯罪の構成要件事実に関する錯誤ではなく、単に法律の不知に過ぎない（法律の錯誤に過ぎない）とし、故意は阻却されないとしてAを有罪とした原判決を維持した。

* 刑法38条1項「罪を犯す意思がない行為は、罰しない。ただし、法律に特別の規定がある場合は、この限りでない。」
同38条3項「法律を知らなかったとしても、そのことによって、罪を

犯す意思がなかったとすることはできない。ただし、情状により、その刑を減軽することができる。」

1・3項いずれも現行法。内容は同一である。

38条1項は、犯罪事実の構成要件事実を認識していない場合は故意は阻却されるという意味である。たとえば、他人の所有物ではなく自己所有物だと誤信して損壊した場合は、器物損壊罪の故意がないとして犯罪が成立しない。

コメント

前出〔2〕事例の直前に出された大審院判例であるが、両者は正反対の評価が下されている。違いをあげれば、〔2〕事例のAは、タヌキとムジナは別の動物だと確信的に思っていたこと、それは当時の一般人の認識からも無理はないと考えられること、これに対して本ケースのAは、単に「もま」がムササビだと知らなかっただけで、「もま」がムササビとは別の動物だと確信的に思っていたわけではないこと、「もま」は特定の地方での呼称に過ぎないことである。確かに、事実の錯誤か法律の錯誤かの峻別は難しいが（しかも犯罪の正否の分かれ目となる）、知らなかったという個人の事情を重視すると、法律を知らなければよいということになりかねない。〔2〕事例の「たぬき・むじな事件」は知らなかったのがやむを得なかった例外事例と考えるべきであろう。

〔4〕錦鯉を逃がしたのは毀棄罪にあたる

大判明治44年2月27日　刑録17・197

（東京控訴院*判明治43年12月12日　／　前橋地判）

概要

他人飼育の鯉の毀棄及び窃盗が問われた事案である。被告人Aは、他人の養魚池（1号池、2号池）に敷設してある水門の板と格子戸をそれぞれ取り外して、1号池から105尾の、2号池から2750尾の鯉を流失させたが、この行為が、刑法261条（器物損壊罪）の毀棄にあたるのか、流出が物の損壊もしくは傷害にあたるのかなどが争われた。本判決は、鯉を流出させた行為は同法261条にいう動物の傷害にあたるとして、Aを有罪とした。

窃盗については鯉1尾を採取したことで有罪とされているようである

が、控訴院判決文献不明のため事実確認はできていない。

* 現東京高等裁判所

コメント

本件も法学部生には馴染みのある事件である（事件内容の詳細は知られていないにせよ）。物の損壊及び傷害とは、物の効用を害する一切の行為である。物理的な物の破壊、動物への傷害のほか、いかなる行為が物の効用を害するかはしばしば問題となる。たとえば、食器に放尿する行為は感情上その物を使用不可能にさせるので損壊にあたる（大判明治42年４月16日　刑録15輯452頁）。本件鯉はおそらく錦鯉であると考えられ、これらを養魚池外へ解放する行為が観賞用の錦鯉としての効用を害する行為にあたるとされたものと思われる。なお、本件は板等を外して逃がしたという作為であるが、損壊及び傷害は不作為であっても成立する。例えば、飼養を依頼された動物に水や食餌を与えず餓死させる行為などである（有斐閣コンメンタール注釈刑法）。なお現在では動物愛護法（昭和48年成立）にネグレクト（世話をしない）の場合について規定があるが（44条２項）、法定刑は毀物損壊罪（上限懲役３年）の方が重い。

〔５〕鑑定を誤ったため治療を中止して狂犬病で死亡した事例で鑑定獣医師が有罪（業務上過失致死被告事件）

大判明治43年２月22日　刑録16・292
（東京控訴院判明治42年12月８日　／　東京地判）

概要

《事案の概要》　明治41年８月14日、Ｂの次男Ｖが、Ｃ所有の飼い犬（以下「本件犬」）に咬まれたので、Ｂが医師（人医）ＤにＶの狂犬病予防注射をさせようとして伝染病研究所（現東京大学）に入院させようと手続きをしていたが、本件犬が狂犬病に罹患しているかどうかの鑑定を依頼された開業獣医師Ａ（被告人）が本件犬は狂犬病ではないと鑑定し、８月20日に通知してきたため、Ｂはこの鑑定を信じて医師Ｄに恐水病の予防注射などＶの治療中止の指示を出し、この指示に従い、人医Ｄ、Ｅが治療を中止し入院をやめたが、実際は本件犬は狂犬病に罹患していて、Ｖも狂犬病（恐水病）に罹患してしまい、間もなく、耳や胸が痛むと訴え、饒舌にはしゃぎ食欲がなくなり咳をして眠れないといい出したのでその翌日、ＢはＶを研究所に入院させるため連れて行ったが、Ｂから、本件犬はA方で狂犬病ではないといわれたと告げられた医師Dは、そのままVを家に帰してしまい、Vは恐水病で死亡し、獣医師Aの過失致死罪が問われた事案である。

≪判決の概要≫　Aは、人医D、Eらに責任があること、狂犬病初期の診断は難しいこと、AはBを錯誤に陥らしめたに過ぎずAの誤診は死の直接原因ではないなどと主張したが、本判決は、過失傷害罪は、その傷害と過失との間に相当因果関係があれば足り、その過失が傷害の直接の原因かどうかは問わないとして、V死亡がAの過失に基因した事実である以上、Aは責任を免れないとしてAを有罪とした。

コメント

獣医師の誤診が刑事責任を問われて有罪とされた珍しい事例である。詳しい背景事情は不明だが、鑑定を依頼された獣医師は一開業獣医師のようであるし、人医が2名診察に関わり、Vに症状が出始めてからも診察しているにもかかわらず診断できていない（民事責任であれば、安易に治療を中止した人医の責任についても認められるのではないかと考えられる）ことを考慮すると、獣医師にはやや酷な気がしないでもない。本件犬が狂犬病に罹患しているか否かの判断過程については、本判決からは明らかではないが、それだけ獣医師の公衆衛生に対する責任は重いということであろうか。なお、別事件の人医に対する民事事件であるが、昭和39年の最判例では、犬に咬まれた少年に狂犬病予防注射を連続投与し、後遺症が残った事案で安易に注射をした医師（人医）の過失が認められている（第4章〔1〕事例）。

狂犬病と狂犬病予防法について

狂犬病は、狂犬病ウィルス（rabies virus）を病原体とするウィルス性の人獣共通感染症で、ヒトを含めたすべての哺乳類が感染します。感染力は弱いといわれていますが、発症すればほぼ確実に死亡する致死率100パーセントの感染症です。

感染初期には風邪に似た症状のほか、咬傷部位にかゆみ（掻痒感）、熱感などがみられ、その後の急性期には不安感、恐水症状、興奮性、麻痺、精神錯乱などの神経症状が現れます（そのため恐水病と呼ばれることもありますが、実際は、音や風、日光も水と同様に感覚器に刺激を与えて痙攣等を起こします）。その後、脳神経や全身の筋肉が麻痺を起こし、昏睡期に至り、呼吸障害によって死亡します。

日本では、感染症法に基づく四類感染症に指定されています（感染症法6条5項5号参照）。

感染初期の生前診断は困難で、発症後の有効な治療法は存在しませんが、感染前（曝露前）であればワクチン接種で予防可能です。狂犬病ワクチンは狂犬病ウィルスを不活化して作製した不活化ワクチンです。これはヒト以外の哺乳類でも同様です。

日本では狂犬病予防法により、犬の飼い主は、犬の取得日から（生後90日以内の犬を取得した場合は生後90日を経過した日から）30日以内に市区町村長に犬の所有を届け出て鑑札の交付を受けなければなりません。また、毎年1回狂犬病予防注射を受けさせ、これら鑑札及び狂犬病予防注射済票を飼い犬に装着させておかなければなりません。死亡時の届出も必要です（いずれも違反には20万円以下の罰金）。犬のほか、猫、キツネ、アライグマ、スカンクも同法で検疫時の規制がされています。ウシやウマなどの狂犬病については家畜伝染病予防法の適用を受けます。

〔6〕秋田犬のけい留に重過失があるとして有罪（重過失傷害被告事件）

福岡高判昭和60年２月28日　高刑速昭和60年1324号
（大分地判）

概要

≪事案の概要≫　被告人Ａは、飼い犬（５歳のオスの秋田犬。『ポル』）を自宅裏庭の２本の木の間に針金を張り（高さ約１～1.5メートル。長さ約18.8メートル）、針金に『ポル』の首輪をつないだ鉄製リングを通して、『ポル』が針金伝いに自由に移動できるようにしてけい留していた。訪問先を間違えてＡ方を訪れたＶ（45歳の男性）が、声をかけたが応答がないので裏庭に回ったところ、『ポル』がＶにいきなり跳びかかり、右腕に咬みついてＶに加療約５か月を要する右前腕部伸筋腱開放性断裂の傷害を負わせたとして、Ａに重過失傷害罪*が問われた事案である。

≪判決の概要≫　一審判決は、本件現場は、道路入り口から入った前庭との間に門扉障壁はないいわゆる農家の裏庭であり、Ａが過去２回、同様にして『ポル』をけい留中、訪問客を咬みケガを負わせたことがあり、事故後『ポル』の首輪につなぐ鎖の長さを短くしたり、裏庭への通路に杭を立てて裏庭への人の進入を防ごうとしたことがあったが、不便に思いやめてしまったこと、従って事故再発防止に過去２回の咬傷事故が全く生かされていないことに重大な過失があるとし、最小限『猛犬注意』などの張り紙さえあればまだしも、そのちょっとした注意義務さえしなかったとして、Ａを有罪とした。これに対してＡが控訴したが本判決は控訴を棄却した。

＊ 重過失傷害罪　「重大な過失により人を死傷させた者」は、５年以下の懲役若しくは禁錮または100万円以下の罰金に処する（現刑法211条１項後段）。

コメント

飼い犬のけい留方法に重過失があるとして、重過失傷害罪で有罪となった事例である。一審判決も、過去２回同様のけい留方法で同様の咬傷事故があったのに、何ら改善されていないことを重視し、せめてＡが立て札だけでもしさえすれば過失責任は免れたであろう、と判示している。２度も事故を起こしているのに、何らの措置もしなかったとは、喉元過ぎれば熱さを忘れるということだろうか。飼い主責任の自覚を維持させることの難しさが読みとれる。

〔7〕土佐犬のけい留に重過失があるとして有罪（重過失致死被告事件）

札幌高判昭和58年９月13日　刑月15・９・468
（札幌地室蘭支判昭和58年５月18日）

概要

≪事案の概要≫　被告人Ａは、飼い犬（３歳の土佐犬。以下「本件犬」）を、自宅から数十メートル離れた、住宅地に近接する河川敷（公有地）に、勝手に鉄杭を打ち込み、常時長さ約5.9メートルの長い鎖を使ってけい留する状態で飼育していたところ、たまたま河川敷内に立ち入った幼児Ｖ（当時３歳）に本件犬が咬みつき、Ｖは全身咬創によるショックで死亡し、Ａが重過失致死罪*に問われた事案である。

≪判決の概要≫　一審判決はＡを有罪として禁錮10か月の実刑に処し、控訴審判決（本判決）も、以下のとおりこれを支持して控訴を棄却した。すなわち、本来闘犬で闘争本能が強くかつ人に咬みつくなどした場合重大な傷害を与える能力を持つ土佐犬を飼育するには、自宅の敷地などに堅牢な畜舎を設けこれに収容するなどして近隣の幼児などが近づき危害を加えられるような事態が発生しないよう配慮すべき注意義務があるのに、Ａは、昭和57年５月頃から本件犬を含む３匹の土佐犬を河川敷にけい留して飼育し、うち１匹（６歳）は同年８月と９月に２回逃走して一度は付近の小学校に入り教師１人を咬み傷害を負わせ殺処分されたこと、保健衛生当局から複数回厳重注意を受けたが改善されないこと、残りの２匹はよそへやる旨誓約していたのに措置をとらないうちに同年９月、本件犬が近づいてきた５歳の幼児を咬む事故が発生したこと、それでも措置をとらないでいるうちに本件重大事故が起きたこと等の経過から考え、あまりにも飼育方法、飼育態度が杜撰で無責任であるとし、Ａには失火罪や業務上過失傷害罪などでの４回の罰金刑があることから、Ａに有利な事情（遺族に1,500万円支払う旨約し既に1,000万円を払っていること、Ｖの両親にも監護方法に落ち度があったことなど）を考慮しても実刑は免れないとした。

＊ 重過失致死罪　「重大な過失により人を死傷させた者」は、５年以下の懲役若しくは禁錮または100万円以下の罰金に処する（現刑法211条１項後段）。

コメント

公有地で勝手に大型犬を３匹もけい留するという極めて杜撰な方法で飼育していたところ、幼児が犬に近づき咬まれて死亡したという痛ましい事件である。前出〔６〕事例の被害者は幸い命に別状はなかったが、大型犬や闘犬に使われるような犬の場合、一歩間違えれば、重大な死傷事故につながるおそれが高い。本件のような事故がやまない現状を見ると、最初に咬傷事故等を起こしたいわゆるファーストバイトの段階で、犬というよりも飼い主に対して、飼育規制など何らかの対策をとれる法制度が必要ではないかと痛感する。

〔８〕飼い犬による子どもの咬傷事故で、裁判手続に違法ありとされた（過失傷害等被告事件）

福岡高判昭和50年８月６日　判時800・109
（長崎簡判昭和49年10月16日）

概要

≪事案の概要≫　被告人Ａは、自宅屋敷内で中型日本犬（『テル』）を番犬として飼育していたところ、たまたま屋敷内に松ぼっくりを探しに入ってきた女児Ｖ（11歳）に『テル』が咬みつき、Ｖの左大腿部及び右下腿部に治療約１か月を要する犬咬傷を負わせ、Ａが過失傷害罪（刑法209条）に問われた事案である。一審判決はＡを有罪としたのでＡが控訴した。

≪判決の概要≫　本判決は、Ａは出張が多く月に１、２回程度しか自宅に帰らず、『テル』の世話は妻（飼育補助者）に頼んでいたが、妻が首輪を取り替えた際、尾錠を止めた位置が不適切で締め方が緩く首輪が抜けるおそれがあったのにそのままにしていたこと、『テル』は気性が荒く他人に吠えたり飛びついたり咬みついたりする習癖があったこと、３日間の休暇で帰宅中のＡは『テル』を散歩に連れ出すなどしており首輪の装着状態等を確認できたことから、『テル』の飼い主としては、首輪の止め位置を変えるなどして適度に締め直し首輪の装着を確実にして『テル』がけい留から離脱して自由に行動しないよう未然に防止すべき義務があるのに、首輪の装着の不完全に気づかないまま漫然放置した過失により、犬小屋にけい留されていた『テル』は首輪が抜け自由に屋敷内を歩き回り、その結果Ｖに咬みつき傷害を負わせたという事実を考察した。その上で、検察官主張の訴因*は、首輪が抜けないようにする義務に違反した点を過失としたのに、原審（一審判決）では、<u>妻の装着不</u>

十分を知り得たのに締め直さなかった点を過失であるとし、具体的注意義務の態様が著しく変わっており、訴因変更手続が必要なのにこれをしていない違法があるとして原判決を破棄差戻した。

* 訴因とは、検察官が起訴状において審判を請求する犯罪事実を表示したものである。公訴事実の範囲内であれば審理中に訴因の変更等は可能だが、訴因は審理の範囲を画する機能があり、被告人の防御の面からも重要なので、別途訴因変更手続が必要である。

コメント

本件の争点は訴訟手続き上の瑕疵の問題だが、本書の趣旨に従い、飼い主責任という面から参考になる部分を中心に紹介した（おそらく差戻審では本判決の考察事実の通り認定され、Aは過失傷害罪で有罪とされたと思われる）。本件でAが刑事責任を問われた背景事情は不明だが、おそらく、Vのケガの程度が重いとか、過去に何度も同様の咬傷事故を起こしていたのに放置していたとか、事故後Aが被害弁償をしなかったなどの事情があったのではないかと思われる。

〔9〕散歩中の秋田犬による子どもの咬傷事故で有罪（過失傷害、狂犬病予防法違反被告事件）

名古屋高判昭和36年7月20日　判時282・54
（一宮簡判）

概要

≪事案の概要≫　被告人Aは、飼い犬（体高約89センチメートル、体重45キログラムの秋田犬。『マル』）を連れて散歩中、右手で綱を握り綱の端を3回位右手首に巻いた状態で持っていたところ、おでんをしゃぶりながら付近を歩いていた女児V（9歳）に『マル』が突如飛びつき、地上に転倒させて咬みつき、Vの顔面部等に約1か月の加療を要する傷害を負わせ、過失傷害罪（刑法209条）に問われた事案である。

≪判決の概要≫　本判決は、街路上を巨大な体躯の犬を連れ歩く場合は、飼い主にどのように温順な犬であっても、畜犬の性質上どうしたことから通行人に危害を加えないとも限らず、ことに児童などは巨大な体躯の犬が近づけば強い恐怖心から警戒的な姿勢を取りやすくそのため犬が自己への加害を恐れて本能的に突然先制的な加害行為に出ることがあるのも日常往々経験されるところであり、それは飼い主の予見できないことではないので、このような場合、飼い主としては犬の首輪を片手で強く握持し他の片手でその綱を握るとか、または綱を両手でしかも首輪にごく近く持つとかして犬の動作を十分制御しうる態勢をとるべきは当然なのに、Ａは、おでんをしゃぶりながら無心に歩いていたＶの後方に『マル』が接近していったとき、漫然これに追随し『マル』の動作を十分制御しうる態勢を取っていなかったことは明らかで、そのため不意に巨大な犬が接近したことに驚愕したＶに『マル』が突如飛びかかり傷害を負わせたのであり、不可抗力とは到底認めがたいとして、Ａを有罪とした。

コメント

　咬傷事故で民事責任（民法718条１項の動物占有責任や同709条の不法行為責任等）を問われるすべての事案で刑事責任が問われるわけではない。むしろ過失による場合、刑事責任まで問われるケースは少ないといえる。本件がどのような背景事情から刑事事件として立件されたのかは不明であるが、人に対する咬傷事故の場合、以前にも同様の事故を起こした、被害が甚大、被害者との間で示談が成立しないなどの事情、さらには、当時の社会情勢（同様の事故が多発して問題視されているなど）などによって、刑事事件に発展することがある。飼い主としては、咬傷事故を起こせば刑事責任を追及される可能性があるということを常に自覚しておく必要がある。

〔10〕グレート・デーンによる子どもの咬傷事故で、散歩をさせた雇人が有罪（業務上過失傷害等被告事件）

東京高判昭和34年12月17日　判タ100・45
（東京地判昭和33年10月15日　判時167・34）

概要

≪事案の概要≫　被告人Ａ１は、職業安定所の紹介で犬の飼育訓練の経験者として、犬２匹（いずれもメスのグレート・デーン種。５歳の『リリー』と３歳の『ポピー』）の飼い主である被告人Ａ２に雇われ、２匹の給食、一日約２時間の運動、手入れを任されていたところ、２匹を散歩中、女児Ｖ（９歳）の約２メートルの距離に近づいたときＶが突然「怖い」と叫び両手で顔面を覆ったため、まず『リリー』が、次いで『ポピー』がＶに跳びかかり、Ａ１は制御できずに自らも転倒し引きずられ、２匹はＶを転倒させて咬みつき引き回し、前胸部、両側上腕等に加療約２か月を要する咬創等を負わせた事案である。

≪判決の概要≫　一審判決は、２匹の所有者Ａ２については、狂犬病予防注射済票の装着義務違反（狂犬病予防法違反）、過失傷害（刑法209条）で有罪としたが、Ａ１については、犬の世話をその一部とする雑役的労務に従事していたに過ぎず刑法211条の「業務」とは言い得ないとして、本件は通常の過失致傷罪（親告罪*）であり告訴がないとして公訴を棄却した。これに対して本判決は、Ａ１について一転、本件のような巨大犬を飼育訓練するには屋敷内ではけい留し、街頭で運動させる際は１回に１頭ずつ運動させるとか、口輪をはめるとか、その他特別の注意を払わなければ、通行人などに危害を加えるおそれがあり、そのためにこそＡ１が専門的に飼育訓練係として雇われたのだから、獣医師の免許の有無にかかわらず（Ａ１は獣医師免許を持っていたがこれを秘匿して雇われていた）、Ａ１の地位は、人が社会生活上の地位に基づき継続して行う事務で、その性質上、人の生命身体に対する危険を伴うもの、すなわち211条の「業務」にあたるとして、原判決を破棄差戻した。

* 公訴提起に被害者の告訴が必要な犯罪

コメント

本件では犬の飼い主Ａ１の民事責任も肯定されている（第１章１〔２〕事例）。業務上過失致死傷罪（刑法211条）にいう「業務」について、参考になる事例である。現在、ペットのシッターなど、動物愛護法（昭和48年成立）上の動物取扱業者（動物取扱業は平成11年改正で創設）が同様の事故を起こせば、当然、業務上過失致傷罪が問責されることになろう。業務上過失致傷罪は、単なる過失致死傷罪と異なり、被害者の告訴が起訴要件ではないため、たとえ被害者の宥恕（ゆうじょ）を取り付けても、検察官が起訴相当と考えれば公訴提起されることになる。

〔11〕殺傷目的での子猫の譲受けで有罪（詐欺、動物愛護法違反被告事件）

横浜地川崎支判平成24年５月23日　判時2156・144

概要

≪事案の概要≫　被告人Ａ（40代の男性）は、子猫の「里親」として終生飼養するよう装いながら、猫の保護活動を行う団体や個人３人（Ｖ１～Ｖ３）から、それぞれ、計５匹の猫を譲り受けては虐待を繰り返し、そのうち３匹を殺し、２匹を傷つけたとして動物殺傷（動物愛護法44条１項）、詐欺罪（刑法246条１項）に問われた事案である。

≪判決の概要≫　本判決は、Ａは虐待の上殺傷する目的で子猫を詐取しようとして、保護活動を行うＶ１～Ｖ３に対しそれぞれ、電話やメールで、子猫を適正に飼養するかのように装い譲り受け、Ｖ１から譲り受けた子猫２匹は居住アパート階段から約10メートル下の路上に放り投げ、生きていることがわかるや１匹は頭部を踏みつけて殺し、もう１匹は顔面を何度も壁にたたき付けて殺し、Ｖ２から譲り受けた子猫２匹は１匹は猫の顔面を床にたたき付け、もう１匹は顔面を殴打して傷つけ、Ｖ３から譲り受けた子猫１匹は鞄に入れたまま約６メートル下の川に投げ捨てて溺死させたとして、動物愛護法違反、刑法の詐欺罪についてＡを有罪とした上で、離婚したＡは一人暮らしなどのストレスを発散するため、譲り受けた猫を殺傷するようになり、本件犯行はその一環で、１週間のうちに３回に渡り５匹の猫を詐取し直後に次々と殺傷しており常習性があること、Ｖらに終生飼養の誓約書を差し入れるなど狡猾な手口であることなどから残虐で悪質極まりないとした一方、Ａが躁鬱病を患いその影響が否定できないこと、前科前歴がないことなどから、５年間の保護観察付き執行猶予を付した懲役３年の刑を下した。

コメント

動物虐待等事件は、被害者（動物）の証言が得られない、死体が見つけづらいなど、被害動物の特定が困難である。加えて、飼い主自身が加害者の場合、密室性などから、特に犯罪の立証は困難といえる。本件は、当初より加害者本人が犯行を自白し、犯人しか知り得ない情報を話し、その内容が客観的事実と合っているなどの事情があったため、比較的立証が容易であったといえる（一例として、Ａ自ら川への投棄をＶ３に連絡したのでＶ３が川辺を探して猫の死体―証拠物―を発見することができた）。動物虐待事件の背景には立件されなかった同様の被害があることが多く、本件も然りである。本章冒頭でも触れたが、動物愛護法44条１項の法定刑は、懲役刑の上限が２年（本件事件当時は１年）と比較的軽い犯罪である。本件で詐欺罪（上限が懲役10年の法定刑）が適用されたことは画期的といえよう。今後、飼育目的でない譲受けの場合に詐欺罪が適用される可能性が高くなると考えられる。本判決については、評釈があるのでそちらも参照されたい。（高橋則夫・松原芳博編著『判例特別刑法第２集』371頁［三上正隆］（日本評論社、2015））

〔12〕エキゾチックペットの密輸（種の保存法違反、詐欺被告事件）

東京地判平成18年５月18日　ウエストロー

概要

≪事案の概要≫　は虫類の輸入や卸販売等を業とするＡ２会社を経営する男性Ａ１は、①密輸されたものであることを認識しながら後に不正登録する意図で、ブローカーらから、ワニ４匹（ガビアルモドキ。国際希少動物種）を60万円で譲り受け（種の保存法違反）、②同様に不正入手したカメ24匹（マダガスカルホシガメ。国際希少動物種）と上記ワニとを他へ販売して利益を得るため、国内でふ化して繁殖したように装って登録することを企て、従業員（有罪）とともに、虚偽の申請書類を作成して、それぞれにつき国際希少野生動植物種の個体の不正登録を受け（種の保存法違反）、③正規の登録動物であるかのように偽って売買代金名下に金員を詐取しようと企て、上記のうちワニ１匹、カメ２匹をそれぞれ、正規の登録を受けた動物であると偽ってペットショップに販売し合計320万円余の代金を詐取（詐欺罪）した事案である。

≪判決の概要≫　本判決は、Ａ１が、不正登録目的で密輸されたばかりのワニを直ちに購入したこと、他の個体や卵の殻を利用してふ化場面を偽装したり、は虫類園長や獣医師に虚偽の申請書類を作成させるなど計画的であること、は虫類卸売大手業者としてのＡ２会社の知名度や信頼を悪用して客を誘引したこと、従業員ら複数の者を犯行に関与させたこと、Ａ１は、動物の不正輸入により関税法違反の罪で執行猶予付き懲役刑の判決を受けた同種前科があること、海外でも希少動物に関わる罪で処罰されたこと、世界的規模で希少動植物の保護が緊急課題とされる中で多数の希少動物を保護環境から大きく離脱させた結果は金銭的賠償でまかなえるものではなく、社会的影響も大きいとして、Ａ２に罰金180万円、Ａ１に懲役２年６か月の実刑判決を下した。

コメント

野生動物の密輸事件（及び有罪数）は多いが、実刑判決が下された近年の事例として紹介した。野生動物の密輸は、組織的・計画的な犯行が多く、再犯率も高く、また暴力団の資金源になっているともいわれている。希少野生種の個体保護という面はもちろん、人獣共通感染症（未知のもの含め）のおそれなど、公衆衛生的見地からも、国際的に、世界共通の法規制の整備が重要課題となっている。日本は、野生動植物輸入大国であり、正規に輸入されている動物だけでも年間ほ乳類約２万4,000、鳥類約１万9,000、は虫類約32万、観賞魚約3,680万、昆虫類約4,290万個体にのぼる（平成23年）。輸出数に比べても圧倒的な数で、人口比世界１位（数ではアメリカ合衆国に次ぐ２位）の輸入数といわれている。平成25年には密輸をした法人に対する罰金刑が上限１億円に引き上げられたが、購入希望者がいる限り、密輸はなかなか減らないであろう。購入側である一般市民への、エキゾチックアニマル飼育の問題に対する啓蒙が必要である。

〔13〕馬２頭のネグレクトで有罪（動物愛護法違反被告事件）

伊那簡判平成15年３月13日　ウエストロー

概要

≪事案の概要≫　長野県内で乗馬クラブを経営する被告人Ａが、その所有、飼育する馬２頭（クォーターホース１頭、シェトランドポニー１頭。以下「本件２頭」）を、他の馬の死体が放置され馬糞の清掃もされていない不衛生な環境下で、十分な給餌もせず栄養障害に陥らせるなどした事案である。

≪判決の概要≫　本判決は、牧場に納入された飼料の減り具合から馬２頭分の必要量をかなり下回っていること、本件２頭のうち１頭はボディコンディションスコアが１（削痩）、もしくは２（非常にやせている）と判定され栄養消耗症と推定できること、もう１頭は栄養失調症と推定できること、Ａが牧場に行く頻度などからも世話をしていない蓋然性は高いこと、厩舎の状況は本件２頭の保護後においても馬糞が除去されず、死んだ馬２頭がいて腐敗が進行しており、そのような中で本件２頭が１メートル前後の綱でつながれていたことなどから、Ａは本件２頭を十分な給餌をせず栄養障害状態に陥らせた上、著しく不衛生な状況下で飼育していたもので、愛護動物の飼育者としての監護を著しく怠ったとして、動物愛護法27条２項（現44条２項）の「虐待」にあたるとして有罪とした上で、15万円の罰金刑を下した。

コメント

虐待には、一般的に、①身体的虐待、②性的虐待、③ネグレクト(飼育放棄)、④精神的虐待の4つの形態がある。本件は主に③に関係する事例である。

平成11年改正動物愛護法（昭和48年成立後初の大改正）の虐待罪が適用された最初の事件である。動物の殺傷事件は被害動物の特定や殺傷結果との因果関係の立証が難しい。本件でも、死亡した2頭の馬については死因を明確にできずに立件が見送られ、生き残った本件2頭についての衰弱（ネグレクト）のみが立件された。本件は飼い主自らの虐待であるから、動物愛護団体や獣医師の尽力で事件が発覚し、2頭が保護されたものである。動物事件では犬、次いで猫についての事例が多いが、馬についてもその習性や生態への無知・無理解という問題があり、飼い主自身による不適切な世話や扱いはしばしば問題となるところである。日本でもそろそろペットの種ごとの習性や生態に則した基準や規制作りが必要ではないかと思われる。なお、英国（イングランド、ウェールズ）では所管庁が動物福祉の観点から、犬、猫、馬（ポニーとロバ含む）などの種別に飼養基準を設けている。農場動物についても様々な飼養基準がある。

動物虐待等の保護法益については、動物愛護の良俗と捉えるのか(こう解すると動物保護は反射的効果に過ぎない)、それにとどまらず、愛護動物自体の生命、身体等も含まれると考えるのか議論がある。前者と捉えるのが一般的と思われるが、虐待行為に公然性が要求されていないことや、近年の動物愛護法の改正により1条（目的）に「人と動物の共生する社会の実現」という文言が入ったこと、2条（基本原則）に「動物が命あるものであること」という文言が入ったことなどを重視すれば、後者と捉える余地もあると考えるが、動物保護の法的根拠をどこに求めるのかにも関係する難しい問題である。なお、本判決及び保護法益の議論については、高橋則夫・松原芳博編著『判例特別刑法』395頁〔三上正隆〕（日本評論社、2013）も参照されたい。

動物愛護法44条1項「愛護動物をみだりに殺し、又は傷つけた者は、2年以下の懲役又は200万円以下の罰金に処する。」

2項「愛護動物に対し、みだりに、給餌若しくは給水をやめ、酷使し、又はその健康及び安全を保持することが困難な場所に拘束することにより衰弱させること、自己の飼養し、又は保管する愛護動物であって疾病にかかり、又は負傷したものの適切な保護を行わないこと、排せつ物の堆積した施設又は他の愛護動物の死体が放置された施設であって自己の管理するものにおいて飼養し、又は保管することその他の虐待を行った者は、100万円以下の罰金に処する。」

3項「愛護動物を遺棄した者は、100万円以下の罰金に処する。」

4項「前3項において『愛護動物』とは、次の各号に掲げる動物をいう。

一　牛、馬、豚、めん羊、山羊、犬、猫、いえうさぎ、鶏、いえばと及びあひる

二　前号に掲げるものを除くほか、人が占有している動物で哺乳類、鳥類又は爬(は)虫類に属するもの

動物虐待と伝統行事

平成21年、三重県が無形民俗文化財に指定している大社の伝統行事「上げ馬神事」で、興奮状態にするため馬の下腹部や尻を棒で殴打したり、横腹を蹴ったりするなどしたとして、動物愛護法違反容疑で、祭りの関係者11人が書類送検され、嫌疑不十分で不起訴処分（平成23年）となった事件があります。神事自体は800年以上の歴史を持つと言われています。現在行われている上げ馬の方法は、馬を興奮させて急坂の上に築いた高さ２メートルの土壁を乗り越えさせその成功回数で豊作などを占うのですが、壁が高いこと（国際馬術界の固定障害物の高さをはるかに超えているなど）や角度（垂直または逆傾斜）の問題もあり、馬が死んだり大ケガを負って殺処分されるなど、馬の福祉という面で大きな問題があるといわざるを得ません。また、１か月程度の乗馬の稽古だけで騎手を務める未成年者保護の面からも問題がある可能性があります。

事件が起訴されて正式裁判になった場合どのように評価されたかは不明ですが、検察官は、動物を殴る、蹴るといった行為が虐待かどうかの判断に迷い、伝統行事であるなど地元の人の理解が得られないおそれなどを懸念し、不起訴としたようです。高い有罪率を誇る日本の刑事裁判においては、検察官が、裁判での有罪判決を確信できないと起訴しない傾向があります。公開法廷で広く国民の議論に付す機会を喪失させることにもなりかねず、このような検察官のあり方にも問題があるのではないかと思います。

動物の虐待的な扱いについては、所有者自らの虐待となれば立証、立件が困難です。獣医師には通報の努力義務はありますが（動物愛護法41条の２）、結局は、動物の命をどこまで守るべきかという国民意識の問題もあり、動物と伝統行事（闘犬、闘鶏、闘牛など）すべてにおいて同様の課題を含んでいるといえます。とはいえ、たとえ最終的には食用でと殺するにせよ、飼育中は、当該動物の生理、習性に合った適正な方法で飼育すべき法の原則は貫かなければなりません。

〔14〕愛犬家殺人事件（殺人、死体損壊・遺棄被告事件）

浦和地判平成13年３月21日　判タ1064・67

妻（被告人Ａ２）と犬の繁殖販売を営む被告人Ａ１（Ａ１は４度目、Ａ２は２度目の結婚）は、かねてから顧客に対し詐欺的な利殖話（Ａ１ケンネル―犬舎―から犬を購入して交配繁殖させれば生まれた子犬は高額な値段で引き取るから必ず儲かる）などを持ちかけ、仕入れ値の数倍もの高値で外国犬を売りつけていた。

【１事件】平成５年、Ｖ１は、Ａ１からオス犬１匹（アラスカン・マラミュート種）を80万円で購入した縁でＡ１から利殖話を持ちかけられ、Ａ１に、メス犬１匹（５歳のローデシアン・リッジバック種*。『ルナ』）の代金として650万円を、オス犬１匹（同種）の代金として450万円を支払ったが、『ルナ』が引取り直後に逃げて行方不明になったのをきっかけに、犬の専門家である知人から、適正値段は50万円が限度で普通は20～30万円で輸入できると聞き、引渡し未了のオス犬をキャンセルしたところ、Ａ１は、資金繰りが悪く、資金を全部管理する妻Ａ２が難色を示したため、２人で殺害、死体損壊遺棄の計画を立て、Ａ１がＶ１を誘い出し、車中で、犬の薬殺用の薬（硝酸ストリキニーネ）を詰めたカプセルを栄養剤と偽ってＶ１に渡し服用させて毒殺し、事情を知らずに居合わせた知人Ｂ（ブルドッグの繁殖販売業者）に手伝わせてＶ１の死体を運搬、Ａ１が解体、焼却し、Ａ１とＢとで灰を川や山中に捨てた。

【２事件】上記１事件の約３か月後、Ａ１は、不審に思ったＶ１家族の応対に、親交のある暴力団員Ｖ２を同席させたところ、Ａ１のＶ１殺害を察知したＶ２から1,000万円を脅し取られるなどし、すべての財産をむしり取られると危惧したＡ１とＡ２は、上記１事件と同様の計画を立て、Ｂを伴ってＶ２方に赴き（Ｂは外で待機）、Ｖ２と同人の付き人Ｖ３を毒殺し、Ｂと３人で死体を解体、遺棄した。

【３事件】上記２事件の約１か月後、Ａ１は、Ｖ４（Ｖ４の次男がＡ１犬舎で働いていた。夫とは離婚している）に嘘の利殖話を持ちかけ、自分に好意を寄せるＶ４にローンを組ませるなどして金を工面させ、アラスカン・マラミュート種のオス（『リキ』）、メス（『マユ』）各１匹を合計200万円で、その後同犬種のアメリカチャンピオンのオス（『カイザー』）、メス（『フジ』）各１匹を合計700万円で購入させ、『カイザー』

と『フジ』を無償で引きあげたり、『マユ』が産んだ７匹の子犬のうち６匹を合計30万円位という安値で買取るなどした挙げ句、さらに嘘の出資話を持ちかけて270万円をだまし取り、Ｖ４家の蓄えが底をつくや、嘘の露見をおそれ、上記１、２事件と同様の手口で、Ｖ４を毒殺し、Ｂと２人でＶ４の死体を解体、遺棄した。

Ａ１とＡ２は互いに罪をなすりつけ合ったが、本判決は、各場面毎に状況証拠なども踏まえて詳細に検討して有罪とした上で（Ａ２は【１事件】、【２事件】のみ）、いずれの犯行も計画的かつ巧妙で身の毛もよだつ残虐性で、本件ほど悪質な殺人事件は稀なこと、身勝手な理由から何の良心の呵責もなく次々と虫けらのように人を毒殺し死体を切り刻み焼却して山川に捨てるという極悪非道な犯行計画を実行したＡらには犯行発覚を防ぐことしか頭になく、人命の尊さは全く眼中にない、人としての根本的な欠陥が犯行を累行させた根源的原因だとして、遺族の被害感情などから、Ａ２には前科前歴はなく、また【２事件】のＶ２には落ち度があるがなお極刑はやむを得ないとしてＡ１とＡ２両名に対して死刑判決を下した。

＊ 南アフリカ産のライオンの狩猟用の犬

コメント

稀にみる凶悪事件として世間を騒がせた殺人事件である。動物関連でコメントすると、事件の背景には、医薬品管理規制の甘さ、動物が利殖話に利用されている問題などがある。Ａらは毒薬（硝酸ストリキニーネ）を知人獣医師から、自分の犬を薬殺するという理由で複数回に渡って入手した（獣医師は、犬が苦しまずに死ぬよう致死量を大きく超える量を交付した）。獣医師の資格剝奪理由は薬事法（現医薬品医療機器等法）や覚醒剤取締法違反などが多い。日本人は珍しい犬種を飼いたいという傾向が強いが、日本の気候に合わない手のかかる大型外国犬の飼育自体虐待となるおそれもある。連続殺人に至る背景には、これら「小さな」犯罪（的）行為の一つひとつが露見されずにエスカレートした面があったのではないかと考えられる（この種の「小さな」事件は警察もなかなか動かず、これも問題である）。また、Ｖ１らが利殖話に乗った背景には、Ａ１が途方もない嘘をつき（出身大学、アフリカで動物を扱った経験、大変な財産家であるなどを具体的に吹聴）、それがテレビや雑誌などで何度も大きく取り上げられたという事情がある。Ｖ１らはマスコミの評価を信用したともいえる。個人情報保護の名の下に、過度に個人情報の確認ができない昨今の風潮を考えれば今後ますますこのような話は増えるかもしれない（第４章〔６〕事例も、Ｙ獣医師の経歴詐称が問題となったが、事実確認は不可能ともいえるほど困難だった）。なお、浦和地方裁判所は現在のさいたま地方裁判所である。

〔15〕警察犬の臭気選別結果の証明力を否定（火炎瓶の使用等の処罰に関する法律違反、非現住建造物等放火被告事件など）

京都地判平成10年10月22日　判時1658・126

概要

≪事案の概要≫　中核派の被告人Aが、発火装置を設置して寺院の天井等を燃毀した非現住建造物等放火等に問われた事案で、Aがアリバイを主張し、遺留された発火物等の証拠物にAの臭気が存在するかという警察犬による臭気選別結果（以下「本件結果」）がほとんど唯一の証拠だったため、本件結果の証拠能力と証明力が争われた。

≪判決の概要≫　臭気選別結果については、最決昭和62年3月3日（判時1232・153）で、①選別に専門的な知識と経験を持つ指導手が、②能力に優れ選別時にも能力のよく保持されている警察犬を使用して実施し、③臭気の採取、保管の過程が適切で、④選別方法に不適切な点がない場合、有罪認定に使用できるとしている。本判決は、これを受けて、本件6歳の『マルコ』、5歳の『ペッツオ』（ともにオスのシェパード種で直轄警察犬ではなく嘱託警察犬）、指導手Bに問題はないことなどから本件結果の証拠能力は認めたが、本件では『警察犬による物品選別実施要領』（昭和61年警察庁発行）違反の手順がある、遺留品の保管や扱いに問題がある、2匹は生まれたときからBに親しんでいる、クレバー・ハンス現象*のおそれ、指導手や周囲の者が選別目的や結果を知っていた可能性があるなどから、2匹が臭気の同一性以外の要素からAの移行臭を選別したおそれなどがあるとし、また臭気選別に内在する問題として、ⓐ人の体臭が指紋のように千差万別である科学的根拠がない、ⓑ特に類似臭気につき犬がどの程度の識別能力があるのか明らかでない、ⓒ犬の指導手に対する迎合性、ⓓ結果の正確性（犬が臭気で同一と識別している根拠）についての科学的な検証が不可能で追試も著しく困難、などがあるとして、本件結果の証明力（信用性）は否定し、Aを無罪とした。

* 動物が、飼い主（指導手）の無意識の行動を察して、飼い主の考えていることを当てる。

コメント

事件内容は動物と無関係であるが、警察犬による臭気選別結果報告書の証拠能力及び証明力（信用性）について正面から検討が加えられた興味深い事件なので取り上げた。犬の能力の科学的解明、犬と人の関わり（無意識的な迎合など）など大変興味深いものがある。人間の社会活動に奉仕する働く犬たちの名誉のためにも、手続きなどのマニュアルは明確に使いやすいものにして、捜査側がこれら手続きを遵守し、犬の能力を最大限に発揮、評価できるようにして欲しいものである。

〔16〕放し飼いの闘犬による子どもの咬殺事故で、飼い主に禁錮１年の実刑（重過失傷害、重過失致死被告事件）

那覇地判平成７年10月31日　判時1571・153、判タ918・259

概要

≪事案の概要≫　被告人Ａは、知人から闘犬用のアメリカン・ピット・ブル・テリア種のつがいを譲り受け、生まれた子犬１匹（オス。事件当時生後８か月、体重32キログラム、体長約90センチメートル、体高約60センチメートル。以下「息子犬」）と父親のオス犬（同１歳、体重24キログラム、体長約75センチメートル、体高約52センチメートル。以下「親犬」）のみ飼うことにして、闘犬愛好会に入会し、２匹を他の闘犬と闘わせたり、飼育小屋のビニールハウスからＡ所有のみかん畑まで約２キロメートルの道を、鎖や綱、口輪もせずに、車に追随させて運動させ鍛えていた。親犬飼育開始から約11か月後、公園隣接の上記畑で農作業中、Ａが２匹を放していたところ、息子犬が、公園内で遊んでいた女児Ｖ１（６歳）の左大腿部に咬みつき全治約１週間の犬咬傷の傷害を負わせ、Ｖ１を助けようと走り寄った女児Ｖ２（５歳）に、親犬がその頭部に咬みつき、約41メートル離れた雑木林に引きずり、２匹でＶ２の全身を交互に咬み、全身挫裂創等の傷害に基づく出血性ショックでＶ２を死亡させ、重過失傷害（Ｖ１）、重過失致死罪（Ｖ２）に問われた事案である。

≪判決の概要≫　本判決は、Ａが闘犬と熟知しながら日頃から闘争性を高めていたこと、闘犬愛好家の間ではこの犬種は常時鎖でつなぐのが常識と解されるのに無神経かつ杜撰な管理であったことから、仮に、過去２匹が人を襲おうとしたことがなかったとしても、どう猛な闘争本能に照らせば、本件は起こるべくして起きた事故といえるとして、幼い生命を奪った結果の重大性、遺族に与えた衝撃、近隣住民に及ぼした恐怖や不安感は測り知れないとして、Ａが深く反省し、全財産を投げ出して償うとの決意を表明し既に一部支払っていること、高齢であること（64歳）、前科がないことなど有利な事情を考慮しても、実刑が相当として、Ａに禁錮１年の実刑判決を下した。

コメント

闘犬の飼育については、周囲の人や動物への加害のおそれだけでなく、当該闘犬自体への虐待の問題もある（訓練や闘いにより傷害を負ったり命を落とすことも多い。遺棄されることも多いが保護されても新たな飼い主を見つけることはできず殺処分せざるをえない）。被告人にとって、実刑か執行猶予付きかは大きな関心事で、裁判所も重視する点である。そういう意味では本件は１年と短期だが実刑判決であり、被害結果の甚大さに鑑みた評価といえる。本件被告人の犬の飼育歴は不明だが、闘犬の飼育歴は１年にも満たず、あまりにも浅はかといわざるを得ない。高齢というが、今時64歳が高齢と評価できるかはやや疑問が残る。

〔17〕飼い犬をけしかけて通行中の女性を咬傷させた飼い主に傷害罪（傷害、狂犬病予防法違反被告事件）

横浜地判昭和57年８月６日　判タ277・216

概要

≪事案の概要≫　被告人Ａは、生後５か月のオスのドーベルマンピンシェル種の犬（事件当時生後10か月、体重24キログラム、体高、体長各80センチメートル。以下「本件犬」）を飼い、警察犬訓練所で訓練させるなどして指示通り行動するよう飼い慣らしていた。事件当日、Ａは飲酒後（ビール１リットル程）、本件犬を公園に連れて行き綱をはずして遊ばせ、その間飲酒し（ウィスキーをストレートで360ミリリットル近く）、午後７時過ぎ、本件犬の綱をはずしたまま帰途につき、途中会った女性らに本件犬をけしかけるなどしていたが、その後別の女性２人組（Ｖともう１人）が歩いてきたので繁みに身をひそめ、本件犬に「はい」と号令をかけてＶらに走り寄らせたところ、本件犬がＶの右大腿部に咬みつき、ＶがＡを見つけて抗議すると、Ａは憤激してさらに本件犬に号令をかけ、Ｖの下腿部に咬みつかせ、Ｖに３針縫合、加療約４日間を要する右大腿部及び右下腿咬傷の傷害を負わせた事案である。

≪判決の概要≫　本判決は、軍用犬として開発されたドーベルマンは攻撃性のある犬ではないかと不安を抱かせる容姿であること、特に女性が夜間暗がりで突然大きな犬に走り寄られれば驚きと恐怖で騒ぎ立て犬も興奮し条件反射的動作としてその人を咬むことが十分ありうるのに、Ａが本件犬の忠実な性質を利用して自分は暗闇で女性らが悲鳴をあげて逃げ回るのを楽しむという甚だ卑劣・陰湿であること、本件犬が咬みつく事故を起こし被害者に抗議されるや謝罪するどころか居直りさらに本件犬をけしかけて傷害を負わせたこと、事件翌朝も綱をつけずに散歩中、本件犬が別の女性に咬みつきケガをさせたなどモラルに欠け、社会に与えた不安も大きいとして、Ａを有罪とし（狂犬病予防法に基づく登録、注射をさせていなかった点も有罪）、懲役６か月の実刑、罰金５万円の判決を下した。

コメント

Ａは本件犬の飼育前に同犬種の子犬を飼っていたが、その子犬が断耳手術後死亡したため、手術をした動物病院から代償として本件犬を入手した。Ａは入手から数か月の短期間で、本件のような通行人等へのけしかけを繰り返していた。どう猛な犬の飼育には、武器の所持と似たような問題がある。どう猛な性質を持つ犬種を好んで飼う者が、犬をけしかけて猫などの動物を襲わせる例はしばしば聞くところであるが、エスカレートすれば本件のように人を襲わせることもある。本来的には犬ではなく飼い主の問題であるから、犬種による規制で実効性があるかは議論のあるところだが、危険な犬の飼育には一定の規制が必要ではないかと考えられる。

危険犬の取締まり

家庭動物基準では、犬種を特定せずに、「特に、大きさ及び闘争本能にかんがみ人に危害を加えるおそれが高い犬」を「危険犬」として、危険犬の運動には、人の多い場所や時間帯を避けること、危険犬の所有者・占有者は、重大事故を防ぐため、散歩時には必要に応じて口輪の装着等をするよう、努力義務を課しています（平成19年改正より）。

茨城県では、特定の犬種（秋田犬、土佐犬、ジャーマン・シェパード、紀州犬、ドーベルマン、グレート・デーン、セント・バーナード、アメリカン・スタッフォードシャー・テリア）及び、体高60センチメートル以上及び体長70センチメートル以上の犬等を「特定犬」として、「特定犬」を飼育している旨の標識掲示を定めたり、10頭以上の飼育を知事への届け出制としています（茨城県動物の愛護及び管理に関する条例。平成25年４月１日現在)。

海外の例では、イギリス（イングランド、ウェールズ）が危険犬法（Dangerous Dogs Act 1991（1997改正））を定め、犬種ではなくタイプで規制しています。特定のタイプ（ピットブルテリア、ジャパニーズ土佐、ドゴ・アルゼンティーノなど）の犬は繁殖や販売が禁止され、一部例外を除き所有も禁止されています。また、犬種を問わず、飼い犬が公共の場所等で危険な程度までに制御不能な状態になると飼い主が処罰されます。

〔18〕自然保護団体所属の外国人がイルカ猟の妨害をして有罪（威力業務妨害、器物毀棄被告事件）

静岡地沼津支判昭和56年３月12日　判時999・131

概要

≪事案の概要≫　自然保護団体グリーンピースに所属する被告人Ａ（カナダ人男性）は、複数の漁業協同組合（以下「組合」）が共同して捕獲し仕切り網で漁港内に閉じこめていたイルカを港外に逃がすため、明け方、仕切り網のロープ７か所を手で解き放って網を解放させ、イルカを逃走させ、威力業務妨害罪、器物毀棄罪（仕切り網に対する器物損壊及びイルカに対する動物傷害）に問われた事案である。

≪判決の概要≫　本判決は、Ａは仕切り網については何ら損傷を与えておらず、発見後間もなく元通りの形に復元されたことなどから効用を失わせていないとして、仕切り網についての器物損壊罪の成立は否定したが、動物傷害については、イルカ約150頭を港外に逸走させた行為は刑法261条の「傷害」にあたるから結局同罪の器物毀棄罪にあたるといわざるを得ないとして、威力業務妨害罪とあわせて有罪とし、懲役６か月の判決（３年間の執行猶予付き）を下した。Ａの弁護人は、イルカ肉を食用することによる水銀中毒の危険性について注意を促し、高等ほ乳類であるイルカの愛護を訴えることを主目的とし、漁網を破損することなく比較的少数のイルカを逃がしたのだから、社会的に相当な行為として刑法35条により違法性が阻却されると主張したが、本判決は、社会的相当性については法秩序全体の精神に照らして判断すべきと考えられるところ（団藤重光『刑法綱要（総論）』改訂版191頁参照）、組合のイルカ猟は承認された漁業であること、昭和53年11月に水産庁及び静岡県水産課がイルカ食用の安全宣言を行っていることなどから、単にイルカから水銀が検出されたという理由で、夜陰に乗じロープを解き放って仕切り網を解放するのは法秩序全体の精神に照らし到底容認することはできず、また、逸走イルカの価格は合計約105万円で決して軽微な損害といえない、Ａのこのような行為が続発するおそれを考えると精神的損害も甚大で、失われた利益は非常に大きく、Ａには他にとり得る方法（水産庁等への陳情等）もあることなどから、到底社会的に相当な行為とはいえないとした。

コメント

外国人活動家によるイルカ猟妨害行為が、威力業務妨害行為、及び、イルカの効用を喪失させる行為にあたるとされた事例である。次の〔19〕事例と似たような内容で、判決時期が近いこともあり、出典では両事例は一緒に紹介されている。

〔19〕外国人がイルカ駆除の妨害をして有罪（威力業務妨害、器物毀棄被告事件）

長崎地佐世保支判昭和55年５月30日　判時999・131

概要

≪事案の概要≫　複数の漁業協同組合が共同で設立した海豚対策協議会（以下「本会」）は、漁業に有害な水産動物であるとしてイルカ駆除のため、無人島に仕切り網による捕獲場を設置し、漁民が追い込んだイルカをここに収容して捕獲し、一部を除き、と殺して、人の食用や家畜の飼料としていたところ、アメリカ合衆国の動物愛護団体ファンド・フォア・アニマルに所属する被告人Ａは、これら捕獲イルカを逃がすため、仕切り網のロープを解き放ち、或いは、切断して、イルカ約300頭を逃走させ、威力業務妨害罪、器物毀棄罪に問われた事案である。

≪判決の概要≫　Ａの弁護人は、①イルカは高等ほ乳動物で人間同様にその生命を尊重されなければならないから、イルカの捕獲処分業務には正当性がない、②本会は業務主体としての適格性を欠く、③殺処理方法が残虐である、④イルカの死体等を湾内へ投棄することになり廃棄物処理法に抵触するなどとして、Ａの行為は正当業務行為（刑法35条）として違法性が阻却されると主張したが、本判決は、次の通り、Ａを有罪として懲役６か月の判決（３年間の執行猶予付き）を下した。すなわち、上記①について、イルカは漁業対象となる水産動物に他ならず、国際条約によっても捕獲禁止になっていないこと、国内法で一部地域での猟獲が制限されているに過ぎず（昭和34年農林省令４号、いるか猟獲取締規則１条)、漁民がイルカを捕獲するのは自由であり、まして漁業上有害動物と認められる以上、被害漁民がこれを駆除するため捕獲することは正当な理由がある、上記②について、本会は人格なき社団としての実態がある、上記③について、動物保護法（現動物愛護法）上、正当な理由で動物を殺さなければならない場合でも動物に不必要な苦痛を与えるような方法によるべきではないが、本件では、殺処理は無人島で行われ、一部例外を除いてはできる限りイルカに苦痛を与えないよう、即死させる方法によっており、イルカの慰霊碑を建立し供養していることなどから、虐待とまでいえない、上記④について、本件場所は廃棄物処理法で一般廃棄物を捨てることが禁止されている場所（公共水域）にはあたらないなどとした。

コメント

本判決は、人が占有していないほ乳類である野生のイルカは、動物保護法13条（現動物愛護法44条）の保護対象に含まれないことから、仮に本会の殺処理方法が虐待にあたるようなことがあったとしても違法性を帯びることにはならないと判示している。水族館などで飼育されているイルカは同条の保護対象に含まれる。前出〔18〕事例でもそうであったが、イルカはクジラなどと並び知能の高い高等ほ乳動物だからその生命が尊重されるべきであるという価値観は、西欧人には馴染みやすいようだが、仏教的生命観を持つ日本人の我々には、やや違和感、唐突感がぬぐえない。端的に、動物がsentient being（感覚のある存在）であることにかんがみ、必要があって殺す場合は相当な方法によるべきであると考えるべきではないかと思う。平成24年改正により動物愛護法の立法目的に「人と動物の共生」という文言が入る以前は、動物愛護法は、特に動物愛護の気風を保護する（動物愛護の良俗）といった風紀的意味合いの強い法律であったといえ、本判決が、殺処理を無人島で行っていることを相当な方法の一事情としていること（一般人の目に触れないなら問題は少ないという評価が読み取れる）は、今日ではいかがなものかと思われる。この点からも、殺処理方法などの手続きは、むしろ一般に明らかにすることで国民的議論に付すことが必要なのではないかと考える。

〔20〕条例上、犬の飼い主にあたるとして咬傷事故の責任を認めた（長崎市犬取締条例違反被告事件）

長崎簡判昭和45年２月18日　ウエストロー

≪事案の概要≫　被告人Ａは、雑種のオス犬『しろ』をけい留していなかったため、勝手に外を歩き回っていた『しろ』が、自宅近くの階段を下りようとしていた女性Ｖ（59歳）にとびかかり、避けようとしたＶが高さ約4.7メートルの崖下に転落し、加療約１か月半を要する頭蓋骨骨折等の傷害を負った事案である。

≪判決の概要≫　Ａは、『しろ』は飼い犬ではなく野犬だと主張したが、本判決は、長崎市犬取締条例上、「飼い主」とは、「犬を所有し、占有し、又は管理する者をいう。」と定義されているところ、「管理する」とは、管理の開始が委託その他の契約によると拾得によるとを問わず、犬を事実上自己の支配内において、生育の意思でその生存、保護に必要な食物または起臥の場所などを与えることをいうと解し、『しろ』は事故発生の約６か月前に当時11歳だったＡの四男が拾得してきたが、Ａは特に反対もせずかえって寝食場所として自宅の床下または玄関の一部を提供していたこと、家族から『しろ』と名付けられ、四男以外の他の家族も食物を与えていたこと、四男が『しろ』をけい留したこともあること、夜になると呼ばれないでも勝手にＡ方に戻ってくることなどから、『しろ』はもはやＡ方の家族の一員として単に住みついた以上の関係にあり、Ａは『しろ』を管理していた、すなわち条例上の飼い主というほかないとし、四男が主として世話をしていたとしてもＡは四男の親権者として子の財産の管理権能と義務があり、『しろ』に狂犬病予防注射を受けさせるなどの管理をすべき地位にあるとして、Ａを有罪とし、4,000円の罰金刑を下した。

コメント

飼い主の範囲について解釈を示した点で参考になる事例である。動物飼育について、法律上は「飼い主」という言葉を使用していない。民法上も「動物の占有者」（同法718条１項）、動物愛護法上も「動物の所有者又は占有者」（同法７条ほか）とされているにすぎない。本件条例では犬の所有、占有のほか、管理する者も飼い主と定めている。したがって、法律以上に広範囲に飼い主と認めることが可能といえる。

しかし、本件の場合、子どもが拾ってきた犬に名前をつけ、６か月の間、食餌を与え、家の中に入れるなどしている以上、民法上の占有者にもあたるのではないかと思われる。奈良公園の鹿を春日大社の所有物、奈良の鹿愛護会の占有物とした第２章２〔９〕事例も参考になろう。

闘犬による死亡事故

犬による咬傷事故は、平成24年度１年間で4,198件が報告されています。このうち人の死亡事故は１件、人以外（犬、猫等）の死亡事故は31件です。犬の咬傷事故は近年大幅に減ってきているのですが、平成３年以降のデータを見ると、それでも、毎年必ず人の死亡事故があります（平成25年版環境省動物愛護管理行政事務提要）。

平成26年、飼い主男性（60代）が闘犬用の土佐犬２頭の散歩中、海岸で放し飼いにし、散歩中の女性（50代）が咬みつかれて転倒し海岸で溺死した事件で、裁判所は、飼い主男性を重過失致死罪、狂犬病予防法違反（同法上の登録、予防注射もしていなかった）等で懲役２年６月及び罰金20万円を言い渡しました（札幌地苫小牧支判平成26年７月31日（LEX/DB 文献番号 25504650））。

この事件の民事訴訟では、平成27年１月28日札幌地室蘭支判が、飼い主男性に対し、被害者女性の遺族へ6,300万円の支払いを命じました。

大型犬による死傷事故は、事故後飼い主が素知らぬふりをするケースが多く、上記事件もまさにそのようなケースで、女性死亡は単なる溺死事故とされかねないものでした。大型犬や闘犬などによる死傷事故は、直前にも小さな事故があり、行政等が飼い主に注意しているにもかかわらず、事故を未然に防げなかったというケースが多く、特に大型犬飼育については、飼い主への飼育管理方法の徹底を指導する機会が必要であると痛感します。このような事件があると、結果として、犬だけが悪者扱いされてしまいかねません。犬は飼育者次第であることの理解を広めることが大切です。

<時系列索引>

【平成】

【略歴】 **浅野明子**（あさのあきこ）
東京都出身。早稲田大学法学部卒。1999年、弁護士登録（第一東京弁護士会）。第一東京弁護士会環境保全対策委員会委員、ペット法学会会員など。愛玩動物飼養管理士１級。著書に『知って得する！　ペット・トラブル解決力アップの秘訣38！』（大成出版社）、『わかりやすい獣医師・動物病院の法律相談』（新日本法規）（共著）などの法律書のほか、愛犬との日々を綴った『わんころチェロその日々』（高木あき子／文芸社）がある。

ペット判例集

2016年７月12日　第１版第１刷発行
2017年４月10日　第１版第２刷発行

著　者　浅　野　明　子
発行者　箕　浦　文　夫
発行所　株式会社大成出版社
東京都世田谷区羽根木１－７－11
〒156-0042　電話（03）3321-4131㈹
http://www.taisei-shuppan.co.jp/

印刷　信教印刷

ISBN978-4-8028-3116-1